普通高等教育土建学科专业"十二五"规划教材

高等学校工程管理专业规划教材

建筑设备安装工程
工程量清单计价

沈　巍　张电吉　主编

汤　平　付晓灵　乐美玉　参编

方　俊　主审

中国建筑工业出版社

图书在版编目（CIP）数据

建筑设备安装工程工程量清单计价/沈巍等主编．
—北京：中国建筑工业出版社，2011.12（2024.6重印）
普通高等教育土建学科专业"十二五"规划教材
高等学校工程管理专业规划教材
ISBN 978－7－112－13898－2

Ⅰ．①建…　Ⅱ．①沈…　Ⅲ．①房屋建筑设备—
建筑安装工程—工程造价　Ⅳ．①TU8

中国版本图书馆 CIP 数据核字（2011）第 274243 号

普通高等教育土建学科专业"十二五"规划教材
高等学校工程管理专业规划教材

建筑设备安装工程工程量清单计价

沈　巍　张电吉　主编
汤　平　付晓灵　乐美玉　参编
方　俊　主审

*

中国建筑工业出版社出版、发行（北京西郊百万庄）
各地新华书店、建筑书店经销
华鲁印联（北京）科贸有限公司制版
建工社（河北）印刷有限公司印刷

*

开本：787×1092 毫米　1/16　印张：18½　字数：460 千字
2012 年 8 月第一版　2024 年 6 月第四次印刷
定价：36.00 元
ISBN 978－7－112－13898－2
（21987）

本书根据建设部颁布的《建设工程工程量清单计价规范》GB 50500—2008、《建筑工程施工发包与承包计价管理办法》（建设部令第 107 号）以及建标［2003］206 号《建筑安装工程费用项目组成》等工程造价领域的最新政策和法令编写而成。全书系统地介绍了建筑安装工程工程量清单的编制与计价方法，并编写了典型的工程案例。清单计价与定额计价规则相对照，使读者能全面而准确地掌握这两种在我国建设招投标领域并行的计价方式是本书的特色。此外，本书还对新规范下建筑智能化系统设备安装工程的工程量清单编制与计价方法作了详尽的阐述和案例分析。

全书共分十章，主要内容包括：建筑安装工程造价综述，工程量清单计价基础知识及建筑安装工程费用构成，工程造价依据，机械设备安装工程，电气设备安装工程，工业管道安装工程，给水排水、采暖、燃气工程，消防工程，通风空调工程，建筑智能化系统设备安装工程等建筑设备安装工程的工程量的计算及清单计价方法。

本书在编写过程中力求条理清晰、简明扼要、图文并茂，理论性与实践性有机结合，注重操作性和实用性，可作为高等院校土木工程、设备安装工程、工程管理、工程造价、投资经济等专业教科书，也可作为造价工程师、设备工程师、监理工程师、建造师、咨询工程师（投资）等执业资格考试的教学参考书，还可供房地产经营管理、施工企业、工程咨询机构等相关专业人员作为学习和工作的参考书。

＊　　＊　　＊

责任编辑：牛　松　孙立波　张国友

责任设计：张　虹

责任校对：张　颖　赵　颖

前　言

　　建筑设备安装工程清单计价是工程管理专业的主干课程之一，是土木工程类专业的选修课程，同时还是建设工程类相关执业资格诸如造价工程师、咨询工程师、监理工程师、房地产估价师、注册建造师、资产评估师等执业资格考试的主要内容，为了向工程管理及相关专业读者提供工程造价领域的最新政策和科研成果，本书内容注重与国际接轨，将基础理论与综合能力训练有机结合，操作性和实用性强。本书借鉴国际上工程造价管理的特点，根据建设部《建设工程工程量清单计价规范》GB 50500－2008、《建设安装工程费用项目组成》（建标〔2003〕206号）、《建筑工程施工发包与承包计价管理办法》（建设部令第107号）等有关内容编写，希望能向全国高校工程管理专业和相关专业的教师和读者们奉献一本具有一定理论水平和操作实用方便的教科书，以适应我国工程造价管理改革的需要。

　　工程量清单计价需要招标人按国家统一工程量计算规则提供详细的、完整的、准确的工程量，投标人必须对工程成本、利润进行分析，通过对已实施项目大量综合分析、测定而总结出的企业定额进行投标报价，那么只有在掌握了全国统一建筑工程预算工程量计算方法、建筑工程造价费用构成的基础上才能真正理解和掌握建设工程工程量清单计价规范。因此，根据《建设工程施工发包与承包计价管理办法》中的规定，工料单价法和综合单价法可并行使用。本书全面系统地介绍了建筑安装工程工程量清单的编制与计价方法，并编写了典型工程案例。清单计价与定额计价相对照，使读者能全面而准确地掌握这两种现在在我国建设招投标领域并行的计价方式是本书的特色，且本书的内容结合了工程造价领域最新政策法规，最新发展动态和最新研究成果。

　　本书实现了理论和实践的有机结合，每章节内容既有基础理论，又精选实际工程案例，每章后面都有小结和思考与练习题，同时利用编著者具有丰富工程造价实践经验的优势，在分析工程造价理论与发展趋势的同时，有许多创新的观点和计算技巧，方便操作、提高教学效果。

　　本书由武汉工程大学环境与城市建设学院沈巍副教授、张电吉教授主编，由武汉理工大学方俊教授担任主审。参编人员有汤平、付晓灵、乐美玉。作者在本书撰写过程中，参阅和引用了有关学者和专家的论著，在此表示感谢。

　　限于编者的水平，不妥之处在所难免，恳请本书读者批评指正，我们将对本书不断修改完善，以飨读者。

目　　录

第一章　建筑安装工程造价综述 ……………………………………………………… 1

　　第一节　基本建设程序与工程造价各阶段的关系 …………………………………… 1

　　第二节　建设项目的分解及价格的形成 ……………………………………………… 3

　　第三节　工程造价相关执业资格 ……………………………………………………… 8

第二章　工程量清单计价基础知识及建筑安装工程费用构成 ……………………… 18

　　第一节　工程量清单计价基础知识 …………………………………………………… 18

　　第二节　我国工程项目投资构成 ……………………………………………………… 35

　　第三节　定额计价模式下的建筑安装工程的费用组成 ……………………………… 42

　　第四节　工程量清单计价模式下的工程造价费用构成及计算 ……………………… 47

第三章　工程造价依据 …………………………………………………………………… 57

　　第一节　工程建设定额体系概述 ……………………………………………………… 57

　　第二节　施工定额 ……………………………………………………………………… 59

　　第三节　预算定额 ……………………………………………………………………… 61

　　第四节　概算定额与概算指标 ………………………………………………………… 64

　　第五节　企业定额 ……………………………………………………………………… 66

第四章　机械设备安装工程 ……………………………………………………………… 68

　　第一节　机械设备安装工程基本知识 ………………………………………………… 68

　　第二节　机械设备安装工程识图 ……………………………………………………… 69

　　第三节　机械设备安装工程施工图预算的编制 ……………………………………… 73

　　第四节　机械设备安装工程量清单编制 ……………………………………………… 83

　　第五节　机械设备安装工程量清单计价 ……………………………………………… 86

第五章　电气设备安装工程 ……………………………………………………………… 89

　　第一节　电气设备安装工程基本知识和施工识图 …………………………………… 89

　　第二节　电气设备安装工程施工图预算的编制 ……………………………………… 99

　　第三节　电气安装工程量清单编制 …………………………………………………… 113

　　第四节　电气设备安装工程量清单计价 ……………………………………………… 122

第六章　工业管道安装工程 ……………………………………………………………… 142

　　第一节　工业管道安装基本知识及施工识图 ………………………………………… 142

　　第二节　工业管道安装工程施工图预算的编制 ……………………………………… 149

　　第三节　工业管道安装工程量清单编制 ……………………………………………… 159

　　第四节　工业管道安装工程量清单计价 ……………………………………………… 171

第七章　给水排水、采暖、燃气工程 ………………………………………………… 181

第一节　给水排水、采暖、燃气工程基本知识及施工识图 ………………… 181
第二节　给水排水、采暖、燃气工程施工图预算的编制 …………………… 191
第三节　给水排水、采暖、燃气工程工程量清单的编制 …………………… 196
第四节　给水排水、采暖、燃气工程量清单计价 …………………………… 205

第八章　消防工程 ……………………………………………………………… 212
第一节　消防工程的基本知识及施工识图 ………………………………… 212
第二节　消防工程施工图预算的编制 ……………………………………… 221
第三节　消防工程工程量清单的编制 ……………………………………… 226
第四节　消防工程工程量清单计价 ………………………………………… 232

第九章　通风空调工程 ………………………………………………………… 236
第一节　通风空调工程基本知识及施工识图 ……………………………… 236
第二节　通风空调工程施工图预算工程量的计算 ………………………… 240
第三节　通风空调工程工程量清单的编制 ………………………………… 241
第四节　通风空调工程工程量清单计价 …………………………………… 247

第十章　建筑智能化系统设备安装工程 ……………………………………… 256
第一节　建筑智能化系统设备安装工程基本知识及施工识图 …………… 256
第二节　建筑智能化系统设备安装工程施工图预算工程量的计算 ……… 261
第三节　建筑智能化系统设备安装工程清单计价工程量计算规则 ……… 263
第四节　建筑智能化系统设备安装工程造价计价常用数据及实例 ……… 272

参考文献 ………………………………………………………………………… 287

第一章　建筑安装工程造价综述

第一节　基本建设程序与工程造价各阶段的关系

一、工程建设及建筑安装工程造价的基本概念

工程建设是实现固定资产再生产的一种经济活动，狭义地讲是指进行某一项工程的建设，广义来讲则指建筑、购置和安装固定资产的一切活动及与之相关联的工作，如学校、医院、工厂、商店、住宅、铁路等的建设。

在我国，工程建设常称为基本建设。它是一种涉及生产、流通及分配等多个环节的综合性经济活动。一般来说，它包括建筑安装工程、设备和工器具的购置及与其相联系的土地征购、勘察设计、研究试验、技术引进、职工培训、联合试运转等其他建设工作。按国家统一规定，基本建设可分为如图 1-1 所示的几类。

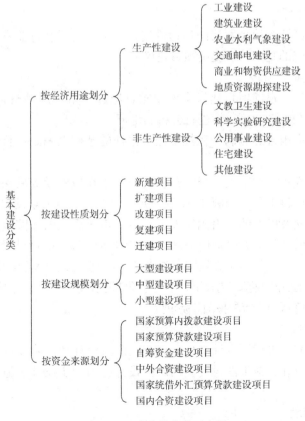

图 1-1　基本建设分类示意图

在工程建设中，建筑安装工程是创造价值的生产活动，它由建筑工程和安装工程两部分组成。所谓建筑工程，是指人们为满足生产及生活所需而建造的各种房屋及构筑物。但广义来讲，"建筑工程"可以是一切经过勘察设计、施工、设备安装和维修更新等生产活动过程而建造或修理的房屋及构筑物的总称。安装工程则是指工程建设中永久性和临时性设备的装配、就位、固定过程，以及与设备相连的工作台、梯子等的装设和附属于被安装设备的管线铺设等工作过程。

建筑工程造价是指建设项目从筹建到竣工验收交付使用的整个建设过程所花费的费用的总和。对工程项目的投资者即业主来讲，它是指从工程项目的立项决策到竣工验收、交付使用预期或实际开支的全部固定资产的投资费用，一般称之为工程造价的广义理解；对工程项目的建设者即施工者来讲，它则指建成一项工程，预计或实际在土地市场、设备市场、技术劳务市场以及承包市场等交易活动中所形成的建筑安装工程的价格和建设工程总价格，也就是在建筑安装工程过程中施工企业发生的生产和经营管理的费用总和，即工程价格，一般称之为工程造价的狭义理解。

二、基本建设程序与工程造价各阶段的关系

基本建设程序是指工程建设中必须遵循的先后次序，它反映了工程建设各个阶段之间的内在联系。具体来说，它是指工程建设项目从立项、选择、评估、决策、设计、施工到竣工验收及投入生产整个建设过程中各项工作必须遵循的先后次序的法则。

在我国，一般基本建设项目的建设程序为：

1. 项目建议书阶段

综合考虑国民经济和社会发展的长远规划，并结合地区和行业发展规划的要求，在进行初步可行性研究的基础上，提出项目建议书。

2. 可行性研究报告阶段

（1）可行性研究。根据项目建议书的要求，经过一系列的勘察、实验及调查研究，对拟建项目的技术和经济的可行性进行分析和论证。

（2）可行性研究报告的编制。在技术经济论证的基础上编制可行性研究报告，选择最优建设方案。

（3）可行性研究报告的审批。资源开发类项目指在境外投资勘探开发原油、矿山等资源的项目。此类项目中方投资额 3000 万美元及以上的，由国家发展改革委核准，其中中方投资额 2 亿美元及以上的，由国家发展改革委审核后报国务院核准。大额用汇类项目指在上述所列领域之外中方投资用汇额 1000 万美元及以上的境外投资项目，此类项目由国家发展改革委核准，其中中方投资用汇额 5000 万美元及以上的，由国家发展改革委审核后报国务院核准。使用中央预算内投资、中央专项建设基金、中央统还国外贷款 5 亿元及以上项目，由国家发展改革委员会审核报国务院审批。

3. 设计工作阶段

根据可行性研究报告编制设计文件。现有三阶段设计和两阶段设计。三阶段设计分为初步设计、技术设计、施工图设计。两阶段设计分为初步设计、施工图设计。现在通常采用两阶段设计。

4. 建设准备阶段

签订施工合同进行开工准备。通过招标选择施工单位及设备材料供应商，做好开工前的征地及水、电、路接驳等各项开工准备，办理开工报告等。

5. 建设施工阶段

根据设计进行施工安装，同时，业主在监理单位的协助下做好项目建设的一系列贮备工作，如人员培训、组织准备、技术准备、物资准备等。

6. 竣工验收阶段

竣工验收是工程建设过程的最后一环。通过试车验收、竣工验收，一是检验设计和工程质量，保证项目按设计要求的技术经济指标正常生产；二是有关部门和单位可以总结经验教训；三是建设单位对验收合格的项目可以及时移交固定资产，使其由建设系统转入生产系统或投入使用。凡符合竣工条件而未及时办理竣工验收的，一切费用不准再由投资中支出。项目建成投产以后，对建设项目进行后评价。

国内大中型和限额以上工程项目的建设程序与工程造价各阶段的关系如图 1-2 所示。

上述基本建设程序顺应了市场经济的发展，体现了项目业主责任制、建设监理制、工程招投标制以及项目咨询评估制的要求，并且与国际惯例基本趋于一致。

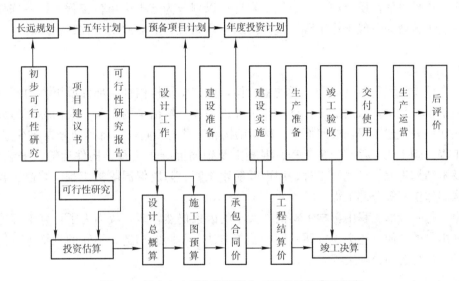

图 1-2　国内大中型和限额以上工程项目的建设程序

第二节　建设项目的分解及价格的形成

一、建设项目的划分

建设项目是一个系统工程，为适应工程管理和确定建设产品价格的需要，根据我国在建设领域内的有关规定和习惯做法，将工程项目按其组成内容的不同，可以由大到小逐级划分为建设项目、单项工程、单位工程、分部工程和分项工程等。

1. 建设项目

建设项目一般是指具有一个计划文件和按一个总体设计进行建设，经济上实行统一核算并且行政上有独立组织形式的工程建设单位。在民用建设中，通常是以一个事业单位为建设项目，如一所学校、一家医院等；在工业建设中，一般是以一个企业或联合企业为建设项目；此外，也有营业性质的，比如一座宾馆、一家商场等。

2. 单项工程

单项工程也称工程项目，它是建设项目的组成部分。一个建设项目既可以包括几个甚至几十个单项工程，也可以只有一个单项工程。一般来说，单项工程都具有独立的设计文件，竣工后能够独立发挥生产能力或使用效益，如民用建设项目×××科技大学中的体育馆、计算机教学楼、化学实验楼等，都是能够发挥其使用功能的单项工程。

单项工程既是一个具有独立存在意义的完整工程，也是一个极为复杂的综合体，它由许多的单位工程所组成。

3. 单位工程

单位工程是指具有单独设计，可以独立组织施工，但是建成后不能独立发挥生产能力或使用效益的工程，是单项工程的组成部分。

一个单项工程根据其构成，一般可分为建筑工程、设备购置及安装工程等。进而按照各个组成部分的性质、作用，建筑工程还可以划分为若干个单位工程。以一栋住宅楼为例，它可分解为一般土建工程、室内给水排水工程、电器照明工程、室内燃气工程等单位工程。

4. 分部工程

一个单位工程仍然是一个较大的组合体，由许多结构构件、部件或更小的部分所组成。在单位工程中，依据部位、材料和工种进一步分解出来的工程，我们称之为分部工程。比如一般土建工程，按照部位、材料结构和工种的不同，可将其划分为土石方工程、打桩工程、脚手架工程、砌筑工程、混凝土及钢筋混凝土工程、构件运输及安装工程、门窗及木结构工程、楼地面工程、屋面及防水工程、防腐保温隔热工程、装修工程、金属结构制作工程等分部工程。

由于每一分部工程中影响工料消耗大小的因素仍然较多，故而为了计算工程造价和工料耗用量的方便，还必须按照不同的施工方法、不同的构造、不同的规格等，把分部工程进一步分解为分项工程。

5. 分项工程

分项工程一般是指单独的经过一定的施工工序就能完成，并且可以采用适当的计量单位计算的建筑或设备安装工程。如每 10m 天然气管道安装工程，每 $10m^3$ 人工土方工程等，都分别为一个分项工程。但是，这种分项工程与工程项目这样完整的产品不同，它不能构成一个完整的工程实体。一般来说，其独立的存在往往是没有实用意义的，它只是建筑或安装工程构成的一个基本部分，是为了便于确定建筑及设备安装工程项目造价而划分出来的一种假定性产品。

综上所述，一个建设项目通常是由一个或几个单项工程组成的，一个单项工程是由几个单位工程组成的，而一个单位工程又是由若干个分部工程组成的，一个分部工程依据选用的施工方法、材料、结构构件规格的不同等因素又可划分为若干个分项工程。建设项目划分的过程和它们之间的相互关系如图 1-3 所示。

二、工程造价计价特点

建设工程的生产周期长、规模大、造价高以及可变因素多，决定了工程造价计价具

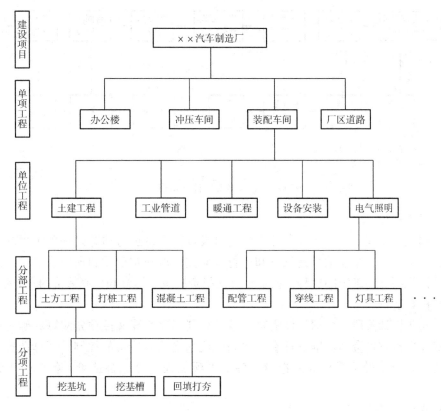

图 1-3 建设项目划分示意图

有下列特点:

1. 单件计价

工程建设产品生产的单件性,决定了其产品价格的单件性。在一般工业部门中,批量生产的产品是完全相同的,它们可以按照同一种设计图纸、同一种工艺方法、同一种生产过程进行加工制造。当某一产品的工艺方法和生产过程确定以后,就可以反复继续生产,基本上没有很大的变化。而与一般工业产品不同,工程建设产品或建筑产品是按照为特定使用者的专门用途,在指定地点逐一建造的。几乎每一个建筑产品都有自己独特的建筑形式及结构形式,需要一套单独的设计图纸。即使对于采用同一设计图纸的建筑来说,也会由于气候、地质、地震、水文等自然条件的不同而产生实物形态上的差异。此外,不同地区构成投资费用的各种价格要素的差异,也将最终导致建设工程造价的千差万别。总而言之,建设工程和建筑产品不可能像工业产品那样统一定价,而只能根据它们各自所需的物化劳动和活劳动消耗量,按照国家统一规定的一整套特殊程序来逐项计价。

2. 多次计价

建设工程周期长,根据建设程序要分阶段进行,对应不同阶段也要相应地进行多次计价,从而保证工程造价确定与控制的合理性及科学性。这种多次计价的过程是一个逐步深化并逐步接近实际造价的过程。建设工程的建设程序与多次计价的对应关系如图 1-4 所示。

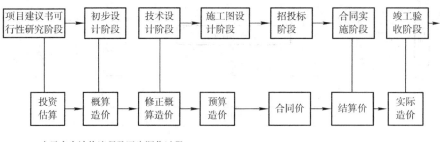

图 1-4 工程多次性计价示意图

（1）投资估算

在编制项目建议书和可行性研究阶段，对投资需要量进行估算是一项不可缺少的组成内容。投资估算是指在项目建议书和可行性研究阶段对拟建项目所需投资，通过编制估算文件预先测算和确定的过程。投资估算是投资决策、筹资和控制造价的主要依据。

（2）概算造价

指在初步设计阶段，根据设计资料，通过编制工程概算文件预先测算和确定的工程造价。概算造价较投资估算准确性有所提高，但它受估算造价的控制。概算造价的层次性十分明显，分建设项目概算总造价、各个单项工程概算综合造价、各单位工程概算造价。

（3）修正概算造价

指在采用三阶段设计的技术设计阶段，根据技术设计的要求，通过编制修正概算文件预先测算和确定的工程造价。它对初步设计概算进行修正调整，比概算造价准确，但受概算造价控制。

（4）预算造价

指在施工图设计阶段，根据施工图纸通过编制预算文件，预先测算和确定的工程造价。它比概算造价或修正概算造价更为详尽和准确。但同样要受前一阶段确定的工程造价的控制。

（5）合同价

指在工程招标阶段通过签订总承包合同、建筑安装工程承包合同、设备材料采购合同以及技术和咨询服务合同确定的价格。合同价属于市场价格的性质，它是由承发包双方根据市场行情共同议定和认可的成交价格，但它并不等同于实际工程造价。现行有关规定的三种合同价形式是：固定合同价、可调合同价和工程成本加酬金合同价。

（6）结算价

是指在合同实施阶段，在工程结算时按合同调价范围和调价方法，对实际发生的工程量增减、设备和材料价差等进行调整后计算和确定的价格。结算价是该结算工程的实际价格。

（7）实际造价

是指竣工决算阶段，通过为建设项目编制竣工决算，最终确定的实际工程造价。

可见，多次计价是一个由粗到细、从浅到深、由概略到精确的计价过程，是一个复杂而重要的管理系统。

3. 动态计价

任意一项工程从决策到竣工交付使用，均有一个较长的建设周期，由于不可控因素的影响，在预计工期内，许多影响工程造价的动态因素，如工程变更、设备材料价格、工资标准以及费率、利率、汇率的变化必然会影响到造价的变动。此外，计算工程造价还应考虑资金的时间价值。所以，工程造价在整个建设期中处于不确定状态，直至竣工决算后才能最终确定工程的实际造价。

静态投资是以某一基准年、月的建设要素的价格为依据所计算出的建设项目投资的瞬时值，但它会因工程量误差而引起工程造价的增减。静态投资包括建筑安装工程费、设备和工器具购置费、工程建设其他费用及基本预备费。

动态投资是指为完成一个工程项目的建设，预计投资需要量的总和。它除了包括静态投资所含内容之外，还包括建设期贷款利息、投资方向调节税、涨价预备金费、新开征税费以及汇率变动引起的造价调整。

静态投资和动态投资虽然内容有所区别，但二者关系密切。一方面，动态投资包括静态投资；另一方面，静态投资是动态投资最主要的组成部分，也是动态投资的计算基础。

4. 组合计价

工程造价的计算是分部组合而成，这一特征和建设项目的组合性有关。一个建设项目是一个工程综合体，这个综合体可以分解为许多有内在联系的独立和不能独立的工程。如前文所述，一个建设项目可由一个或几个单项工程组成，每一个单项工程又由相应的单位工程组成，每一个单位工程又可分解为若干的分部工程，而分部工程还可以分解为分项工程。从计价和工程管理的角度，分部分项工程还可以继续进行分解。由此可见，建设项目的这种组合性决定了计价的过程是一个逐步组合的过程。这一特征在计算概算造价和预算造价时尤为明显，因而也反映到合同价和结算价中。其计算过程和计算顺序是：分部分项工程单价→单位工程造价→单项工程造价→建设项目总造价。

5. 方法的多样性

与多次计价有各不相同的计价依据以及对造价有不同精确度的要求相适应，计价方法具有多样性。例如计算和确定概算、预算造价有两种基本方法，即单价法和实物法。计算和确定投资估算的方法有设备系数法、生产能力指数估算法等。不同的方法各有其特点，适应条件也不同，因此计价时应选择合适的方法。

6. 依据的复杂性

影响造价的因素众多，因而导致计价依据复杂、种类繁多。一般可分为七类：

（1）计算设备和工程量依据。包括项目建议书、可行性研究报告、设计文件等。

（2）计算人工、材料、机械等实物消耗量依据。包括投资估算指标、概算定额、预算定额、企业定额等。

（3）计算工程单价的价格依据。包括人工单价、材料价格、材料运杂费、机械台班费等。

（4）计算设备单价依据。包括设备原价、设备运杂费、进口设备关税等。

（5）计算其他直接费、现场经费、间接费和工程建设其他费用依据。主要是相关的费用定额和指标。

（6）政府规定的税、费。

（7）物价指数和工程造价指数。

依据的复杂性不仅使计算过程复杂，而且要求计价人员熟悉各类依据，并加以正确利用。

7. 市场定价

工程建设产品作为交易对象，通过招投标、承发包或其他交易方式，在进行多次预估的基础上，最终由市场形成价格。交易对象可以是一个建设项目，或是一个单项工程，也可以是整个建设工程的某个阶段或某个组成部分。常将这种在市场交易中形成的价格称为工程承发包价格，承发包价格或合同价是工程造价的一种重要形式，是业主与承包商共同认可的价格。

第三节 工程造价相关执业资格

一、我国工程造价的管理现状

1. 政府对工程造价的管理

政府既是工程造价管理中的宏观管理主体，也是政府投资项目的微观管理主体。宏观上，政府对工程造价的管理有一个严密的组织系统，设置了多层管理机构并规定了各层机构相应的管理权限和职责范围。建设部标准定额司是归口领导机构，各专业部如水利部、交通部等也设置了相应的造价管理机构。建设部标准定额司负责制定工程造价管理的法规制度，制定全国统一经济定额和部管行业经济定额，以及负责咨询单位资质管理和工程造价专业人员的执业资格管理。各省、市、自治区和行业主管部门，在其管辖范围内行使管理职能；省辖市和地区的造价管理部门在所辖地区内行使管理职能。

2. 工程造价的微观管理

工程造价的微观管理主要包括以下两个方面：设计单位和工程造价咨询单位，按照业主或委托方的意图，在可行性研究和规划设计阶段合理确定及有效控制建设项目的工程造价，通过限额设计等手段来实现所设定的工程造价管理目标，在招标工作中编制标底、参加评标等；在项目的实施阶段，通过对设计变更、工期、索赔和结算等项管理进行造价控制。承包商的工程造价管理是企业管理中的重要组成部分，一般施工企业均设有专门的职能机构参与企业的投标决策，并通过对市场的调查研究，利用过去积累的经验，科学估价，研究报价策略，提出报价；在施工过程中，进行工程造价的动态管理，注意各种调价因素的发生和工程价款的结算，以避免收益流失，从而促进企业盈利目标的实现。

二、工程造价的相关执业资格

1. 造价工程师

造价工程师，英文译称：Cost Engineer，是指由国家授予资格并准予注册后执业，专门接受某个部门或某个单位的指定、委托或聘请，负责并协助其进行工程造价的计价、定价及管理业务，以维护其合法权益的工程经济专业人员。国家在工程造价领域实施造价工程师执业资格制度。凡从事工程建设活动的建设、设计、施工、工程造价咨询、工程造价管理等单位和部门，必须在计价、评估、审查（核）、控制及管理等岗位配套有造价工程师执业资格的专业技术人员。

1996 年，依据《人事部、建设部关于印发〈造价工程师执业资格制度暂行规定〉的通知》（人发［1996］77 号），国家开始实施造价工程师执业资格制度。1998 年 1 月，人事部、建设部下发了《人事部、建设部关于实施造价工程师执业资格考试有关问题的通知》（人发［1998］8 号），并于当年在全国首次实施了造价工程师执业资格考试。考试工作由人事部、建设部共同负责。人事部负责审定考试大纲、考试科目和试题，组织或授权实施各项考务工作。会同建设部对考试进行监督、检查、指导和确定合格标准。日常工作由建设部标准定额司承担，具体考务工作委托人事部人事考试中心组织实施。

全国造价工程师执业资格考试由国家建设部与国家人事部共同组织，考试每年举行一次，造价工程师执业资格考试实行全国统一大纲、统一命题、统一组织的办法。原则上每年举行一次，考试时间一般安排在 10 月，原则上只在省会城市设立考点。考试采用滚动管理，共设 5 个科目，单科滚动周期为 2 年。

（1）报考条件

1）凡中华人民共和国公民，遵纪守法并具备以下条件之一者，均可申请造价工程师执业资格考试：

① 工程造价专业大专毕业，从事工程造价业务工作满 5 年；工程或工程经济类大专毕业，从事工程造价业务工作满 6 年。

② 工程造价专业本科毕业，从事工程造价业务工作满 4 年；工程或工程经济类本科毕业，从事工程造价业务工作满 5 年。

③ 获上述专业第二学士学位或研究生班毕业和获硕士学位，从事工程造价业务工作满 3 年。

④ 获上述专业博士学位，从事工程造价业务工作满 2 年。

2）上述报考条件中有关学历的要求是指经国家教育部承认的正规学历，从事相关工作经历年限要求是指取得规定学历前、后从事该相关工作时间的总和，其截止日期为 2007 年年底。

3）凡符合造价工程师考试报考条件的，且在《造价工程师执业资格制度暂行规定》下发之日（1996 年 8 月 26 日）前，已受聘担任高级专业技术职务并具备下列条件之一者，可免试《工程造价管理基础理论与相关法规》、《建设工程技术与计量》两个科目，只参加《工程造价计价与控制》、《工程造价案例分析》两个科目的考试。

① 1970 年（含 1970 年，下同）以前工程或工程经济类本科毕业，从事工程造价业务满 15 年。

② 1970 年以前工程或工程经济类大专毕业，从事工程造价业务满 20 年。

③ 1970 年以前工程或工程经济类中专毕业，从事工程造价业务满 25 年。

4）根据人事部《关于做好香港、澳门居民参加内地统一举行的专业技术人员资格考试有关问题的通知》（国人部发［2005］9 号）文件精神，自 2005 年度起，凡符合造价工程师执业资格考试有关规定的香港、澳门居民，均可按照规定的程序和要求，报名参加相应专业考试。香港、澳门居民在报名时应向报名点提交本人身份证明、国务院教育行政部门认可的相应专业学历或学位证书，以及相应专业机构从事相关专业工作年限的证明。

（2）考试科目

1）《工程造价管理基础理论与相关法规》；

2)《工程造价计价与控制》；

3)《建设工程技术与计量（土建）》、《建设工程技术与计量（安装）》；

4)《工程造价案例分析》。

（3）执业范围

1）建设项目建议书、可行性研究投资估算的编制和审核，项目经济评价，工程概、预、结算、竣工结（决）算的编制和审核；

2）工程量清单、标底（或者控制价）、投标报价的编制和审核，工程合同价款的签订及变更、调整、工程款支付与工程索赔费用的计算；

3）建设项目管理过程中设计方案的优化、限额设计等工程造价分析与控制，工程保险理赔的核查；

4）工程经济纠纷的鉴定。

2. 监理工程师

为提高工程建设水平，充分发挥建设投资的综合效益，国家对大中型工业和交通建设项目、市政工程和大型民用建设工程、重点建设工程、利用外资的建设工程、高新技术产业开发区工程、住宅小区和危旧房改造小区工程实行工程监理制度。

监理工程师，英文译称：Supervsing Engineer，是指经全国统一考试合格，取得《监理工程师资格证书》并经注册登记的工程建设监理人员。

1992 年 6 月，建设部发布了《监理工程师资格考试和注册试行办法》（建设部第 18 号令），我国开始实施监理工程师资格考试。1996 年 8 月，建设部、人事部下发了《建设部、人事部关于全国监理工程师执业资格考试工作的通知》（建监〔1996〕462 号），从 1997 年起，全国正式举行监理工程师执业资格考试。考试工作由建设部、人事部共同负责，日常工作委托建设部建筑监理协会承担，具体考务工作委托人事部人事考试中心组织实施。

考试每年举行一次，考试时间一般安排在 5 月中旬。原则上只在省会城市设立考点。

监理工程师实行注册管理，监理工程师执业资格考试合格者，由各省、自治区、直辖市人事（职改）部门颁发人事部统一印制的、人事部与建设部用印的中华人民共和国《监理工程师执业资格证书》。该证书在全国范围内有效。取得《监理工程师执业资格证书》者，须按规定向所在省（区、市）建设部门申请注册，监理工程师注册有效期为 5 年。有效期满前 3 个月，持证者须按规定到注册机构办理再次注册手续。

（1）报考条件

凡中华人民共和国公民，身体健康，遵纪守法，具备下列条件之一者，可申请参加监理工程师执业资格考试：

1）工程技术或工程经济专业大专（含大专）以上学历，按照国家有关规定，取得工程技术或工程经济专业中级职务，并任职满 3 年。

2）按照国家有关规定，取得工程技术或工程经济专业高级职务。

3）1970 年（含 1970 年）以前工程技术或工程经济专业中专毕业，按照国家有关规定，取得工程技术或工程经济专业中级职务，并任职满 3 年。

（2）考试科目

考试设 4 个科目，具体是：《建设工程监理基本理论与相关法规》、《建设工程合同管理》、《建设工程质量、投资、进度控制》、《建设工程监理案例分析》。其中，《建设工程监理案例分析》为主观题，在试卷上作答；其余3科均为客观题，在答题卡上作答。

（3）执业范围

注册监理工程师可以从事工程监理、工程经济与技术咨询、工程招标与采购咨询、工程项目管理服务以及国务院有关部门规定的其他业务。

3. 一级建造师

建造师制度的法律依据《中华人民共和国建筑法》第14条规定："从事建筑活动的专业技术人员，应当依法取得相应的执业资格证书，并在执业证书许可的范围内从事建筑活动。"2003年2月27日《国务院关于取消第二批行政审批项目和改变一批行政审批项目管理方式的决定》（国发［2003］5号）规定："取消建筑施工企业项目经理资质核准，由注册建造师代替，并设立过渡期"。人事部、建设部依据国务院上述要求决定对建设工程项目总承包及施工管理的专业技术人员实行建造师执业资格制度，出台了《建造师执业资格制度暂行规定》（人发［2002］111号）。建造师分为一级建造师和二级建造师。英文分别译为：Constructor 和 Associate Constructor。一级建造师执业资格实行统一大纲、统一命题、统一组织的考试制度，由人事部、建设部共同组织实施，原则上每年举行一次考试，考试时间通常在每年9月。

（1）报考条件

凡遵守国家法律、法规，具备以下条件之一者，可以申请参加一级建造师执业资格考试：

1）取得工程类或工程经济类大学专科学历，工作满6年，其中从事建设工程项目施工管理工作满4年。

2）取得工程类或工程经济类大学本科学历，工作满4年，其中从事建设工程项目施工管理工作满3年。

3）取得工程类或工程经济类双学士学位或研究生班毕业，工作满3年，其中从事建设工程项目施工管理工作满2年。

4）取得工程类或工程经济类硕士学位，工作满2年，其中从事建设工程项目施工管理工作满1年。

5）取得工程类或工程经济类博士学位，从事建设工程项目施工管理工作满1年。

（2）考试科目

一级建造师执业资格考试设《建设工程经济》、《建设工程法规及相关知识》、《建设工程项目管理》和《专业工程管理与实务》4个科目。其中《专业工程管理与实务》科目分为房屋建筑、公路、铁路、民航机场、港口与航道、水利水电、电力、矿山、冶炼、石油化工、市政公用、通信与广电、机电安装和装饰装修14个专业类别，考生在报名时可根据实际工作需要选择其一。

（3）执业范围

1）担任建设工程项目施工的项目经理。

2）从事其他施工活动的管理工作。

3）法律、行政法规或国务院建设行政主管部门规定的其他业务。

4. 注册咨询工程师

注册咨询工程师（投资），英文译称：Registered Consulting Engineer，是指通过考试取得《中华人民共和国注册咨询工程师（投资）执业资格证书》，经注册登记后，在经济建设中从事工程咨询业务的专业技术人员。

根据《关于转发〈人事部　国家发展计划委员会关于印发〈注册咨询工程师（投资）执业资格制度暂行规定〉和〈注册咨询工程师（投资）执业资格考试实施办法〉的通知》（京人发〔2002〕37号）文件精神，从2001年12月12日起，国家在工程咨询行业实行注册咨询工师（投资）执业资格制度。注册咨询工程师（投资）执业资格实行全国统一考试制度，原则上每年举行一次。考试通常在每年4月举行。

（1）报考条件

凡中华人民共和国公民，遵纪守法并具备以下条件之一者，可申请参加注册咨询工程师（投资）执业资格考试：

1）工程技术类或工程经济类大专毕业后，从事工程咨询相关业务满8年；

2）工程技术类或工程经济类专业本科毕业后，从事工程咨询相关业务满6年；

3）获工程技术类或工程经济类专业第二学士学位或研究生班毕业后，从事工程咨询相关业务满4年；

4）获工程技术类或工程经济类专业硕士学位后，从事工程咨询相关业务满3年；

5）获工程技术类或工程经济类专业博士学位后，从事工程咨询相关业务满2年；

6）获非工程技术类、工程经济类专业上述学历或学位人员，其从事工程咨询相关业务年限相应增加2年。

（2）考试科目

考试科目分为《工程咨询概论》、《宏观经济政策与发展规划》、《工程项目组织与管理》、《项目决策分析与评价》、《现代咨询方法与实务》五个科目。

（3）执业范围

1）经济社会发展规划、计划咨询；

2）行业发展规划和产业政策咨询；

3）经济建设专题咨询；

4）投资机会研究；

5）工程项目建议书的编制；

6）工程项目可行性研究报告的编制；

7）工程项目评估；

8）工程项目融资咨询、绩效追踪评价、后评价及培训咨询服务；

9）工程项目招投标技术咨询；

10）国家发展计划委员会规定的其他工程咨询业务。

5. 房地产估价师

为了加强房地产估价人员的管理，充分发挥房地产估价在房地产交易中的作用，国家实行房地产估价人员执业资格认证和注册制度。凡从事房地产评估业务的单位，必须配备有一定数量的房地产估价师。房地产估价师，英文译称：Real Estate Appraiser，房地产估价师执业资格实行全国统一考试制度。原则上每年举行一次，通常在10月举行考试。人事部负责审定考试科目、考试大纲和试题。会同建设部对考试进行检查、监督、指导和确定合格标准，组织实施各项考务工作。建设部负责组织考试大纲的拟定、培训教材的编写和命题工作，统一规划并会同人事部组织或授权组织考前培训等有关工作。房地产估价师执业资格考试合格者，由人事部或其授权的部门颁发人事部统一印制，人事部和建设部用印的房地产估价师《执业资格证书》，经注册后全国范围有效。

注册房地产估价师可以在全国范围内开展与其聘用单位业务范围相符的房地产估价活动。

（1）报考条件

凡中华人民共和国公民，遵纪守法并具备下列条件之一的，可申请参加房地产估价师执业资格考试：

1）取得房地产估价相关学科（包括房地产经营、房地产经济、土地管理、城市规划等，下同）中等专业学历，具有 8 年以上相关专业工作经历，其中从事房地产估价实务满 5 年；

2）取得房地产估价相关学科大专学历，具有 6 年以上相关专业工作经历，其中从事房地产估价实务满 4 年；

3）取得房地产估价相关学科学士学位具有 4 年以上相关专业工作经历，其中从事房地产估价实务满 3 年；

4）取得房地产估价相关学科硕士学位或第二学位、研究生班毕业，从事房地产估价实务满 2 年；

5）取得房地产估价相关学科博士学位的；

6）不具备上述规定学历，但通过国家统一组织的经济专业初级资格或审计、会计、统计专业助理级资格考试并取得相应资格，具有 10 年以上相关专业工作经历，其中从事房地产估价实务满 6 年，成绩特别突出的。

（2）考试科目

考试科目分为：《房地产基本制度与政策》（含房地产估价相关知识）、《房地产开发经营与管理》、《房地产估价理论与方法》和《房地产估价案例与分析》。

（3）执业范围

房地产估价师的执业范围包括房地产估价、房地产咨询以及与房地产估价有关的其他业务。

6. 土地估价师

土地估价师，英文译称：Real Estate Valuer，指经全国统一考试合格，获得《土地估价师资格证书》，并注册登记，具有独立从事土地估价资格的人员。国家实行土地估价人员执业资格认证和注册登记制度。凡从事土地评估业务的单位，必须配备有一定数量的土地估价师。全国土地估价师资格考试，从 2006 年起每年举行一次考试，通常每年 9 月举行考试，单科合格成绩实行两年有效、滚动管理。连续两个考试年度通过全部应考科目的合格者取得国土资源部统一印制、用印的《土地估价师资格证书》。

（1）报考条件

参加土地估价师资格考试的人员，需具备下列基本条件：

1）坚持四项基本原则，认真执行国家有关土地管理法律、法规的规定；

2）认真履行岗位职责，胜任本职工作，遵守职业道德，能公正、客观地开展土地估价工作。

同时，还须具备下列条件之一：

① 取得土地估价相关学科（包括土地管理、房地产经营管理、城市规划以及经济、地理、建筑工程等，下同）博士学位或中级以上职称；

② 取得土地估价相关学科硕士学位或第二学士学位、研究生班毕业，具有 2 年以上相关专业工作经历；

③ 取得土地估价相关学科本科学历，具有 4 年以上相关专业工作经历；

④ 取得土地估价相关学科大学专科学历，具有 6 年以上相关专业工作经历。

（2）考试科目

考试科目包括土地管理基础、土地估价相关经济理论与方法、土地估价理论与方法、土地估价实务四门。

（3）执业范围

可从事基准地价及各类宗地地价评估。

7. 投资建设项目管理师

为规范投资建设项目管理，提高投资建设项目质量和投资效益，增强投资建设项目高层专业管理人员素质，根据国家职业资格证书制度的有关规定，对投资建设项目高层专业管理人员实行职业水平认证制度。投资建设项目管理师，英文译称：the Investment manager for Construction Project，人事部、国家发展和改革委员会指导中国投资协会确定投资建设项目管理师考试科目、考试大纲、命题和考试合格标准，并对考试与培训等工作进行监督和检查。实行全国统一考试大纲，统一命题，统一组织。原则上每年举行 1 次，通常每年 4 月考试。

（1）报考条件

遵守国家法律、法规，恪守职业道德，并具备下列条件之一的，可申请参加投资建设项目管理师考试：

1）取得工程技术、工程经济或工程管理类专业大专学历，从事投资建设项目专业管理工作满 10 年。

2）取得工程技术、工程经济或工程管理类专业大学本科学历，从事投资建设项目专业管理工作满 8 年。

3）取得工程技术、工程经济或工程管理类硕士学位，从事投资建设项目专业管理工作满 5 年。

4）取得工程技术、工程经济或工程管理类博士学位，从事投资建设项目专业管理工作满 3 年。

5）取得非工程技术、工程经济或工程管理类专业学历或学位，其从事投资建设项目专业管理工作年限相应增加 2 年。

（2）考试科目

投资建设项目管理师职业水平考试设 4 个科目，分别是《宏观经济政策》、《投资建设项目决策》、《投资建设项目组织》和《投资建设项目实施》。

（3）执业范围

1）策划投资建设项目，参与投资机会研究。

2）组织投资建设项目可行性研究和项目评估，对投资决策提出建议。

3）参与研究并提出投资建设项目融资方案。

4）制定投资建设项目管理制度和工作程序。

5）通过招标方式，选择工程咨询、工程勘察设计、工程监理、建筑施工和设备安装、设备和材料供应单位，并依法制定合同文本和签订合同。

6）进行投资建设项目信息管理，合同管理，质量、工期和投资管理及控制，实现投资建设项目预期的质量、工期、投资、安全、环保目标。

7）组织生产运营准备工作和制定相关员工培训方案。

8）组织投资建设项目竣工验收准备和建设项目竣工验收后移交生产运营的相关工作。

9）进行投资建设项目总结评价工作。

8. 注册资产评估师

资产评估师，英文译称：Certified Public Valuer，是指经全国统一考试合格，取得《资产评估师执业资格证书》并经注册登记的资产评估人员。1995 年 10 月，依据《人事部、国家国有资产管理局关于印发〈注册资产评估师执业资格制度暂行规定〉及〈注册资产评估师执业资格考试实施办法〉的通知》（人职发〔1995〕54 号），国家开始实施资产评估师执业资格制度。2002 年 2 月，人事部、财政部下发了《关于调整注册资产评估师执业资格考试有关政策的通知》（人发〔2002〕20 号），对原有考试管理办法进行了修订。考试工作由人事部、财政部共同负责，日常工作委托中国注册会计师协会承担，具体考务工作委托人事部人事考试中心组织实施。考试每年举行一次，考试时间一般安排在 9 月下旬。原则上只在省会城市设立考点。

（1）报考条件

凡中华人民共和国公民，遵纪守法并具备以下条件之一者，均可参加注册资产评估师执业资格考试：

1）取得经济类、工程类大专学历，工作满 5 年，其中从事资产评估相关工作满 3 年。

2）取得经济类、工程类大学本科学历，工作满 3 年，其中从事资产评估相关工作满 1 年。

3）取得经济类、工程类硕士学位或第二学士学位、研究生班毕业，工作满 1 年。

4）取得经济类、工程类博士学位。

5）非经济类、工程类专业毕业，其相对应的从事资产评估相关工作年限延长 2 年。

6）不具备上述规定的学历，但通过国家统一组织的经济、会计、审计专业初级资格考试，取得相应专业技术资格，并从事资产评估相关工作满 5 年。

（2）考试科目

考试科目设为《资产评估》、《经济法》、《财务会计》、《机电设备评估基础》、《建筑工程评估基础》五门。

（3）执业范围

1）国家法律、行政法规规定的国有资产评估业务；

2）接受委托的非国有资产评估业务；

3）评估咨询和其他评估服务业务。

9. 物业管理师

为了规范物业管理行为，提高物业管理专业管理人员素质，维护房屋所有权人及使用人的利益，国家对从事物业管理工作的专业管理人员，实行职业准入制度，纳入全国专业技术人员职业资格证书制度统一规划。物业管理师，英文译称：Certified Property Manager，是指经全国统一考试，取得《中华人民共和国物业管理师资格证书》（以下简称《资格证书》），并依法注册取得《中华人民共和国物业管理师注册证》（以下简称《注册证》），从事物业管理工作的专业管理人员。建设部、人事部共同负责全国物业管理师职业准入制度的实施工作，并按职责分工对该制度的实施进行指导、监督和检查。物业管理师资格实行全国统一大纲、统一命题的考试制度，原则上每年举行一次。

（1）报考条件

凡中华人民共和国公民，遵守国家法律、法规，恪守职业道德，并具备下列条件之一的，可以申请参加物业管理师资格考试：

1）取得经济学、管理科学与工程或土建类中专学历，工作满 10 年，其中从事物业管理工作满 8 年。

2）取得经济学、管理科学与工程或土建类大专学历，工作满 6 年，其中从事物业管理工作满 4 年。

3）取得经济学、管理科学与工程或土建类大学本科学历，工作满 4 年，其中从事物业管理工作满 3 年。

4）取得经济学、管理科学与工程或土建类双学士学位或研究生班毕业，工作满 3 年，其中从事物业管理工作满 2 年。

5）取得经济学、管理科学与工程或土建类硕士学位，从事物业管理工作满 2 年。

6）取得经济学、管理科学与工程或土建类博士学位，从事物业管理工作满 1 年。

7）取得其他专业相应学历、学位的，工作年限及从事物业管理工作年限均增加 2 年。

（2）考试科目

物业管理师资格考试科目为《物业管理基本制度与政策》、《物业管理实务》、《物业管理综合能力》和《物业经营管理》。

（3）执业范围

1）制定并组织实施物业管理方案；

2）审定并监督执行物业管理财务预算；

3）查验物业共用部位、共用设施设备和有关资料；

4）负责房屋及配套设施设备和相关场地的维修、养护与管理；

5）维护物业管理区域内环境卫生和秩序；

6）法律、法规规定和《物业管理合同》约定的其他事项。

本 章 小 结

在我国，工程建设常称为基本建设。它是一种涉及生产、流通及分配等多个环节的综合性经济活动。一般来说，它包括建筑安装工程、设备和工器具的购置及与其相联系的土地征购、勘察设计、研究试验、技术引进、职工培训、联合试运转等其他建设工作。

　　基本建设程序是指工程建设项目从立项、选择、评估、决策、设计、施工到竣工验收及投入生产整个建设过程中各项工作必须遵循的先后次序的法则。

　　根据我国在建设领域内的有关规定和习惯做法，工程项目按其组成内容的不同，可以划分为建设项目、单项工程、单位工程、分部工程和分项工程等。

　　建筑工程造价是指建设项目从筹建到竣工验收交付使用的整个建设过程所花费的费用的总和。建设工程的生产周期长、规模大、造价高以及可变因素多，决定了工程造价计价具有下列特点：单件计价、多次计价、动态计价、组合计价、方法的多样性、依据的复杂性和市场定价。

　　执业资格制度是市场经济国家对专业技术人才管理的通用规则。我国涉及工程估价方面的执业资格主要有：造价工程师、监理工程师、一级建造师、注册咨询工程师、房地产估价师、土地估价师、投资建设项目管理师（职业水平）、注册资产评估师、物业管理师等。本章系统介绍了各执业资格的执业范围和报考的相关事项。

思　考　题

　　1. 试述基本建设的定义及其分类。

　　2. 试述基本建设程序与工程造价各阶段的关系。

　　3. 按组成内容的不同，简述工程项目的划分。

　　4. 建筑工程造价的特点是什么？

　　5. 造价工程师有何执业特征？

第二章　工程量清单计价基础知识及建筑安装工程费用构成

第一节　工程量清单计价基础知识

随着我国建设市场快速发展，招标投标制、合同制的逐步推行，以及加入世界贸易组织（WTO）与国际接轨等要求，工程造价计价方法改革不断深化。2008年7月9日建设部第63号公告批准颁布了国家标准《建设工程工程量清单计价规范》GB 50500－2008（以下简称"计价规范"），于2008年12月1日起实施。此规范的实施，是我国工程造价计价方式适应社会主义市场经济发展并与国际接轨的一次重大改革，也是我国工程造价计价工作逐步向实现"政府宏观调控、企业自主报价、市场形成价格"的目标迈出的坚实一步。

一、实行工程量清单计价的目的和意义

1. 实行工程量清单计价，是工程造价深化改革的产物

长期以来，我国承发包计价、定价以工程预算定额为主要依据。1992年，为了适应建设市场改革的要求，针对工程预算定额编制和使用中存在的问题，提出了"控制量、指导价、竞争费"的改革措施，工程造价管理由静态管理模式逐步转为动态管理模式。其中对工程预算定额改革的主要思路和原则是：将工程预算定额中的人工、材料、机械的消耗量和相应的单价分离，人、材、机的消耗量是国家根据有关规范、标准以及社会的平均水平来确定。控制量目的就是保证工程质量，指导价就是逐步走向市场形成价格，这一措施在我国实行社会主义市场经济初期起到了积极的作用。但随着建设市场化进程的发展，这种做法仍然难以改变工程预算定额中国家指令性的状况，难以满足招标投标和评标的要求。因为控制量反映的是社会平均消耗水平，不能准确地反映各个企业的实际消耗量，不能全面地体现企业技术装备水平、管理水平和劳动生产率，还不能充分体现市场公平竞争，工程量清单计价将改革以工程预算定额为计价依据的计价模式。

2. 实行工程量清单计价，是规范建设市场秩序，适应社会主义市场经济发展的需要

工程造价是工程建设的核心内容，也是建设市场运行的核心内容，建设市场上存在许多不规范行为，大多与工程造价有关。过去的工程预算定额在工程发包与承包工程计价中调节双方利益、反映市场价格等方面显得滞后，特别是在公开、公平、公正竞争方面，缺乏合理完善的机制，甚至出现了一些漏洞。实现建设市场的良性发展，除了法律法规作行政监管以外，发挥市场规律中"竞争"和"价格"的作用是治本之策。工程量清单计价是市场形成工程造价的主要形式，工程量清单计价有利于发挥企业自主报价的能力，实现政府定价到市场定价的转变；有利于规范业主在招标中的行为，有效改变招标单位在招标中

盲目压价的行为，从而真正体现公开、公平、公正的原则，反映市场经济规律。

3. 实行工程量清单计价，是促进建设市场有序竞争和企业健康发展的需要

实行工程量清单计价模式招标投标，对于招标单位来说，由于工程量清单是招标文件的组成部分，招标单位必须编制出准确的工程量清单，并承担相应的风险，促进招标单位提高管理水平。由于工程量清单是公开的，将避免工程招标中的弄虚作假、暗箱操作等不规范行为。对于承包企业，采用工程量清单报价，必须对单位工程成本、利润进行分析，统筹考虑、精心选择施工方案，并根据企业的定额合理确定人工、材料、施工机械等要素的投入与配置，优化组合，合理控制现场费用和施工技术措施费用，确定投标价。改变过去过分依赖国家发布定额的状况，企业根据自身的条件编制出自己的企业定额。

工程量清单计价的实行，有利于规范建设市场计价行为，规范建设市场秩序，促进建设市场有序竞争；有利于控制建设项目投资；有利于促进技术进步，提高劳动生产率；有利于提高造价工程师的素质，使其成为懂技术、懂经济、懂管理的全面发展的复合型人才。

4. 实行工程量清单计价，有利于我国工程造价管理政府职能的转变

按照政府部门真正履行起"经济调节、市场监管、社会管理和公共服务"职能的要求，政府对工程造价管理的模式要相应改变，将推行政府宏观调控、企业自主报价、市场竞争形成价格、社会全面监督的工程造价管理思路。实行工程量清单计价，将会有利于我国工程造价管理政府职能的转变，由过去政府控制的指令性定额转变为制定适应市场经济规律需要的工程量清单计价方法，由过去行政直接干预转变为对工程造价依法监管，有效地强化政府对工程造价的宏观调控。

5. 实行工程量清单计价，是适应我国加入世界贸易组织（WTO），融入世界大市场的需要

随着我国改革开放的进一步加快，中国经济日益融入全球市场，特别是我国加入世界贸易组织（WTO）后，行业壁垒下降，建设市场将进一步对外开放。国外的企业以及投资的项目越来越多地进入国内市场，我国企业走出国门在海外投资和经营的项目也在增加。为了适应这种对外开放建设市场的形势，就必须与国际通行的计价方法相适应，为建设项目市场主体创造一个与国际惯例接轨的市场竞争环境。工程量清单计价是国际通行的计价方法，在我国实行工程量清单计价，有利于提高国内建设各方主体参与国际化竞争的能力，有利于提高工程建设的管理水平。

二、"计价规范"编制的指导思想和原则

根据建设部令第 107 号《建筑工程施工发包与承包计价管理办法》，结合我国工程造价管理现状，总结有关省市工程量清单试点的经验，参照国际上有关工程量清单计价通行的做法，编制中遵循的指导思想是按照政府宏观调控、市场竞争形成价格的要求，创造公平、公正、公开的竞争环境，以建立全国统一的、有序的建筑市场，既要与国际惯例接轨，又考虑我国的实际。

编制工作除了遵循上述指导思想外，主要坚持以下原则：

1. 政府宏观调控、企业自主报价、市场竞争形成价格

按照政府宏观调控、市场竞争形成价格的指导思想，为规范发包方与承包方计价行

为，确定了工程量清单计价的原则、方法和必须遵守的规则，包括统一项目编码、项目名称、计量单位、工程量计算规则等。留给企业自主报价，参与市场竞争的空间，将属于企业性质的施工方法、施工措施和人工、材料、机械的消耗量水平、取费等应该由企业来确定，给企业充分选择的权利，以促进生产力的发展。

2. 与现行预算定额既有机结合又有所区别的原则

"计价规范"在编制过程中，以现行的"全国统一工程预算定额"为基础，特别是项目划分、计量单位、工程量计算规则等方面，尽可能多地与定额衔接。原因主要是预算定额是我国经过几十年实践的总结，这些内容有一定的科学性和实用性。与工程预算定额有所区别的主要原因是：预算定额是按照计划经济的要求制订发布贯彻执行的，其中有许多不适应"计价规范"编制指导思想的，主要表现在：

(1) 定额项目是国家规定以工序为划分项目的原则；

(2) 施工工艺、施工方法是根据大多数企业的施工方法综合取定的；

(3) 工、料、机消耗量是根据"社会平均水平"综合测定的；

(4) 取费标准是根据不同地区平均测算的。

因此企业依据预算定额报价时就会表现为平均主义，企业不能结合项目具体情况、自身技术管理水平自主报价，不能充分调动企业加强管理的积极性。

3. 既考虑我国工程造价管理的现状，又尽可能与国际接轨的原则

"计价规范"要根据我国当前工程建设项目市场发展的形势，逐步解决定额计价中与当前工程建设市场不相适应的因素，适应我国社会主义市场经济发展的需要，适应与国际接轨的需要，积极稳妥地推行工程量清单计价。因此，在编制中，既借鉴了世界银行、菲迪克（FIDIC）、英联邦国家以及香港等地的一些做法，同时，也结合了我国现阶段的具体情况。如：实体项目的设置方面，就结合了当前按专业设置的一些情况；有关名词尽量沿用国内习惯，如措施项目就是国内的习惯叫法，国外叫开办项目；而措施项目的内容就借鉴了部分国外的做法。

三、"计价规范"的特点

1. 强制性

主要表现在，一是由建设主管部门按照强制性国家标准的要求批准颁布，规定全部使用国有资金或国有资金投资为主的大中型建设工程应按计价规范规定执行；二是明确工程量清单是招标文件的组成部分，并规定了招标人在编制工程量清单时必须做到四统一，即统一项目编码，统一项目名称，统一计量单位，统一工程量计算规则。

2. 实用性

附录中工程量清单项目及计算规则的项目名称表现的是工程实体项目，项目名称明确清晰，工程量计算规则简洁明了；特别还列有项目特征和工程内容，易于编制工程量清单时确定具体项目名称和投标报价。

3. 竞争性

一是"计价规范"中措施项目，在工程量清单中只列"措施项目"一栏，具体采用什么措施，如模板、脚手架、临时设施、施工排水等详细内容由投标人根据企业的施工组织设计，视具体情况报价，因为这些项目在各个企业间各有不同，是企业竞争项目，是留给企业竞争的空间；二是"计价规范"中人工、材料和施工机械没有具体的消耗量，

投标企业可以依据企业的定额和市场价格信息，也可以参照建设行政主管部门发布的社会平均消耗量定额进行报价，"计价规范"将报价权交给了企业。

4. 通用性

采用工程量清单计价将与国际惯例接轨，符合工程量计算方法标准化、工程量计算规则统一化、工程造价确定市场化的要求。

四、"计价规范"内容简介

"计价规范"包括正文和附录两大部分，两者具有同等效力。正文共五章，包括总则、术语、工程量清单编制、工程量清单计价、工程量清单及其计价格式等内容，分别就"计价规范"的适用范围、遵循的原则、编制工程量清单应遵循的规则、工程量清单计价活动的规则、工程量清单及其计价格式作了明确规定。

1. 总则

总则共计 8 条，规定了本规范制定的目的、依据、适用范围、工程量清单计价活动应遵循的基本原则及附录适用的工程范围。

（1）为规范工程造价计价行为，统一建设工程工程量清单的编制和计价方法，根据《中华人民共和国建筑法》、《中华人民共和国合同法》、《中华人民共和国招标投标法》等法律法规，制订本规范。

（2）本规范适用于建设工程工程量清单计价活动。

（3）全部使用国有资金投资或国有资金投资为主的工程建设项目，必须采用工程量清单计价。

（4）非国有资金投资的工程建设项目，可采用工程量清单计价。

（5）工程量清单、招标控制价、投标报价、工程价款结算等工程造价文件的编制与核对应由具有资格的工程造价专业人员承担。

（6）建设工程工程量清单计价活动应遵循客观、公正、公平的原则。

（7）本规范附录 A、附录 B、附录 C、附录 D、附录 E、附录 F 应作为编制工程量清单的依据。

1）附录 A 为建筑工程工程量清单项目及计算规则，适用于工业与民用建筑物和构筑物工程。

2）附录 B 为装饰装修工程工程量清单项目及计算规则，适用于工业与民用建筑物和构筑物的装饰装修工程。

3）附录 C 为安装工程工程量清单项目及计算规则，适用于工业与民用安装工程。

4）附录 D 为市政工程工程量清单项目及计算规则，适用于城市市政建设工程。

5）附录 E 为园林绿化工程工程量清单项目及计算规则，适用于园林绿化工程。

6）附录 F 为矿山工程工程量清单项目及计算规则，适用于矿山工程。

（8）建设工程工程量清单计价活动，除应遵守本规范外，尚应符合国家现行有关标准的规定。

2. 术语

按照编制标准规范的基本要求，术语是对计价规范特有术语给予的定义，尽可能避免规范贯彻实施过程中由于不同理解造成的争议。

计价规范中术语共计 23 条，下面结合本书要阐述的建筑设备安装工程清单计价的内容，对一些术语进行了解析。

（1）工程量清单

建设工程的分部分项工程项目、措施项目、其他项目、规费项目和税金项目的名称和相应数量等的明细清单。

（2）项目编码

分部分项工程量清单项目名称的数字标识。应采用十二位阿拉伯数字表示。一至九位应按计价规范附录的规定设置，十至十二位应根据拟建工程的工程量清单项目名称设置，同一招标工程的项目编码不得有重码。

（3）综合单价

完成一个规定计量单位的分部分项工程量清单项目或措施清单项目所需的人工费、材料费、施工机械使用费和企业管理费与利润，以及一定范围内的风险费用。

（4）措施项目

为完成工程项目施工，发生于该工程施工准备和施工过程中的技术、生活、安全、环境保护等方面的非工程实体项目。

（5）暂列金额

招标人在工程量清单中暂定并包括在合同款中的一笔款项。用于施工合同签订时尚未确定或者不可预见的所需材料、设备、服务的采购，施工中可能发生的工程变更、合同约定调整因素出现时的工程价款调整以及发生的索赔、现场签证确认等的费用。

（6）暂估价

招标人在工程量清单中提供的用于支付必然发生但暂时不能确定的材料的单价以及专业工程的金额。

（7）计日工

在施工过程中，完成发包人提出的施工图纸以外的零星项目或工作，按合同中约定的综合单价计价。

3. 工程量清单及其计价格式。

（1）计价表格组成。

1）封面

① 工程量清单：表 2-1

工程量清单封面 表 2-1

——————工程
工程量清单
招标人：＿＿＿＿＿＿＿＿（单位盖章）　　　工程造价咨询人：＿＿＿＿＿＿＿＿（单位资质专用章）
法定代表人 或其授权人：＿＿＿＿＿＿＿（签字或盖章）　　　法定代表人 或其授权人：＿＿＿＿＿＿＿（签字或盖章）
编制人：＿＿＿＿＿＿＿（造价人员签字盖专用章）　　　复核人：＿＿＿＿＿＿＿（造价工程师签字盖专用章）
编制时间：　　年　月　日　　　复核时间：　　年　月　日

② 招标控制价：表 2-2

招标控制价封面

表 2-2

————工程

招标控制价

招标控制价（小写）：

招标控制价（大写）：

招标人：＿＿＿＿＿＿＿　（单位盖章）　　　　工程造价咨询人：＿＿＿＿＿＿＿　（单位资质专用章）

法定代表人　　　　　　　　　　　　　　　　法定代表人

或其授权人：＿＿＿＿＿＿＿　（签字或盖章）　或其授权人：＿＿＿＿＿＿＿　（签字或盖章）

编制人：＿＿＿＿＿＿＿　（造价人员签字盖专用章）　复核人：＿＿＿＿＿＿＿　（造价工程师签字盖专用章）

编制时间：　年　月　日　　　　　　　　　　复核时间：　年　月　日

③ 投标总价：表 2-3

投标总价封面

表 2-3

投标总价

招标人：＿＿＿＿＿＿＿＿＿＿＿＿＿＿＿＿＿＿＿＿＿＿＿＿＿＿＿＿＿＿＿

工程名称：＿＿＿＿＿＿＿＿＿＿＿＿＿＿＿＿＿＿＿＿＿＿＿＿＿＿＿＿＿

投标总价（小写）：＿＿＿＿＿＿＿＿＿＿＿＿＿＿＿＿＿＿＿＿＿＿＿

投标总价（大写）：＿＿＿＿＿＿＿＿＿＿＿＿＿＿＿＿＿＿＿＿＿＿＿

投标人：＿＿＿＿＿＿＿＿＿＿＿＿＿＿＿＿＿＿＿＿＿＿＿＿　（单位盖章）

法定代表人或其授权人：＿＿＿＿＿＿＿＿＿＿＿＿＿＿＿＿＿　（签字或盖章）

编制人：＿＿＿＿＿＿＿＿＿＿＿＿＿＿＿＿＿＿＿＿　（造价人员签字盖专用章）

编制时间：　年　月　日

④ 竣工结算总价：表 2-4

竣工结算总价封面

表 2-4

————工程

竣工结算总价

招标控制价（小写）：

招标控制价（大写）：

招标人：＿＿＿＿＿＿＿　（单位盖章）　　　　工程造价咨询人：＿＿＿＿＿＿＿　（单位资质专用章）

法定代表人　　　　　　　　　　　　　　　　法定代表人

或其授权人：＿＿＿＿＿＿＿　（签字或盖章）　或其授权人：＿＿＿＿＿＿＿　（签字或盖章）

编制人：＿＿＿＿＿＿＿　（造价人员签字盖专用章）　复核人：＿＿＿＿＿＿＿　（造价工程师签字盖专用章）

编制时间：　年　月　日　　　　　　　　　　复核时间：　年　月　日

2）总说明：表2-5

总说明 表 2-5

工程名称： 第 页 共 页

注：1. 工程量清单总说明填写内容包括 a）工程概况；b）工程招标和分包范围；c）工程量清单编制依据；d）工程质量、材料、施工等的特殊要求；e）其他需要说明的问题。

　　2. 招标控制价、投标报价和竣工结算的总说明填写内容包括 a）工程概况；b）编制依据等。

3）汇总表：

① 工程项目招标控制价/投标报价汇总表：表2-6

工程项目招标控制价/投标报价汇总表 表 2-6

工程名称： 第 页 共 页

序号	单项工程名称	金额（元）	其中		
			暂估价（元）	安全文明施工费（元）	规费（元）
	合计				

注：本表适用于工程项目招标控制价或投标限价的汇总。

② 单项工程招标控制价/投标报价汇总表：表2-7

单项工程招标控制价/投标报价汇总表 表 2-7

工程名称： 第 页 共 页

序号	单项工程名称	金额（元）	其中		
			暂估价（元）	安全文明施工费（元）	规费（元）
	合计				

注：本表适用于单项工程招标控制价或投标限价的汇总，暂估价包括分部分项中的暂估价和专业工程暂估价。

③ 单位工程招标控制价/投标报价汇总表：表 2-8

单位工程招标控制价/投标报价汇总表　　　　表 2-8

工程名称：　　　　　　　　　　　　标段：　　　　　　　　　第　页　共　页

序号	汇总内容	金额（元）	其中：暂估价（元）
1	分部分项工程		
1.1			
1.2			
1.3			
1.4			
1.5			
……			
2	措施项目		
2.1	安全文明施工费		
3	其他项目		
3.1	暂列金额		
3.2	专业工程暂估价		
3.3	计日工		
3.4	总承包服务费		
4	规费		
5	税金		
招标控制价合计＝1＋2＋3＋4＋5			

注：本表适用于单位工程招标控制价或投标限价的汇总，如无单位工程划分，单项工程也使用本表汇总。

④ 工程项目竣工结算汇总表：表 2-9

工程项目竣工结算汇总表　　　　表 2-9

工程名称：　　　　　　　　　　　　　　　　　　　　　第　页　共　页

序号	单项工程名称	金额（元）	其中	
			安全文明施工费（元）	规费（元）
	合计			

⑤ 单项工程竣工结算汇总表：表 2-10

单项工程竣工结算汇总表　　　　表 2-10

工程名称：　　　　　　　　　　　　　　　　　　　　　第　页　共　页

序号	单项工程名称	金额（元）	其中	
			安全文明施工费（元）	规费（元）
	合计			

⑥ 单位工程竣工结算汇总表：表 2-11

单项工程竣工结算汇总表

表 2-11

工程名称：　　　　　　　　　　　　　　　　　　　　　　　　　　　　　第　页　共　页

序号	汇总内容	金额（元）	其中：暂估价（元）
1	分部分项工程		
1.1			
1.2			
1.3			
1.4			
1.5			
……			
2	措施项目		
2.1	安全文明施工费		
3	其他项目		
3.1	专业工程结算价		
3.2	计日工		
3.3	总承包服务费		
3.4	索赔与现场签证		
4	规费		
5	税金		
竣工结算总价合计＝1＋2＋3＋4＋5			

注：如无单位工程划分，单项工程也使用本表汇总。

4）分部分项工程量清单表：

① 分部分项工程量清单与计价表：表 2-12

分部分项工程量清单与计价表

表 2-12

工程名称：　　　　　　　　　标段：　　　　　　　　　　　　　　　　第　页　共　页

序号	项目编码	项目名称	项目特征描述	计量单位	工程量	金额（元）		
						综合单价	合价	其中：暂估价
本页小计								
合计								

注：根据建设部、财政部发布的《建筑安装工程费用组成》（建标〔2003〕206 号）的规定，为计取规费等的使用，可在表中增设其中："直接费"、"人工费"或"人工费＋机械费"。

② 工程量清单综合单价分析表：表 2-13

工程量清单综合单价分析表　　　　　　　　**表 2-13**

工程名称：　　　　　　　　标段：　　　　　　　　　　　　第　页　共　页

| 项目编码 | | | 项目名称 | | | 计量单位 | |

清单综合单价组成明细

定额编号	定额名称	定额单位	数量	单价				合计			
				人工费	材料费	机械费	管理费和利润	人工费	材料费	机械费	管理费和利润

人工单价		小计	
元/工日		未计价材料费	

清单项目综合单价

材料费明细	主要材料名称、规格、型号	单位	数量	单价（元）	合计（元）	暂估单价（元）	暂估合价（元）
	其他材料费			—		—	
	材料费小计			—		—	

　　注：1. 如不适用省级或行业建设主管部门发布的计价依据，可不填定额项目、编号等；

　　　　2. 招标文件提供了暂估单价的材料，按暂估的单价填入表内"暂估单价"栏及"暂估合价"栏。

5）措施项目清单表：

① 措施项目清单与计价表（一）：表 2-14

措施项目清单与计价表（一）　　　　　　　　**表 2-14**

工程名称：　　　　　　　　标段：　　　　　　　　　　　　第　页　共　页

序号	项目名称	计算基础	费率（%）	金额（元）
1	安全文明施工费			
2	夜间施工费			
3	二次搬运费			
4	冬雨季施工			
5	大型机械设备进出场及安拆费			
6	施工排水			
7	施工降水			
8	地上、地下设施、建筑物的临时保护设施			
9	已完工程及设备保护			
10	各专业工程的措施项目			
11				
12				
合　计				

　　注：1. 本表适用于以"项"计价的措施项目；

　　　　2. 根据建设部、财政部发布的《建筑安装工程费用组成》（建标〔2003〕206 号）的规定，"计算基础"可为"直接费"、"人工费"或"人工费＋机械费"。

② 措施项目清单与计价表（二）：表 2-15

措施项目清单与计价表（二）　　　　　　　　　　　　　　表 2-15

工程名称：　　　　　　　　　　标段：　　　　　　　　　　　　第　页　共　页

序号	项目编码	项目名称	项目特征描述	计量单位	工程量	金额（元）	
						综合单价	合价
本页小计							
合　计							

注：本表适用于以综合单价形式计价的措施项目。

6）其他项目清单表：

① 其他项目清单与计价汇总表：表 2-16

其他项目清单与计价汇总表　　　　　　　　　　　　　　表 2-16

工程名称：　　　　　　　　　　标段：　　　　　　　　　　　　第　页　共　页

序号	项目名称	计算单位	金额（元）	备注
1	暂列金额			明细详见表 1-1-13-1
2	暂估价			
2.1	材料暂估价		—	明细详见表 1-1-13-2
2.2	专业工程暂估价			明细详见表 1-1-13-3
3	计日工			明细详见表 1-1-13-4
4	总承包服务费			明细详见表 1-1-13-5
5				
合　计				

注：材料暂估单价进入清单项目综合单价，此处不汇总。

② 暂列金额明细表：表 2-17

暂列金额明细表　　　　　　　　　　　　　　表 2-17

工程名称：　　　　　　　　　　标段：　　　　　　　　　　　　第　页　共　页

序号	项目名称	计算单位	暂定金额（元）	备注
1				
2				
3			—	
4				
5				
6				
7				
合　计			—	

注：此表由招标人填写，也可只列暂定金额总额，投标人应将上述暂列金额记入投标总价中。

③ 材料暂估单价表：表 2-18

材料暂估单价表　　　　　　　　　　　　　　　　　　表 2-18

工程名称：　　　　　　　　标段：　　　　　　　　　　　　第　页　共　页

序号	材料名称、规格、型号	计算单位	单价（元）	备注
			—	

注：1. 此表由招标人填写，并在备注栏说明暂估价的材料拟用在哪些清单项目上，投标人应将上述材料暂估单价记入工程量清单综合单价报价中。

2. 材料包括原材料、燃料、构配件以及按规定应记入建筑安装工程造价的设备。

④ 专业工程暂估价表：表 2-19

专业工程暂估价表　　　　　　　　　　　　　　　　　　表 2-19

工程名称：　　　　　　　　标段：　　　　　　　　　　　　第　页　共　页

序号	工程名称	工程内容	金额（元）	备注
合　计				—

注：此表由招标人填写，投标人应将上述专业工程暂估价计入投标总价中。

⑤ 计日工表：表 2-20

计日工表　　　　　　　　　　　　　　　　　　表 2-20

工程名称：　　　　　　　　标段：　　　　　　　　　　　　第　页　共　页

编号	项目名称	单价	暂定数量	综合单价	备注
一	人工				
1					
2			—		
3					
人工小计					
二	材料				
1					
2					
3					
材料小计					
三	施工机械				
1					
2					
3			—		
4					
施工机械小计					
合　计				—	

注：此表项目名称、数量由招标人填写，编制招标控制价时，单价由招标人按有关计价规定确定；投标时，单价由投标人自主报价，计入投标总价中。

⑥ 总承包服务费计价表：表 2-21

总承包服务费计价表 表 **2-21**

工程名称： 标段： 第 页 共 页

序号	工程名称	项目价值（元）	服务内容	费率（%）	金额（元）
1	发包人发包专业工程				
2	发包人供应材料			—	
	合　计				—

注：此表由招标人填写，投标人应将上述专业工程暂估价计入投标总价中。

⑦ 索赔与现场签证计价汇总表：表 2-22

索赔与现场签证计价汇总表 表 **2-22**

工程名称： 标段： 第 页 共 页

序号	签证及索赔项目名称	计价单位	数量	单价（元）	合价（元）	索赔及签证依据
	本页合计					—
	合　计					—

注：签证及索赔依据是指经双方认可的签证单和索赔依据的编号。

⑧ 费用索赔申请（核准）表：表 2-23

费用索赔申请（核准）表 表 **2-23**

工程名称： 标段： 编号：

致：_____（发包人全称）

根据施工合同条款第_____条的约定，由于_____的原因，我方要求索赔金额（大写）_____元，（小写）_____元，请予核准。

附：1. 费用索赔的详细理由和依据

2. 索赔金额的计算

3. 证明材料

承包人（章）

承包人代表_____

日　期_____

复核意见：

根据施工合同条款第_____条的约定，你方提出的费用索赔申请经复核：

☐ 不同意此项索赔，具体意见见附件

☐ 同意此项索赔，索赔金额的计算，由造价工程师复核

监理工程师_____

日　期_____

复核意见：

根据施工合同条款第_____条的约定，你方提出的费用索赔申请经复核，索赔金额为（大写）_____元，（小写）_____元。

造价工程师_____

日　期_____

审核意见：

☐ 不同意此项索赔

☐ 同意此项索赔，与本期进度款同期支付

发包人（章）_____

发包人代表_____

日　期_____

注：1. 在选择栏中的"☐"内作标识"√"；

2. 本表一式四份，由承包人填报，发包人、监理人、造价咨询人、承包人各存一份。

⑨ 现场签证表：表2-24

现场签证表　　　　　　　　　　　　　　　　　　　　表 2-24

工程名称：　　　　　　　　　标段：　　　　　　　　　　　　编号：

施工单位		日期	

致：＿＿＿＿＿＿＿＿＿＿＿＿＿＿＿＿（发包人全称）

　　根据＿＿＿＿＿＿（指令人姓名）年 月 日的口头指令或你方＿＿＿＿＿＿（或监理人）　　年　　月　　日的书面通知，我方要求完成此项工作应支付价款金额为（大写）＿＿＿＿＿＿＿＿元，（小写）＿＿＿＿＿＿＿元，请予核准。

　　附：1. 签证是由及原因

　　　　2. 附图及计算式

承包人（章）
承 包 人 代 表＿＿＿＿＿＿
日　　　　　期＿＿＿＿＿＿

复核意见：	复核意见：
你方提出的此项签证申请经复核： □ 不同意此项签证，具体意见见附件 □ 同意此项签证，签证金额的计算，由造 　价工程师复核 　　　　　监理工程师＿＿＿＿＿＿ 　　　　　日　　　期＿＿＿＿＿＿	□ 此项签证按承包人中标的计日工单价计算，金额为（大写）＿＿＿＿＿＿＿ 　元，（小写）＿＿＿＿＿＿＿元。 □ 此项签证因无计日工单价，金额为（大写）＿＿＿＿＿＿＿元，（小写） 　＿＿＿＿＿＿＿元。 　　　　　造价工程师＿＿＿＿＿＿ 　　　　　日　　　期＿＿＿＿＿＿

审核意见：

□ 不同意此项签证

□ 同意此项签证，价款与本期进度款同期支付

发包人（章）＿＿＿＿＿＿
发 包 人 代 表＿＿＿＿＿＿
日　　　　　期＿＿＿＿＿＿

注：1. 在选择栏中的"□"内作标识"√"；

　　2. 本表一式四份，由承包人在收到发包人（监理人）的口头或书面通知后填写，发包人、监理人、造价咨询人、承包人各存一份。

7) 规范、税金项目清单与计价表：表2-25

规费、税金项目清单与计价表　　　　　　　表 2-25

工程名称：　　　　　　　　标段：　　　　　　　　　　　　第　　页　共　　页

序号	项目名称	计算基础	费率（%）	金额（元）
1	规费			
1.1	工程排污费			
1.2	社会保障费		—	
（1）	养老保险费			
（2）	失业保险费			
（3）	医疗保险费			
1.3	住房公积金			
1.4	危险作业意外伤害保险			
1.5	工程定额测定费			
2	税金	分部分项工程费＋措施项目费＋其他项目费＋规费		
	合计			

注：根据建设部、财政部发布的《建筑安装工程费用组成》（建标〔2003〕206号）的规定，"计算基础"可为"直接费"、"人工费"或"人工费＋机械费"。

8）工程款支付申请（核准）表：表2-26

工程款支付申请（核准）表　　　　　　　　　表 2-26

工程名称：　　　　　　　　标段：　　　　　　　　　　　　第　页　共　页

致：_____（发包人全称）

我方于_____至_____期间已完成了_____工作，根据施工合同的约定，现申请支付本期的工程款额为（大写）_____元，（小写）_____元，请予核准。

序号	名称	金额（元）	备注
1	累计已完成的工程价款		
2	累计已实际支付的工程价款		
3	本周期已完成的工程价款		
4	本周起完成的计日工金额		
5	本周期应增加和扣减的变更金额		
6	本周期应增加和扣减的索赔金额		
7	本周期应抵扣的预付款		
8	本周期应扣减的质保金		
9	本周期应增加或扣减的其他金额		
10	本周期实际应支付的工程价款		

承包人（章）

承包人代表_____

日　　期_____

复核意见：	复核意见：
□ 与实际施工情况不相符，修改意见见附件 □ 与实际施工情况相符，具体金额由造价工程师复核 　　　监理工程师_____ 　　　日　　期_____	你方提出的支付申请经复核，本期间已完成工程款额为（大写）_____元，（小写）_____元，本期间应支付金额为（大写）_____元，（小写）_____元。 　　　造价工程师_____ 　　　日　　期_____

审核意见：

□ 不同意

□ 同意，支付时间为本表签发后的 15 天内

发包人（章）_____

发包人代表_____

日　　期_____

注：1. 在选择栏中的"□"内作标识"√"；

　　2. 本表一式四份，由承包人填报，发包人、监理人、造价咨询人、承包人各存一份。

（2）计价表格使用规定

1）工程量清单与计价宜采用统一格式。各省、自治区、直辖市建设行政主管部门和行业建设主管部门可根据本地区、本行业的实际情况，在本规范计价表格的基础上补充完善。

2）工程量清单的编制应符合下列规定：

① 工程量清单编制使用表格包括：表2-1、表2-5、表2-12、表2-14、表2-15、表2-16（不含表2-21～表2-23）、表2-24。

② 封面应按规定的内容填写、签字、盖章，造价员编制的工程量清单应有负责审核

的造价工程师签字、盖章。

3）招标控制价、投标报价、竣工结算的编制应符合下列规定：

① 招标控制价使用表格包括：封 2-2、表 2-5、表 2-6、表 2-7、表 2-8、表 2-12、表 2-13、表 2-14、表 2-15、表 2-16（不含表 2-21～表 2-23）、表 2-24。

② 投标报价使用的表格包括：封 2-3、表 2-5、表 2-6、表 2-7、表 2-8、表 2-12、表 2-13、表 2-14、表 2-15、表 2-16（不含表 2-21～表 2-23）、表 2-24。

③ 竣工结算使用的表格包括：表 2-4、表 2-5、表 2-9、表 2-10、表 2-11、表 2-12、表 2-13、表 2-14、表 2-15、表 2-16、表 2-17、表 2-18。

④ 封面应按规定的内容填写、签字、盖章，除承包人自行编制的投标报价和竣工结算外，受委托编制的招标控制价、投标报价、竣工结算若为造价员编制的，应有负责审核的造价工程师签字、盖章以及工程造价咨询人盖章。

⑤ 投标人应按照招标文件的要求，附工程量清单综合单价分析表。

⑥ 工程量清单与计价表中列明的所有需要填写的单价和合价，投标人均应填写，未填写单价和合价，视为此项费用已包含在工程量清单的其他单价和合价中。

4. 附录部分

（1）附录由附录 A、附录 B、附录 C、附录 D、附录 E、附录 F 六部分组成

附录中包括项目编码、项目名称、项目特征、计量单位、工程量计算规则和工程内容，其中项目编码、项目名称、项目特征、计量单位、工程量计算规则作为统一的强制性内容，要求招标人在编制工程量清单时必须严格执行。

（2）附录的内容

附录的内容是以表格形式体现的，其内容见 2-27。

××分部分项工程 表 2-27

项目编码	项目名称	项目特征	计量单位	工程量计算规则	工程内容

1）项目编码

编码是为工程造价信息全国共享而设的，要求全国统一。

项目编码以五级编码设置，用十二位阿拉伯数字表示。一、二、三、四级编码统一，第五级编码由工程量清单编制人区分具体工程的清单项目特征而分别编码。各级编码代表的含义如下：

① 第一级表示附录分类码；附录 A 建筑工程为 01、附录 B 装饰装修工程为 02、附录 C 安装工程为 03、附录 D 市政工程为 04、附录 E 园林绿化工程为 05、附录 F 矿山工程为 06；

② 第二级表示章顺序码；

③ 第三级表示节顺序码；

④ 第四级表示附录清单项目顺序码；

⑤ 第五级表示具体工程清单项目顺序码。

项目编码结构如下图 2-1 所示（以建筑工程为例）：

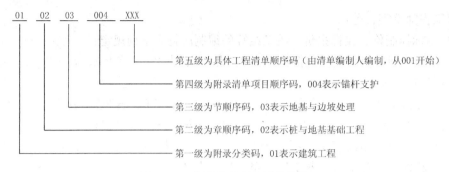

图 2-1 工程量清单项目编码结构

2）项目名称

项目的设置或划分是以形成工程实体为原则，它也是计量的前提。因此项目名称均以工程实体命名。所谓实体是指形成生产或工艺作用的主要实体部分，对附属或次要部分均不设置项目。项目必须包括完成或形成实体部分的全部内容。如工业管道安装工程项目，实体部分指管道，完成这个项目还包括：防腐刷油、绝热保温、管道脱脂、酸洗、试压、探伤检查等。刷油漆、保温层及保护壳也是实体，但对管道安装而言，它们就是附属的次要项目了，只能在综合单价中考虑。

但也有个别工程项目，既不能形成实体，又不能综合在某一个实物量中。如消防系统的调试、自动控制仪表工程、采暖工程、通风工程的系统调试项目，它们是多台设备、组件由网络（指管线）连接、组成一个系统，在设备安装的最后阶段，根据工艺要求，进行参数鉴定，标准测试调整，以达到系统运行前的验收要求。它是某些设备安装工程不可或缺的一个内容，没有这个过程便无法验收。因此，本规范对系统调试项目，均作为工程量清单项目单列。

项目设置的另一个原则是不能重复。完全相同的项目，只能列一项，用同一编码，即一个项目只有一个编码，只有一个对应的综合单价。

3）项目特征

项目特征是区分清单项目的依据。工程量清单项目特征是用来表述分部分项清单项目的实质内容，通过对项目特征的描述，使清单项目名称清晰化、具体化、详细化。例如安装工程的项目特征，主要表现在以下几个方面：

① 项目的自身特征。属于这些特征的主要是项目的材质、型号、规格、甚至品牌等，这些特征对工程计价影响较大，若不加以区分，必然造成计价混乱。

② 项目的工艺特征。对于项目的安装工艺，在工程量清单编制时有必要进行详细说明。例如，$DN \leqslant 100$mm 的镀锌钢管采用螺纹连接，$DN > 100$mm 的管道连接可采用法兰连接或卡套式专用管件连接，在清单项目名称中，必须描述其连接方法。

③ 项目的施工方法特征。有些特征将直接涉及施工方法，从而影响工程计价。例如设备的安装高度，室外埋地管道工程地下水的有关情况等。

项目特征是清单项目设置的基础和依据。在设置清单项目时，应对项目的特征做全面的描述。即使是同一规格、同一材质，如果施工工艺或施工位置不同时，原则上分别设置清单项目，做到具有不同特征的项目应分别列项。只有描述清单项目清晰、准确，才能使投标人全面、准确地理解招标人的工程内容和要求，做到正确报价。招标人编制工程量清单时，对项目特征的描述，是一项关键的环节，必须予以足够的重视。

4）计量单位

本附录按国际惯例，工程量的计量单位均采用基本单位计量，不得使用扩大单位（如 10m、100kg），它与定额计算单位不一样，编制清单或报价时一定要以本附录规定的计量单位计量。

长度计量采用"m"为单位；

面积计量采用"m²"为单位；

重量计量采用"t"为单位；

体积和容积采用"m³"为单位；

自然计量单位有台、套、个、组……

5）工程内容

由于清单项目原则上是按实体设置的，而实体是由多个项目综合而成的，所以清单项目的表现形式，是由主体项目和辅助项目（或称组合项目）构成（主体项目即"计价规范"中的项目名称，辅助项目即"计价规范"中的工程内容）。计价规范对各清单项目可能发生的辅助项目均做了提示，列在"工程内容"一栏内，供工程量清单编制人根据拟建工程实际情况有选择地对项目名称描述时参考和投标人确定报价时参考。

如果发生了在计价规范附录中没有列出的工程内容，在清单项目描述中应予以补充，绝不能以计价规范附录中没有工程内容为理由不予描述。描述不清容易引发投标人所报综合单价不准确，给评标和工程管理带来麻烦。

第二节　我国工程项目投资构成

一、我国建设项目投资的构成

我国现行的建设项目总投资一般包括固定资产投资和流动资产投资两部分，其中的固定资产投资即工程造价。建设工程项目作为一种商品，它的造价也与其他商品一样，包括各种活劳动、物化劳动的消耗费用，以及活劳动所创造的社会价值。根据这一原理，建设工程造价的理论构成如图 2-2 所示：

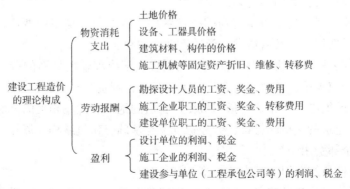

图 2-2　建设工程造价的理论构成

世界各国由于其建筑、财政政策及制度的具体情况不同，因而对建设工程造价的划分也有所不同。我国现行建设工程造价的构成如图 2-3 所示：

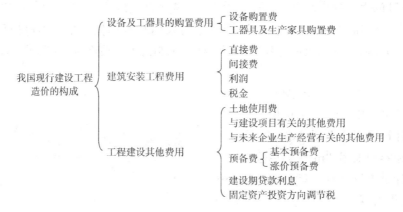

图 2-3　我国现行建设工程造价的构成

二、世界银行贷款项目工程造价的构成

伴随着改革开放，我国获得世行贷款的项目日益增多，因而有必要了解世行贷款项目工程造价的构成。1978 年，世界银行、国际咨询工程师联合会对项目的总建设成本作了统一的规定，其详细划分如下：

1. 项目直接建设成本

项目直接建设成本包括以下内容：

（1）土地征购费。

（2）场外设施费用。如道路、码头、桥梁、机场、输电线路等设施费用。

（3）场地费用。指用于场地准备、厂区道路、铁路、围栏、场内设施等的建设费用。

（4）工艺设备费。指主要设备、辅助设备及零配件的购置费用，包括海运包装费用、交货港离岸价，但不包括税金。

（5）设备安装费。指设备供应商的监理费用，本国劳务及工资费用，辅助材料、施工设备、消耗品和工具等费用，以及安装承包商的管理费和利润等。

（6）管道系统费。指与系统的材料及劳务相关的全部费用。

（7）电气设备费。其内容与第 4 项相似。

（8）电气安装费。指设备供应商的监理费用，本国劳务与工资费用，辅助材料、电缆、管道和工具费用，以及营造承包商的管理费和利润。

（9）仪器仪表费。指所有自动仪表、控制板、配线和辅助材料的费用以及供应商的监理费用、外国或本国劳务及工资费用、承包商的管理费和利润。

（10）机械的绝缘和油漆费。指与机械及管道的绝缘和油漆相关的全部费用。

（11）工艺建筑费。指原材料、劳务费以及与基础、建筑结构、屋顶、内外装修、公共设施有关的全部费用。

（12）服务性建筑费用。其内容与第 11 项相似。

（13）工厂普通公共设施费。包括材料和劳务费以及与供水、燃料供应、通风、蒸汽发生及分配、下水道、污物处理等公共设施有关的费用。

（14）车辆费。指工艺操作必需的机动设备零件费用，包括海运包装费用以及交货港的离岸价，但不包括税金。

（15）其他当地费用。指那些不能归类于以上任何一个项目，不能计入项目间接成本，但在建设期间又是必不可少的当地费用。如临时设备、临时公共设施及场地的维持费等费用。

2. 项目间接建设成本

项目间接建设成本主要包括：

（1）项目管理费。

1）总部人员薪金、福利费，以及用于初步和详细工程设计、采购、时间和成本控制，行政和其他一般管理的费用。

2）施工管理现场人员的薪金、福利费和用于施工现场监督、质量保证、现场采购、时间及成本控制、行政及其他施工管理的费用。

3）零星杂项费用，如返工、旅行、生活津贴、业务支出等。

4）各种酬金。

（2）开工试车费。指工厂投料试车必需的劳务和材料费用。

（3）业主的行政性费用。指业主的项目管理人员费用及支出。

（4）生产前费用。指前期研究、勘测、建矿、采矿等费用。

（5）运费和保险费。指海关、国内运输、许可证及佣金、海洋保险、综合保险等费用。

（6）地方税。指地方关税、地方税及对特殊项目征收的税金。

3. 应急费

应急费包括：

（1）未明确项目的准备金。此项准备金用于在估算时不可能明确的潜在项目，包括那些在作为成本估算时因为缺乏完整、准确和详细的资料而不能完全预见和不能注明的项目，并且这些项目是必须完成的，或它们的费用是必定要发生的。此项准备金不是为了支付工作范围以外可能增加的项目，不是用以应付天灾、非正常经济情况等情况，也不是用来补偿估算的任何误差，而是用来支付那些几乎可以肯定要发生的费用。它是估算不可少的一个组成部分。

（2）不可预见准备金。此项准备金（在未明确项目准备金之外）用于在估算达到了一定的完整性并符合技术标准的基础上，由于物质、社会和经济的变化，导致估算价值增加的情况。此种情况可能发生也可能不发生。因此，不可预见准备金只是一种储备，可能不动用。

4. 建设成本上升费

一般估算中使用的构成工资率、材料和设备价格基础上的截止日期就是"估算日期"。必须对该日期或已知成本基础进行调整，以补偿直至工程结束时的未知价格的增长。

三、设备及工器具购置费用的构成

设备及工器具购置费用是固定资产投资的组成部分，由设备购置费和工具、器具、生产家具购置费组成。在生产性工程建设中，设备及工器具购置费用与资本的有机构成相联系，其占固定资产投资比重的增大，意味着生产技术的进步和资本有机构成的提高。

1. 设备购置费

设备购置费是指为工程建设项目购置或自制的达到固定资产标准的各种国产或进口设备、工具、器具的购置费用。它由设备原价和设备运杂费构成，即：

$$设备购置费＝设备原价＋设备运杂费$$

其中，设备原价指国产设备的原价和进口设备的到岸价；设备运杂费指除设备原价之外的关于设备采购、运输、途中包装及仓库保管等方面支出费用的总和。此外国家规定固定资产的标准是指使用年限在一年以上，单位价值在 1000 元、1500 元或 2000 元等规定限额以上。具体标准由各主管部门规定。新建项目和扩建项目的新建车间购置费或自制的全部设备、工具、器具，不论是否达到固定资产标准，均计入设备、工器具购置费中。

（1）国产设备原价的构成与计算

国产设备原价通常是指设备制造厂的交货价，即出厂价或订货合同价。一般情况下，它根据生产厂家或供应商的询价、报价、合同价确定，或采用一定的方法计算确定。国产设备原价分为国产标准设备原价和国产非标准设备原价。

1）国产标准设备原价。国产标准设备原价是指按照主管部门颁布的标准设计图纸和技术要求，由我国设备生产厂批量生产的，符合国家质量检验标准的设备。有的国产标准设备原价分为两种，即带有备件的原价和不带有备件的原价。计算时，一般采用带有备件的原价。

2）国产非标准设备原价。国产非标准设备是指国家尚无定型标准，各设备生产厂不可能在工艺过程中采用批量生产，只能按一次订货，并根据具体的设计图纸制造的设备。非标准设备原价有多种不同的计算方法，如成本计算估价法、系列设备插入估价法、定额估价法等。在采用这些方法时都应使非标准设备计价接近实际出厂价。

按成本计算估价法，非标准设备的原价由以下各项组成：

① 材料费。其计算公式为：

$$材料费＝材料净重×（1＋加工损耗系数）×每 t 材料综合价$$

② 加工费。包括生产工人工资和工资附加费、燃料动力费、设备折旧费、车间经费、加工费部分的企业管理费等。其计算公式为：

$$加工费＝设备总重量（t）×设备每 t 加工费$$

③ 辅助材料费。包括焊条、焊丝、氧气、氮气、油漆、电石等的费用。其计算公式为：

$$辅助材料费＝设备总重量×辅助材料费指标$$

④ 专用工具费。按（1）～（3）项之和乘以一定百分比计算。

⑤ 废品损失费。按（1）～（4）项之和乘以一定百分比计算。

⑥ 外购配套费。按设备设计图纸所列的外购配套件的名称、型号、规格、数量、重量，根据相应的价格加运杂费计算。

⑦ 包装费。按以上（1）～（6）项之和乘以一定百分比计算。

⑧ 利润。可按（1）～（5）项加（7）项之和乘以一定利润率计算。

⑨ 税金。主要指增值税。其计算公式为：

$$增值税＝当期销项税额－进项税额$$

$$当期销项税额＝销售额×适用增值税率$$

⑩ 非标准设备设计费。按国家规定的设计费收费标准计算。

综上所述，单台非标准设备的设备原价可用下面的公式计算：

$$单台非标准设备原价＝\{[(材料费＋加工费＋辅助材料费)×$$

$$(1＋专用工具费率)×(1＋废品损失费率)＋外购配套件费]×$$

$$(1＋包装费率)－外购配套件费\}×(1＋利润率)＋增值税＋$$

$$非标准设备设计费＋外购配套件费$$

(2) 进口设备抵岸价的构成与计算

进口设备的抵岸价，即抵达买方边境港口或边境车站，且交完关税为止所形成的价格。进口设备的交货方式，可分为内陆交货类、目的地交货类、装运港交货类。进口设备抵岸价的构成与进口设备的合同价格或协议价格的类型有关。

1) 进口设备的交货类别。

① 内陆交货类。即卖方在出口国内陆某个地点交货。在交货地点，卖方及时提交合同规定的货物和有关凭证，并负担交货前的一切费用和风险；买方按时接收货物，交付货款，负担接货后的一切费用和风险，并自行办理出口手续和装运出口，与此同时，货物的所有权也在交货后由卖方转移给买方。

② 目的地交货类。即卖方在进口国的港口或内地交货，有目的港船上交货价、目的港船边交货价、目的港码头交货价及完税后交货价等几种交货价。这种交货类别对卖方来说承担的风险较大，在国际贸易中卖方一般不愿采用。

③ 装运港交货类。即卖方在出口国装运港交货，主要有装运港船上交货价（FOB），习惯称离岸价；运费在内价（C&F）和运费、保险费在内价（CIF），习惯称到岸价格。

装运港船上交货价（FOB）是我国进口设备采用最多的一种货价。采用船上交货时卖方的责任是：在规定的期限内，负责在合同规定的装运港口将货物装上买方指定的船只，并及时通知买方；负担货物装船前的一切费用和风险；负责办理出口手续；提供出口国政府或有关方面签发的证件；负责提供有关装运单据。买方的责任是：负责租船或订舱，支付运费，并将船期、船名通知卖方；负担货物装船后的一切费用和风险；负责办理保险及支付保险费，办理在目的港的进口和收货手续；接受卖方提供的有关装运单据，并按合同规定支付货款。

2) 进口设备抵岸价的构成。

进口设备（材料）购置预算的费用应包括引进合同中的货价，进口设备的从属费用以及从我国港口到达工程地点的国内运杂费和现场保管费。从属费用指国外运费和运输保险费、关税、增值税、消费税、银行财务费、外贸手续费、海关监管手续费等。

通常，我国进口设备采用最多的是装运港船上交货方式。进口设备抵岸价构成可概括如下：

$$进口设备抵岸价＝货价＋国外运输费＋国外运输保险费＋银行财务费＋$$

$$外贸手续费＋关税＋消费税＋增值税＋海关监管手续费$$

其中：消费税和海关监管手续费并不是每种进口设备都计取。

① 进口设备的货价＝离岸价（F.O.B.）合同中硬、软件外币金额×外汇牌价（卖出价）

注：外汇牌价采用合同签订生效后，第一次付款日期的外汇牌价，尚未付款的可按工程概预算编制日的外汇牌价。

② 国外运输费。软件不计国外运输费；硬件的国外运输费按下式计算：

国外运输费＝设备材料总重（毛重）×运费单价

毛重为净重的 1.15 倍，如无设备、材料重量时，可按下列公式计算：

海运费＝合同中硬件外币金额×卖出价×远洋公司的海运费率

空运费＝合同中硬件外币金额×卖出价×航空公司的空运费率

陆运费＝合同中硬件外币金额×卖出价×铁道部门的运输费率

注：海运费率通常取 6%，空运费率通常取 8.5%，铁路运输费率通常取 1%。

③ 国外运输保险费。属于价内税费，软件不计该费。费率按中国人民保险公司规定收取，可用下列公式计算：

海运保险费＝（合同中硬件外币金额×卖出价＋海运费）×2.66‰/(1－2.66‰)

空运保险费＝（合同中硬件外币金额×卖出价＋空运费）×4.55‰/(1－4.55‰)

陆运保险费＝（合同中硬件外币金额×卖出价＋陆运费）×3.5‰/(1－3.5‰)

④ 关税。关税属于流转性课税，软件费必须征收关税。如果软件费合同能够区分，那么对其中设计费（基础设计、详细设计费），技术资料费，技术秘密费，专利许可证费，征收关税；对技术服务费、图纸费不征收关税。若合同中软件费签得太粗时，建议软件费按全部征收关税考虑。

硬件关税＝（硬件外币金额×中间价＋运费＋运输保险费）×关税税率

注：括号中关税的完税价格也就是设备运抵我国口岸的到岸价格（C.I.F.）

故公式也可写成：硬件关税＝到岸价（C.I.F.）×关税税率

软件关税＝合同中软件应计关税的外币金额×中间价×税率

⑤ 消费税。属于价内税。对部分进口设备征收，如轿车取税率 8%，越野车取 5%。

$$消费税＝\frac{到岸价＋关税}{1－消费税率}×消费税率$$

⑥ 增值税：进口设备的增值税计算与其他产品或劳务不同，应用以下公式：

$$增值税＝\frac{1－增值税率}{到岸价＋关税＋消费税}×增值税率$$

注：硬、软件都应计取增值税，税率一般取 17%。

⑦ 银行财务费。一般是指中国银行手续费。银行财务费率通常取 5‰。

银行财务费＝合同中硬、软件的外币金额×卖出价×银行财务费率

⑧ 外贸手续费。按商务部规定的费率分档计取，也可简化统一取定为 1.5%。

外贸手续费＝（合同中硬、软件外币金额×中间价＋运费＋运输保险费）×外贸手续费率

⑨ 海关监管手续费。对减收或免收关税的货物征收，费率取 3‰。

海关监管手续费＝减免关税部分的到岸价×海关监管手续费率

（3）设备运杂费的构成与计算

1）设备运杂费通常包括以下内容：

① 运费和装卸费。国产设备由设备制造厂交货地点起至工地仓库（或施工组织设计指定的需要安装设备的堆放地点）指所发生的运费和装卸费；进口设备则由我国到岸港口或边境车站起至工地仓库（或施工组织设计指定的需要安装设备的堆放地点）指所发生的运费和装卸费。

② 包装费。在设备原价中没有包含的，为运输而进行的包装支出的各种费用。

③ 设备供销部门的手续费。按有关部门规定的统一费率计算。

④ 采购与仓库保管费。指采购、验收、保管和收发设备所发生的各种费用，包括设备采购人员、保管人员和管理人员的工资、工资附加费、办公费、差旅交通费、设备供应部门办公和仓库所占固定资产使用费、工具用具使用费、劳务保险费、检验试验费等。这些费用可按主管部门规定的采购与保管费费率计算。

⑤ 设备运杂费的计算。国产设备的设备运杂费按设备原价乘以设备运杂费率计算。其计算公式为：

$$设备运杂费＝设备原价×设备运杂费率$$

进口设备的设备运杂费按下列公式计算：

$$进口设备的国内运杂费＝合同中硬件外币金额×外汇牌价（卖出价）×国内运杂费率$$

其中，设备运杂费率按各部门及省、市等的规定计取。进口设备的国内运杂费率沿海地区取 1.5%，内陆地区取 2%～4.5%。

2）现场保管费

进口设备通常要计取现场保管费。其计算公式为：

$$现场保管费＝合同中硬件外币金额×外汇牌价（卖出价）×现场保管费率$$

（4）引进项目实例分析

下面我们通过一个实际的案例来看进口设备和技术的价格确定。

背景材料：某工业建设项目，需从国外引进设备和技术，其数据分别如下：

1）该设备毛重 10t，离岸价格（F.O.B.）合同中硬件费 30 万美元；

2）合同中软件费 10 万美元，其中：设计费，技术秘密及使用费 6 万美元；技术服务费及资料费 4 万美元；

3）海运费率为 6%；

4）海运保险费为 2.66‰；

5）关税率为 20%；

6）增值税率为 17%；

7）银行财务费率为 5‰；

8）外贸手续费率为 1.5%；

9）到货口岸至安装现场 300km，运输费为 0.60 元/t·km，装、卸费均为 50 元/t；

10）国内运输保险费率为 1‰；

11）现场保管费率为 2‰；

12）合同第一次付款日的美元对人民币外汇牌价为：买入价 8.15，中间价 8.25，卖出价 8.30。

问题：计算该项目引进设备和技术自出口国口岸离岸运至安装现场的预算价格。

引进设备及技术预算价格计算表   表 2-28

费用项目	计算式	金额（元）
1. 货价	货价＝（300000＋100000）×8.3	3320000
2. 进口设备从属费用		1487967.69
2.1. 海运费	海运费＝300000×8.3×6%	149400
2.2. 海运保险费	海运保险费＝（300000×8.3＋149400）×2.66‰/（1－2.66‰）	7039.53
2.3. 关税	硬件关税＝（300000×8.25＋149400＋7039.53）×20% 　　　＝2631439.53×20%＝526287.91 软件关税＝60000×8.25×20%＝495000×20%＝99000	625287.91
2.4. 增值税	增值税＝（2631439.53＋495000＋526287.91）×17%	637793.66
2.5. 银行财务费	银行财务费＝3320000×5‰	16600
2.6. 外贸手续费	外贸手续费＝（400000×8.25＋149400＋7039.53）×1.5%	51846.59
3. 国内运杂费		5290
3.1. 运输及装卸费	运输及装卸费＝10×（300×0.6＋50×2）	2800
3.2. 运输保险费	运输保险费＝300000×8.3×1‰	2490
4. 现场保管费	现场保管费＝300000×8.3×2‰	4980
5. 预算价格	预算价格＝3320000＋1487967.69＋5290＋4980	4818237.69

从以上阐述及案例分析中我们可以看出，从属费用在引进设备及技术预算价格中占有很大比例，对引进设备和技术的正确计价至关重要，而从属费用的计算方法并不是一成不变的。我们还应根据税费率未来的发展变化而计价。

2. 工器具及生产家具购置费

工器具及生产家具购置费，是指新建或扩建项目初步设计规定的，保证初期正常生产必须购置的没有达到固定资产标准的设备、仪器、工卡模具、器具、生产家具和备品备件等的购置费用。一般以设备购置费为计算基数，按照部门或行业规定的工具、器具及生产家具费率计算。其计算公式为：

工具、器具及生产家具购置费＝设备购置费×定额费率

第三节 定额计价模式下的建筑安装工程的费用组成

根据建设部、财政部联合发文"建标〔2003〕206 号"的规定，建筑安装工程费用由直接费、间接费、利润和税金组成，如图 2-4 所示。该规定适用于建筑安装工程的定额计价。

一、建筑安装工程费用组成

1. 直接费

直接费由直接工程费和措施费组成。

（1）直接工程费

直接工程费是指施工过程中耗费的构成工程实体的各项费用，包括人工费、材料费、施工机械使用费。其计算公式为：

直接工程费＝人工费＋材料费＋施工机械使用费

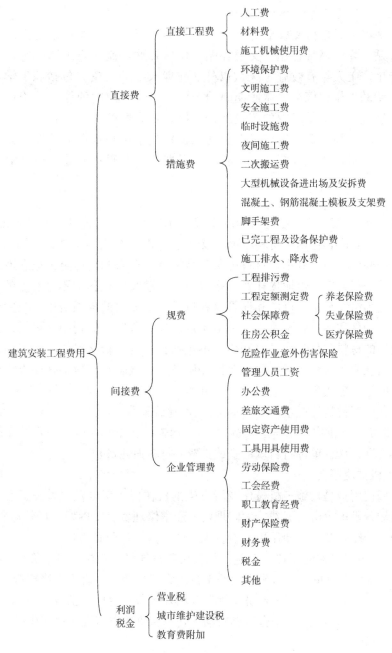

图 2-4 建筑安装工程费用项目组成

1）人工费

人工费是指直接从事建筑安装工程施工的生产工人（包括现场水平、垂直运输等辅助工人和附属辅助生产单位工人）开支的各项费用，其内容包括：基本工资、工资性补贴、生产工人辅助工资、职工福利费及生产工人劳动保护费。构成人工费的基本要素有两个，即人工工日消耗量和人工日工资单价。其计算公式为：

$$人工费＝\Sigma（工日消耗量×相应等级的日工资单价）$$

其中，相应等级的日工资单价包括生产工人的基本工资、工资性补贴、生产工人辅助工资、职工福利费和劳动保护费。

这里，基本工资是指发放给生产工人的基本工资；工资性补贴是指按规定标准发放的物价补贴，煤、燃气补贴，交通补贴，住房补贴，流动施工津贴等；生产工人辅助工资是指生产工人年有效施工天数以外非作业天数的工资，包括职工学习、培训期间的工资，调动工作、探亲、休假期间的工资，因气候影响的停工工资，女工哺乳时间的工资，病假在6个月以内的工资及产、婚、丧假期的工资；职工福利费是指按规定标准计提的职工福利费；生产工人劳动保护费是指按规定标准发放的劳动保护用品的购置费及修理费，徒工服装补贴，防暑降温费，在有碍身体健康环境中施工的保健费用等。

2）材料费

材料费是指施工过程中耗费的构成工程实体的原材料、辅助材料、构配件、零件、半成品的费用。其内容包括：材料原价（或供应价格）、材料运杂费、运输损耗费、采购及保管费、检验试验费。其中，材料运杂费是指材料自来源地运至工地仓库或指定堆放地点所发生的全部费用；运输损耗费是指材料在运输装卸过程中不可避免的损耗；采购及保管费是指为组织采购、供应和保管材料过程中所需要的各项费用；检验试验费是指对建筑材料、构件和建筑安装物进行一般鉴定、检查所发生的费用，包括自设实验室进行试验所耗用的材料和化学药品等费用，不包括新结构、新材料的试验费和建设单位对具有出厂合格证明的材料进行检验，对构件做破坏性试验及其他特殊要求检验试验的费用。材料费的计算公式为：

材料费＝Σ（材料消耗量×材料基价）＋检验试验费

材料基价＝[（供应价格＋运杂费）×（1＋运输损耗率）]×（1＋采购保管费率）

检验试验费＝Σ（单位材料量检验试验费×材料消耗量）

3）施工机械使用费

施工机械使用费是指施工机械作业所发生的机械使用费以及机械安拆费和场外运输费。施工机械台班单价由折旧费、大修理费、经常修理费、安拆费及场外运费、人工费、燃料动力费、养路费及车船使用税七项费用组成。其计算公式为：

施工机械使用费＝Σ（施工机械台班消耗量×机械台班单价）

其中　　　　机械台班单价＝台班折旧费＋台班大修理费＋台班经常修理费

＋台班安拆费及场外运费＋台班人工费

＋台班燃料动力费＋台班养路费及车船使用税

（2）措施费

措施费是指为完成工程项目施工，而发生于该工程施工前和施工过程中的非工程实体项目的费用。其内容主要包括：环境保护费、文明施工费、安全施工费、临时设施费、夜间施工费、二次搬运费、大型机械设备进出场及安拆费、混凝土、钢筋混凝土模板及支架费、脚手架费、已完工程及设备保护费、施工排水降水费等。

2. 间接费

间接费由规费、企业管理费组成。

（1）规费

规费，是指政府和有关权力部门规定必须缴纳的费用（简称规费）。其内容包括：工程排污费、工程定额测定费、社会保险费、住房公积金、危险作业意外伤害保险。其中，工程排污费是指施工现场按规定交纳的工程排污费；工程定额测定费是指按规定缴纳工程造价（定额）管理部门的定额测定费；社会保障费是指企业按照规定标准为职工缴纳的社会保障费，包括养老保险费、失业保险费和医疗保险费；住房公积金是指企业按照规定标准为职工交纳的住房公积金；危险作业意外伤害保险是指按照建筑法规定，企业为从事危险作业的建筑安装施工人员支付的意外伤害保险费。

（2）企业管理费

企业管理费是指建筑安装企业组织施工生产和经营管理所需费用。内容包括：管理人员工资、办公费、差旅交通费、固定资产使用费、工具用具使用费、劳动保险费、工会经费、职工教育经费、财产保险费、财务费、税金及其他。其中，管理人员工资是指管理人员的基本工资、工资性补贴、职工福利费、劳动保护费等；办公费指企业办公用的文具、纸张、账表、印刷、邮电、书报、会议、水电、烧水和集体取暖（包括现场临时宿舍取暖）等费用；差旅交通费是指职工因公出差、调动工作的差旅费、住勤补助费、市内交通费和误餐补助费、职工探亲路费、劳动力招募费、职工离退休、退职一次性路费、工伤人员就医路费、工地转移费及管理部门使用的交通工具油料、燃料、养路费及牌照费等；固定资产使用费是指管理和试验部门及附属生产单位使用的属于固定资产的房屋、设备、仪器等的折旧、大修、维修或租赁费等；工具用具使用费是指管理使用的不属于固定资产的生产工具、器具、家具、交通工具和检验、试验、测绘、消防用具等的购置、维修和摊销费；劳动保险费是指由企业支付离退休职工的易地安家补助费、职工退职金、六个月以上的病假人员工资、职工死亡丧葬补助费、抚恤费、按规定支付给离退休干部的各项经费；工会经费是指企业按职工工资总额计提的工会经费；职工教育经费是指企业为职工学习先进技术和提高文化水平，按职工工资总额计提的费用；财产保险费是指施工管理用财产、车辆保险；财务费是指企业为筹集资金而发生的各种费用；税金是指企业按规定交纳的房产税、车船使用税、土地使用税、印花税等；其他包括技术转让费、技术开发费、业务招待费、绿化费、广告费、公证费、法律顾问费、审计费、咨询费等。

（3）间接费的计算

间接费的计算按其取费基数的不同分为三种方法：

第一种方法是以直接费为计算基础，其计算公式为：

$$间接费＝直接费合计×间接费费率$$

第二种方法是以人工费和机械费合计为计算基础，其计算公式为：

$$间接费＝人工费和机械费合计×间接费费率$$

第三种方法是以人工费为计算基础，其计算公式为：

$$间接费＝人工费合计×间接费费率$$

其中　　　　　　　　间接费费率＝规费费率＋企业管理费费率

与上述三种方法相对应，规费费率与企业管理费费率的计算公式为：

1）以直接费为计算基础

$$规费费率＝\frac{\Sigma 规费缴纳标准×每万元发承包价计算基数}{每万元发承包价中的人工费含量}×人工费占直接费的比例$$

$$企业管理费费率 = \frac{生产工人年平均管理费}{年有效施工天数 \times 人工单价} \times 人工费占直接费比例$$

2）以人工费和机械费合计为计算基础

$$规费费率 = \frac{\sum 规费缴纳标准 \times 每万元发承包价计算基数}{每万元发承包价中的人工费含量和机械费含量} \times 100\%$$

$$企业管理费费率 = \frac{生产工人年平均管理费}{年有效施工天数 \times (人工单价 + 每一工日机械使用费)} \times 100\%$$

3）以人工费为计算基础

$$规费费率 = \frac{\sum 规费缴纳标准 \times 每万元发承包价计算基数}{每万元发承包价中的人工费含量} \times 100\%$$

$$企业管理费费率 = \frac{生产工人年平均管理费}{年有效施工天数 \times 人工单价} \times 100\%$$

3. 利润

利润是指施工企业完成所承包工程获得的盈利，是施工单位的劳动者为社会和集体劳动所创造的价值。它是根据拟建单位工程类别确定的，即按其建筑性质、规模大小、施工难易程度等因素实施差别利率。建筑业企业可依据本企业经营管理水平和建筑市场供求情况，自行确定本企业的利润水平。

利润的计算方法按其取费基数的不同分为两种：

（1）以直接费加间接费为计算基础

$$利润 = (直接费 + 间接费) \times 利润率$$

（2）以人工费和机械费合计为计算基础

$$利润 = (人工费 + 机械费) \times 利润率$$

4. 税金

税金是指国家税法规定的应计入建筑工程造价内的营业税、城市维护建设税及教育费附加（简称两税一费）。国家为了集中必要的资金，保证重点建设，加强基本建设管理，控制固定资产投资规模，对各施工企业承包工程的收入征收营业税，以及对承建工程单位征收城市建设维护税和教育附加费。该费用由施工企业代收，与税务部门进行结算。其计算公式为：

$$税金 = (税前造价 + 利润) \times 税率 = (直接费 + 间接费 + 利润) \times 税率$$

其中税率按纳税地点确定，分为：

（1）纳税地点在市区的企业

$$税率 = \frac{1}{1 - 3\% - (3\% \times 7\%) - (3\% \times 3\%)} - 1 = 3.41\%$$

（2）纳税地点在县城、镇的企业

$$税率 = \frac{1}{1 - 3\% - (3\% \times 5\%) - (3\% \times 3\%)} - 1 = 3.35\%$$

（3）纳税地点不在市区、县城、镇的企业

$$税率 = \frac{1}{1 - 3\% - (3\% \times 1\%) - (3\% \times 3\%)} - 1 = 3.22\%$$

二、建筑安装工程定额计价计算程序

建筑安装工程定额计价计算程序表　　　　　　　　　　　　**表 2-29**

序号	费用项目	计算方法	
		以直接费（直接工程费）为计费基数的工程	以人工费机械费之和为计费基数的工程
1	直接工程费	1.1+1.2+1.3+1.4	1.1+1.2+1.3+1.4
1.1	人工费	Σ（人工费）	
1.2	材料费	Σ（材料费）	
1.3	机械使用费	Σ（机械费）	
1.4	构件增值费	Σ（构件制作定额基价×工程量）×税率	
2	措施项目费	2.1+2.2	
2.1	技术措施费	Σ（技术措施费）	
2.1.1	人工费	Σ（人工费）	
2.1.2	材料费	Σ（材料费）	
2.1.3	机械费	Σ（机械费）	
2.2	组织措施费	2.2.1+2.2.2	
2.2.1	安全文明施工费	（1+2.1）×费率	（1.1+1.3+2.1.1+2.1.3）×费率
2.2.2	其他组织措施费	（1+2.1）×费率	（1.1+1.3+2.1.1+2.1.3）×费率
3	总包服务费	3.1+3.2+3.3	
3.1	总承包管理和协调	标的额×费率	
3.2	总承包管理、协调和配合服务	标的额×费率	
3.3	招标人自行供应材料	标的额×费率	
4	价差	4.1+4.2+4.3	
4.1	人工价差	按规定计算	
4.2	材料价差	Σ消耗量×（市场材料价格－定额取定价格）	
4.3	机械价差	按规定计算	
5	施工管理费	（1+2）×费率	（1.1+1.3+2.1.1+2.1.3）×费率
6	利润	（1+2+4）×费率	（1.1+1.3+2.1.1+2.1.3）×费率/（1+2+4）×费率
7	规费	（1+2+3+4+5+6）×费率	（1.1+1.3+2.1.1+2.1.3）×费率
8	不含税工程造价	1+2+3+4+5+6+7	
9	税金	8×费率	
10	含税工程造价	8+9	

第四节　工程量清单计价模式下的工程造价费用构成及计算

一、工程量清单计价模式下的费用组成

根据《建设工程工程量清单计价规范》的规定，在工程量清单计价模式下的费用构成与定额计价模式下的费用构成存在显著差异，工程量清单计价模式的费用构成包括分部分项工程费、措施项目费、其他项目费、规费和税金。如图 2-5 所示。

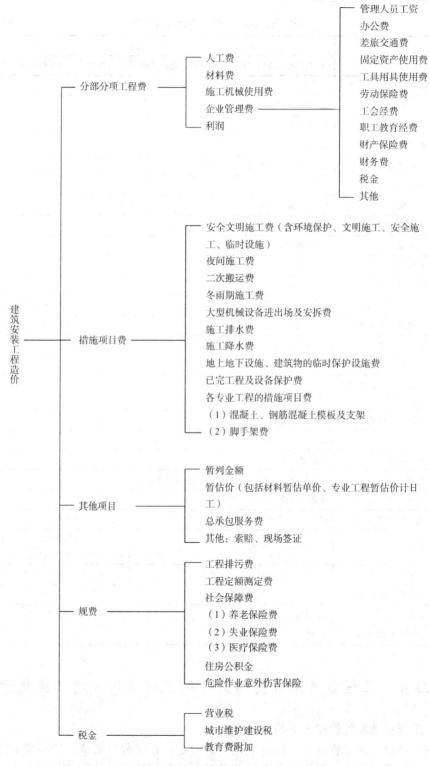

图 2-5 工程量清单计价模式的费用构成

1. 分部分项工程费

是工程实体的费用，指为完成设计图纸所要求的工程所需要的费用，包括人工费、材料费、机械费、管理费、利润。

（1）人工费：指应列入计价表的直接从事安装工程施工工人（包括现场内水平、垂直运输等辅助工人）和附属辅助生产单位（非独立经济核算单位）工人的基本工资、工资性津贴、流动施工津贴、房租补贴、职工福利费、劳动保护费。

（2）材料费：指应列入计价表的材料、构件和半成品材料的用量以及周转材料的摊销量乘以相应的预算价格计算的费用。

（3）机械费：指应列入计价表的施工机械台班消耗量按相应的我省施工机械台班单价计算的安装工程施工机械使用费以及机械安、拆和进出场费。

（4）管理费：包括企业管理费、现场管理费、冬雨期施工增加费、生产工具用具使用费、工程定位复测点交场地清理费、远地施工增加费、非甲方所为 4 小时以内的临时停水停电费。

1）企业管理费：指企业管理层为组建施工生产经营活动所发生的管理费用，包括以下内容：

① 管理人员的基本工资、工资性津贴、流动施工津贴、房租补贴、职工福利费、劳动保护费。

② 差旅交通费：指企业职工因公出差、工作调动的差旅费、住勤补助费、市内交通费和误餐补助费、职工探亲路费、劳动力招募费、离退休职工一次性路费及交通工具、油料、燃料、牌照、养路费等。

③ 办公费：指企业办公用文具、纸张、账表、印刷、邮电、书报、会议、水电、燃煤、燃气等费用。

④ 固定资产折旧、修理费：指企业属于固定资产的房屋、设备、仪器等的折旧及维修费用。

⑤ 低值易耗品摊销费：指企业管理使用不属于固定资产的工具、用具、家具、交通工具、检验、试验、消防等的摊销及维修费用。

⑥ 工会经费及职工教育经费：工会经费是指企业按职工工资总额计提的工会经费；职工教育经费是指企业为职工学习先进技术和提高文化水平按职工工资总额计提的费用。

⑦ 职工待业保险费：是指规定标准计提的职工待业保险费用。

⑧ 保险费：指企业财产保险、管理用车辆等保险费用。

⑨ 税金：指企业按规定缴纳的房产税、车船使用税、土地使用税、印花税及土地使用费等。

⑩ 其他：包括技术转让费、技术开发费、业务招待费、绿化费、广告费、公证费、顾问费、审计费、咨询费、联防费等。

2）现场管理费：指现场管理人员组织工程施工过程中所发生的费用，包括以下内容：

① 现场管理人员的基本工资、工资性津贴、流动施工津贴、房租补贴、职工福利费、劳动保护费。

② 办公费：指现场管理办公用的工具、纸张、账表、印刷、邮电、书报、会议、水电、燃煤、燃气等费用。

③ 差旅交通费：指职工因公出差的旅费、住勤费、补助费、市内交通费和误餐补助费、职工探亲路费、劳动力招募费、离退休职工一次性路费、工伤人员就医路费、工地转移费以及现场管理使用的交通工具的油料、燃料、牌照、养路费等。

④ 固定资产使用费：指现场管理及试验部门使用的属于固定资产的设备、仪器等的折旧、大修理、维修和租赁费用等。

⑤ 低值易耗品摊销费：指现场管理使用的，不属于固定资产的工具、器具、家具、交通工具、检验、试验、测绘、消防用具等的购置、维修和摊销费用。

⑥ 保险费：指施工管理用财产和车辆保险、高空作业等特殊工种的安全保险等费用。

⑦ 其他费用。

3）冬雨期施工增加费：指在冬雨期施工期间所增加的费用。包括冬期作业、临时采暖、建筑物门窗洞口封闭及防雨措施、排水、功效降低等费用。

4）生产工具用具使用费：指施工生产所需不属于固定资产的生产工具、检验用具、仪器仪表等的购置、摊销和维修费以及支付给工人自备工具的补贴费。

5）工程定位、复测、点交、场地清理费。

6）远地施工增加费：指远离基地施工所发生的管理人员和生产工人的调迁旅费、工人在途工资，中小型施工机具、工具仪器、周转性材料、办公和生活用具等的运杂费。

对包工包料工程，不管施工单位基地与工程所在地之间的距离远近，均由施工单位包干使用；包工不包料工程按承发包双方的合同约定计算。

7）非甲方所为 4 小时以内的临时停水停电费。

（5）利润：指按国家规定应计入安装工程造价的利润。

2. 措施项目费

措施项目费是为完成工程项目施工，发生于该工程施工准备和施工过程中技术、生活、安全、环境保护等方面的非工程实体项目费。如表 2-30 所示。

措施项目一览表　　　　　　　　　　　　　　　　　　　　表 2-30

序号	项 目 名 称
1. 通用项目	
1.1	安全文明施工（含环境保护、文明施工、安全施工、临时设施）
1.2	夜间施工
1.3	二次搬运
1.4	冬雨期施工
1.5	大型机械设备进出场及安拆
1.6	施工排水
1.7	施工降水
1.8	地上、地下设施，建筑物的临时保护设施
1.9	已完工程及设备保护
2. 建筑工程	
2.1	混凝土、钢筋混凝土模板及支架
2.2	脚手架
2.3	垂直运输机械

续表

序号	项 目 名 称
3. 装饰装修工程	
3.1	脚手架
3.2	垂直运输机械
3.3	室内空气污染测试
4. 安装工程	
4.1	组装平台
4.2	设备、管道施工的防冻和焊接保护措施
4.3	压力容器和高压管道的检验
4.4	焦炉施工大棚
4.5	焦炉烘炉、热态工程
4.6	管道安装后的充气保护措施
4.7	隧道内施工的通风、供水、供气、供电、照明及通信设施
4.8	现场施工围栏
4.9	长输管道临时水工保护设施
4.10	长输管道施工便道
4.11	长输管道跨越或穿越施工措施
4.12	长输管道地下穿越地上建筑物的保护措施
4.13	长输管道工程施工队伍调遣
4.14	格架式抱杆
5. 市政工程	
5.1	围堰
5.2	筑岛
5.3	便道
5.4	便桥
5.5	脚手架
5.6	洞内施工的通风、供水、供气、供电、照明及通信设施
5.7	驳岸块石清理
5.8	地下管线交叉处理
5.9	行车、行人干扰增加
5.10	轨道交通工程路桥、市政基础设施施工监测、监控、保护

（1）环境保护费：指正常施工条件下，环保部门按规定向施工单位收取的噪声、扬尘、排污等费用。

（2）现场安全文明施工措施费：包括脚手架挂安全网、铺安全竹笆片、洞口五临边及电梯井护栏费用、电气保护安全照明设施费、消防设施及各类标牌摊销费、施工现场环境美化、现场生活卫生设施、施工出入口清洗及污水排放设施、建筑垃圾清理外运等内容。

（3）临时设施费：指施工单位为进行安装工程施工所必需的生产和生活用的临时建筑物、构筑物和其他临时设施等费用。

临时设施费包括临时设施的搭设、维修、拆除、摊销等费用。

（4）夜间施工增加费：指规范规程要求，正常作业而发生的照明设施、夜餐补助和工效降低等费用。

（5）二次搬运费：指因施工场地狭小而发生的二次搬运所需费用。

（6）大型机械设备进出场及安拆费：指机械整体或分体自停放场地转至施工场地，或由一个施工地点运至另一个施工地点所发生的机械安装、拆卸和进出场运输转移费用。

（7）混凝土、钢筋混凝土模板及支架：指模板及支架制作、安装、拆除、维护、运输、周转材料摊销等费用。

（8）脚手架搭拆费：指脚手架搭设、加固、拆除、周转材料摊销等费用。

当安装物操作高度较高时，必须搭设脚手架，才能使安装工作顺利进行。搭设拆除脚手架需要消耗一定的人工、材料和材料运输，这些都是工程造价的组成内容。脚手架搭拆系数一般按下列三个因素决定：

1）施工工艺和现场条件；

2）专业工程交叉作业施工时可以互相利用的脚手架；

3）在楼层内按活动架或简易脚手架确定。

脚手架搭拆费按销售量定额计算规则确定。

（9）已完工程及设备保护：指对已施工完成的工程和设备采取保护措施所发生的费用。

（10）施工排水、降水：指施工过程中发生的排水、降水费用。

（11）检验、试验费：指根据有关国家标准或施工验收规范要求对材料、构配件和建筑物工程质量检测检验发生的费用。除此以外发生的检验试验费，如已有质保书材料，而建设单位或质监部门另行要求检验试验所发生的费用，以及新材料、新工艺、新设备的试验费等应另行向建设单位收取。

（12）赶工措施费：若建设单位对工期有特殊要求，则施工单位必须增加的施工成本费。

（13）工程按质论价：指建设单位要求施工单位完成的单位工程质量达到经有权部门鉴定为优良工程所必须增加的施工成本费。

（14）特殊条件下施工增加费：

1）地下不明障碍物、铁路、航空、航运等交通干扰而发生的施工降效费用。

2）在有毒有害气体和有放射性物质区域范围内的施工人员的保健费，与建设单位职工享受同等特殊保健津贴，享受人数根据现场实际完成的工程量（区域外加工的制品不应计入）的计价表耗工数，并加计10%的现场管理人员的人工数确定。

（15）组装平台：组装平台发生的费用。

（16）设备、管道施工的安全、防冻和焊接保护措施：施工中发生的设备、管道施工的安全、防冻和焊接保护措施费用。

（17）压力容器和高压管道的检验：发生的压力容器和高压管道的检验的费用。

（18）焦炉施工大棚：发生的焦炉施工大棚费用。

（19）焦炉烘炉、热态工程：发生的焦炉烘炉、热态工程费用。

（20）管道安装后的充气保护措施：发生的管道安装后的充气保护措施费用。

（21）隧道内施工的通风、供水、供气、供电、照明及通信设施：发生的隧道内施工的通风、供水、供气、供电、照明及通信设施的费用。

（22）现场施工围栏：发生的现场施工围栏费用。

（23）长输管道临时水工保护设施：发生的长输管道临时水工保护设施费用。

（24）长输管道施工便道：发生的长输管道施工便道费用。

（25）长输管道跨越或穿越施工措施：发生的长输管道跨越或穿越施工措施费用。

（26）长输管道地下穿越地上建筑物的保护措施：发生的长输管道地下穿越地上建筑物的保护措施费用。

（27）长输管道工程施工队伍调遣：发生的长输管道工程施工队伍调遣费用。

（28）格架式抱杆：发生的格架式抱杆费用。

3．其他项目费

（1）总承包服务费

总承包服务费是在工程建设的施工阶段实行施工总承包时，当招标人在法律法规允许的范围内对工程进行分包和自行采购供应部分材料设备时，要求总承包人提供相关服务以及对施工现场进行协调和统一管理、对竣工资料进行统一汇总整理等所需的费用。招标人应当预计该项费用，并按投标人的投标报价向投标人支付该项费用。

1）总承包：指对建设工程的勘察、设计、施工、设备采购进行全过程承包的行为，建设项目从立项开始至竣工投产全过程承包的"交钥匙"方式。

2）工程分包

① 建设单位单独分包的工程，总包单位与分包单位的配合费由建设单位、总包单位和分包单位在合同中明确。

② 总包单位自行分包的工程所需的总包管理费由总包单位和分包单位自行解决。

③ 安装施工单位与土建施工单位的施工配合费由双方协商确定。

（2）预留金

招标人为可能发生的工程量变更而预留的金额，由招标人预留。工程量变更主要指工程量清单漏项、有误，导致工程量的增加和施工中设计变更，使标准提高或工程量增加等。

（3）材料购置费

是招标人购置材料预留的费用。

（4）零星工作项目费

指完成招标人提出的暂估工程量（或工作项目），由投标人提出相应项目的人工、材料、机械的单价所计算的费用。

4．规费

规费是指国家及地方政府规定必须缴纳的费用。

（1）工程排污费。直接向水体排放污染物的企业事业单位和个体工商户，应当按照排放水污染物的种类、数量和排污费征收标准缴纳排污费。

（2）养老保险费。企业缴纳基本养老保险费的比例，一般不得超过企业工资总额的20％（包括划入个人账户的部分），具体比例由省、自治区、直辖市人民政府确定。

（3）失业保险费。城镇企业事业单位按照本单位工资总额的百分之二缴纳失业保险费。城镇企业事业单位职工按照本人工资的百分之一缴纳失业保险费。

（4）医疗保险费。基本医疗保险费由用人单位和职工个人共同缴纳。用人单位缴费应控制在职工工资总额的6％左右，职工缴费一般为本人工资收入的2％。

（5）住房公积金。职工和单位住房公积金的缴存比例均不得低于职工上一年度月平均工资的5％。

（6）危险作业意外伤害保险。建筑施工企业必须为从事危险作业的职工办理意外伤害保险，支付保险费。

（7）工伤保险费。用人单位应按时缴纳工伤保险费。职工个人不缴纳工伤保险费。

5. 税金

税金指国家税法规定的应计入安装工程造价内的营业税、城市维护建设税及教育费附加。

规费和税金应按国家或省级、行业建设主管部门的规定计算，不得作为竞争性费用。

以上不可竞争费用在编制标底或投标报价时均应按规定计算，不得让利或随意调整计算标准。

二、工程量清单计价模式下的安装工程造价计算程序（表2-31～表2-35）

分部分项工程综合单价计算程序表 表 2-31

序号	费用项目	计算方法	
		以直接费（直接工程费）为计费基数的工程	以人工费机械费之和为计费基数的工程
1	人工费	Σ（人工费）	
2	材料费	Σ（材料费）	
3	机械费	Σ（机械费）	
4	企业管理费	（1+2+3）×费率	（1+3）×费率
5	利润	（1+2+3）×费率	（1+3）×费率/（1+2+3）×费率
6	风险因素	按招标文件或约定	
7	综合单价	1+2+3+4+5+6	1+2+3+4+5+6

注：1. 建筑工程中的电气动力、照明、控制线路工程；通风空调工程；给水排水、采暖、燃气管道工程；消防及安全防范工程；建筑智能化工程，以直接费（直接工程费）为基数计取利润。

2. 装饰装修工程以直接费（直接工程费）为基数计取利润。

施工技术措施项目综合单价计算程序表 表 2-32

序号	费用项目	计算方法	
		以直接费（直接工程费）为计费基数的工程	以人工费机械费之和为计费基数的工程
1	人工费	Σ（人工费）	
2	材料费	Σ（材料费）	
3	机械费	Σ（机械费）	
4	企业管理费	（1+2+3）×费率	（1+3）×费率
5	利润	（1+2+3）×费率	（1+3）×费率/（1+2+3）×费率
6	风险因素	按招标文件或约定	
7	综合单价	1+2+3+4+5+6	1+2+3+4+5+6

注：1. 建筑工程中的电气动力、照明、控制线路工程；通风空调工程；给水排水、采暖、燃气管道工程；消防及安全防范工程；建筑智能化工程，以直接费（直接工程费）为基数计取利润。

2. 装饰装修工程以直接费（直接工程费）为基数计取利润。

施工组织措施项目费计算程序表　　　　　　　　　　　　　表 2-33

序号	费用项目		计算方法	
			以直接费（直接工程费）为计费基数的工程	以人工费机械费之和为计费基数的工程
1	分部分项工程费		Σ（分部分项工程费）	
1.1	其中	人工费	Σ（人工费）	
1.2		机械费	Σ（机械费）	
2	技术措施项目费		Σ（技术措施项目费）	
2.1	其中	人工费	Σ（人工费）	
2.2		机械费	Σ（机械费）	
3	组织措施费		3.1＋3.2	3.1＋3.2
3.1	安全文明施工费		（1＋2）×费率	（1.1＋1.2＋2.1＋2.2）×费率
3.2	其他组织措施费		（1＋2）×费率	（1.1＋1.2＋2.1＋2.2）×费率

其他项目费计算程序表　　　　　　　　　　　　　表 2-34

序号	费用项目	计算方法	
		以直接费（直接工程费）为计费基数的工程	以人工费机械费之和为计费基数的工程
1	暂列金额	按招标文件或约定	
2	暂估价	按招标文件或约定	
3	计日工	3.1＋3.2＋3.3	
3.1	人工费	Σ（人工综合单价×暂定数量）	
3.2	材料费	Σ（材料综合单价×暂定数量）	
3.3	机械费	Σ（机械台班综合单价×暂定数量）	
4	总包服务费	4.1＋4.2＋4.3	
4.1	总承包管理和协调	标的额×费率	
4.2	总承包管理、协调和配合服务	标的额×费率	
4.3	招标人自行供应材料	标的额×费率	
5	其他项目费	1＋2＋3＋4	

单位工程造价计算程序表　　　　　　　　　　　　　表 2-35

序号	费用项目		计算方法	
			以直接费（直接工程费）为计费基数的工程	以人工费机械费之和为计费基数的工程
1	分部分项工程费		Σ（分部分项工程费）	
1.1	其中	人工费	Σ（人工费）	
1.2		机械费	Σ（机械费）	
2	施工技术措施费		Σ（施工技术措施项目费）	
2.1	其中	人工费	Σ（人工费）	
2.2		机械费	Σ（机械费）	
3	施工组织措施费		Σ（施工组织措施项目费）	

续表

序号	费用项目		计算方法	
			以直接费（直接工程费）为计费基数的工程	以人工费机械费之和为计费基数的工程
4	其他项目费		Σ（其他项目费）	
4.1	其中	人工费	Σ（人工费）	
4.2		机械费	Σ（机械费）	
5	规费		（1＋2＋3＋4）×费率	（1.1＋1.2＋2.1＋2.2＋4.1＋4.2）×费率
6	税金		（1＋2＋3＋4＋5）×费率	（1＋2＋3＋4＋5）×费率
7	含税工程造价		1＋2＋3＋4＋5＋6	1＋2＋3＋4＋5＋6

本 章 小 结

建设项目总投资一般包括固定资产投资和流动资产投资两部分，其中的固定资产投资即工程造价。我国现行建设工程造价的构成包括设备及工器具的购置费用、建筑安装工程费用和工程建设其他费用。

设备及工、器具购置费用是固定资产投资的组成部分，由设备购置费和工具、器具、生产家具购置费组成。设备购置费是指为工程建设项目购置或自制的达到固定资产标准的各种国产或进口设备、工具、器具的购置费用。它由设备原价和设备运杂费构成。工、器具及生产家具购置费，是指新建或扩建项目初步设计规定的，保证初期正常生产必须购置的没有达到固定资产标准的设备、仪器、工卡模具、器具、生产家具和备品备件等的购置费用。

建筑安装工程费用即建筑产品价格，是指建设单位支付给从事建筑安装工程施工单位的全部生产费用，包括用于建筑物的建造及有关的准备、清理等工程的投资，用于需要安装设备的安置、装配工程的投资。

建筑安装工程费用由直接费、间接费、利润和税金组成。其中，直接费由直接工程费和措施费组成；间接费由规费和企业管理费组成；利润是指施工企业完成所承包工程获得的盈利，是施工单位的劳动者为社会和集体劳动所创造的价值；税金是指国家税法规定的应计入建筑工程造价内的营业税、城市维护建设税及教育费附加（简称两税一费）。

工程量清单计价模式下的建筑安装工程费用包括分部分项工程费、措施项目费、其他项目费、规费和税金。

思 考 题

1. 简述我国现行工程造价的构成。
2. 试述设备及工、器具购置费用的组成。
3. 什么是建筑安装工程费用？它有何特点？
4. 试述建筑安装工程费用的组成。
5. 简述工程量清单计价模式下的建筑安装工程费用的计算程序和方法。

第三章　工程造价依据

第一节　工程建设定额体系概述

一、建设工程定额的概念

在现代社会经济生活中，定额几乎无处不在。它们存在于生产、流通、分配与消费等各个领域，也存在于我们日常的社会生活之中。诸如生产和流通领域的工时定额和材料消耗定额，原材料和成品、半成品等物资储备定额，设计定额等。然而不论其表现形式如何，定额的基本性质都是一种规定的额度，是一种对人、材、物、资金、时间、空间等资源在质和量上的规定。

建设工程定额是诸多定额中的一种，它研究的对象是工程建设产品生产过程中资源消耗的规律。是指在正常的施工条件下，完成一定计量单位的合格产品所必须消耗的劳动力、材料和机械台班的数量标准。正常的施工条件，是指生产过程按生产工艺和施工验收规范操作，施工条件完善，劳动组织合理，机械运转正常，材料储备合理。

二、定额的特性

1. 定额的科学性

工程建设定额的科学性，表现在定额是在认真研究客观规律的基础上，遵守客观规律基础上，实事求是制定，能正确地反映单位产品生产所必需的劳动量；采用一套严密的确定定额水平的方法。

2. 定额的统一性和权威性

定额经过国家、地方主管部门或授权单位颁发，定额中人、材、机的消耗量水平按照国家相关技术标准和规范结合典型工程综合测定，具有权威性和统一性的特点。定额的使用者和执行者，都应该按照规定执行，不得随意修改。

3. 定额的稳定性和时效性

建筑工程中的任何一种定额，在一段时期内都表现出稳定的状态，这是定额权威性的要求，也是工程实践的需要。但是，任何一种建筑工程定额，都只能反映一定时期的生产力水平，当生产力向前发展了，定额就会变得陈旧。所以，建筑工程定额在具有稳定性特点的同时，也具有显著的时效性。根据具体情况不同，稳定的时间有长有短，目前地方定额一般是在3～5年修订一次。

4. 定额的群众性

定额的拟定和执行，都要有广泛的群众基础。定额的拟定，通常采取工人、技术人员和专职定额人员三结合方式。使拟定定额时能够从实际出发，反映建筑安装工人的实际水平，并保持一定的先进性，使定额容易为广大职工所掌握。

三、定额的作用

定额是企业实行科学管理的必备条件，没有定额就谈不上企业的科学管理。因此，定额有以下几个方面的主要作用：

1. 定额是编制工程计划、组织和管理施工的重要依据。

为了更好地组织和管理施工生产，必须编制施工进度计划和施工作业计划。在编制计划和组织管理施工生产中，直接或间接地要以各种定额来作为计算人力、物力和资金需用量的依据。

2. 定额是确定建筑工程造价的依据。

在有了设计文件规定的工程规模、工程数量及施工方法之后，即可依据相应定额所规定的人工、材料、机械台班的消耗量，以及单位预算价值和各种费用标准来确定建筑工程造价。

3. 定额是建筑行业实行招标投标制和经济责任制的重要依据。

全国建筑行业正在全面推行清单计价和以招标、投标、承包为核心的经济责任制。其中签订投资包干协议、计算招标标底和投标报价、签订总包和分包合同协议等，通常都以建筑工程定额为主要依据。

4. 定额是对先进施工方法和技术手段的总结和推广。

定额是在平均先进合理的条件下，通过对施工生产过程的观察、分析综合制定的。它比较科学地反映出生产技术和劳动组织的先进合理程度。因此，我们可以从定额中得出一套比较完整的先进生产方法，在施工生产中推广应用，使劳动生产率得到普遍提高。

5. 定额是按劳分配以及合理确定工期和质量要求的尺度。

由于工时消耗定额具体落实到每个劳动者，因此，可用定额来对每个工人所完成的工作进行考核，确定他所完成的劳动量的多少，并以此来决定应支付劳动报酬，并根据劳动定额来确定定员和工程工期。还可以根据定额中反映的各分部分项工程内容和施工工序要求，人材机的消耗量标准等，考察和检验工程质量。

四、工程建设定额体系

建筑工程定额是一个综合概念，是建筑工程中生产消耗性定额的总称。它包括的定额种类很多。为了对建筑工程定额从概念上有一个全面的了解，按其内容、形式、用途和使用要求，可大致分为以下几类：

1. 按生产要素分类，可分为劳动消耗定额、材料消耗定额和机械台班消耗定额。

2. 按用途分类，可分为施工定额、预算定额、概算定额、工期定额及概算指标等。

3. 按费用性质分类，可分为直接费定额、间接费定额等。

4. 按主编单位和执行范围分类，可分为全国统一定额、主管部门定额、地区统一定额及企业定额等。

5. 按专业分类，可分为建筑工程定额和设备及安装工程定额。建筑工程定额通常可分为土石方工程、结构工程和装饰装修工程定额等，设备及安装工程定额通常又可分为机械设备工程、工业管道工程、电气设备工程、给水排水工程，消防工程、采暖通风空调工程定额等。

第二节　施　工　定　额

一、施工定额的概念

施工定额是施工企业直接用于建筑工程施工管理的一种定额。它是以同一性质的施工过程或工序为测定对象，确定建筑工人在正常的施工条件下，为完成一定计量单位的某一施工过程或工序所需人工、材料和机械台班消耗的数量标准。所以，施工定额是由劳动定额、材料消耗定额和机械台班定额组成，是综合性定额中最基本的定额。

二、施工定额的作用

施工定额是建筑安装企业生产管理工作的基础，它的作用主要表现在以下几个方面：

1. 它是施工企业编制施工预算，进行工料分析和加强企业成本管理的基础；

2. 是编制施工组织设计、施工作业设计和确定人工、材料及机械台班需要量计划的基础；

3. 是施工企业向工作班（组）签发任务单、限额领料的依据；

4. 是组织工人班（组）开展劳动竞赛、实行内部经济核算、承发包、计取劳动报酬和奖励工作的依据；

5. 是编制预算定额和企业补充定额的基础。

三、施工定额编制的原则

1. 确定定额水平必须遵循平均先进的原则

所谓平均先进水平，是指在正常的生产条件下，多数施工班组或生产者经过努力可以达到，少数班组或劳动者可以接近，个别班组或劳动者可以超过的水平。贯彻"平均先进"的原则，才能促进企业的科学管理和不断提高劳动生产率，进而达到提高企业经济效益的目的。

2. 定额的结构形式和内容应遵循简明适用的原则

所谓简明适用是指定额结构合理，定额步距大小适当，文字通俗易懂，计算方法简便，易为群众掌握运用，具有多方面的适应性，能在较大的范围内满足各种不同情况、不同用途的工程需要。

四、施工定额的组成和表示方法

施工定额是由劳动定额、材料消耗定额和机械台班定额组成，反映施工生产过程中人材机三种资源要素的消耗标准。

1. 劳动定额

（1）劳动定额的概念

劳动定额也称人工定额，是建筑安装工程统一劳动定额的简称，是反映建筑产品生产中活劳动消耗数量的标准。是指在正常的施工（生产）技术组织条件下，为完成一定数量的合格产品，或完成一定量的工作所预先拟订的必要的活劳动消耗量。

（2）劳动定额的组成划分

劳动定额按其表现形式的不同，分为时间定额和产量定额。

1）时间定额

时间定额亦称工时定额，是指生产单位合格产品或完成一定的工作任务的劳动时间消耗的限额。定额时间包括准备与结束时间，作业时间（基本时间＋作业宽放时间），个人生理需要与休息宽放时间等。

$$作业宽放时间＝技术宽放时间＋组织宽放时间$$

时间定额以"工日"为单位，每一工日工作时间按八小时计算。用公式表示如下：

$$单位产品时间定额（工日）＝1/每工产量$$

或　　　　　　　　单位产品时间定额（工日）＝小组成员工日数总和/小组台班产量

2）产量定额

产量定额就是在单位时间（工日）内生产合格产品的数量或完成工作任务的限额。

产量定额根据时间定额计算。用公式表示如下：

$$每日产量＝1/单位产品时间定额（工日）$$

或　小组每班产量＝小组成员工日数的总和/单位产品时间定额（工日）

产量定额的计量单位是以产品的单位计量，如 m、m^2、m^3、t、块、件等。

时间定额和产量定额之间互为倒数关系。时间定额降低，则产量定额提高，即：

$$时间定额＝1/产量定额　　时间定额×产量定额＝1$$

3）时间定额和产量定额的用途

时间定额和产量定额虽是同一劳动定额的不同表现形式，但其用途却不相同。前者以单位产品的工日数表示，便于计算完成某一分部（项）工程所需的总工日数，便于核算工资，便于编制施工进度计划和计算分项工期。后者是以单位时间内完成的产品数量表示，便于小组分配施工任务，考核工人的劳动效率和签发施工任务单。

2. 材料消耗定额

（1）材料消耗定额的概念

在合理和规范使用材料的条件下，生产单位合格产品所必须消耗的一定品种、规格的原材料、半成品、配件和水、电、燃料、动力等资源的数量标准，称为材料消耗定额。

（2）建筑安装材料的分类

1）非周转性材料

非周转性材料也称为直接性材料。它是指在建设工程施工中，一次性消耗并直接构成工程实体的材料，如砖、瓦、砂、石、钢筋、水泥等。

2）周转性材料

建设工程中使用的周转性材料，是指在施工过程中能多次使用、反复周转的工具性材料，如各种模板、活动支架、脚手架、支撑、挡土板等。

在建筑安装工程成本中，通常材料消耗的比重占到 60％以上。故此，加强建筑材料的定额管理，对于建设企业和项目而言，具有重要的现实意义。材料消耗定额，是编制采购计划，核定工程物资储备，以加速资金周转、提高经济效益的有效工具。同时，材料消耗定额，也是签发限额领料单、考核和分析评价材料利用情况的依据。

（3）材料消耗定额的组成

材料消耗定额由以下两个部分组成：①合格产品上的消耗量。就是用于合格产品上的实际数量；②生产合格产品的过程中合理的消耗量。就是指材料从现场仓库领出到完成合格产品过程中的合理的消耗数量。它包括场内搬运的合理损耗、加工制作的合理损耗和施工操作的合理损耗等内容。

所以单位合格产品中某种材料的消耗数量等于该材料的净耗量和损耗量之和。即：

$$材料消耗量＝净耗量＋损耗量$$

计入材料消耗定额内的损耗量，应是在采用规定材料规格、采用先进操作方法和正确选用材料品种的情况下的不可避免的损耗量。

某种产品使用某种材料的损耗量的多少，常常采用损耗率表示：

$$损耗率＝\frac{损耗量}{消耗量}\times100\%$$

材料的消耗量可用下式表示：

$$材料消耗量＝\frac{消耗量}{1－损耗率}$$

产品中的材料消耗数量可以根据产品的设计图纸计算求得，只要知道了生产某种产品的某种材料的损耗率，就可以计算出该产品的材料消耗数量。

3. 机械台班使用定额

（1）机械台班使用定额的概念

机械台班使用定额又称机械使用定额。是指在正常的施工条件及合理的劳动组合和合理使用施工机械的条件下，生产单位合格产品所必须消耗的一定品种、规格施工机械的作业时间标准。

（2）机械台班定额的表现形式

其表达形式有时间定额和产量定额两种。

1）机械台班产量定额

机械台班产量定额，是指某种机械在合理的施工组织和正常施工的条件下，单位时间内完成合格产品的数量。即：

$$机械台班产量定额＝\frac{1}{机械时间定额}$$

或　　　　　机械台班产量定额＝小组成员工日数总和/机械时间定额

2）机械时间定额

机械时间定额，指在正常的施工条件下，某种机械生产合格单位产品所必须消耗的台班数量。其完成单位合格产品所必需的工作时间，包括有效工作时间、不可避免的中断时间、不可避免的无负荷工作时间。机械时间定额以"台班"表示，指工人使用一台机械，工作 8 个小时。

与人工时间定额相类似，机械时间定额与机械台班产量定额两者之间，也是互为倒数的关系，即：

$$机械时间定额＝\frac{1}{机械台班产量定额}（台班）$$

或　　　　　机械时间定额＝小组成员工日数总和/台班产量

第三节　预算定额

一、预算定额的概念

预算定额，是指在正常合理的施工条件下，规定完成一定期计量单位的分项工程或结构件所必需的人工、材料和施工机械台班以及价值的消耗量标准。

在工程实践中，往往把各地工程造价管理总站按全国统一消耗量定额基础上编制的各地区单位估价表称为预算定额，它是一种计价定额，2008年以后根据《建设工程工程量清单计价规范》GB 50500－2008 编制的消耗量定额及基价表（工程实践中通常也称为预算定额），可用于分部分项工程量清单计价和综合单价分析表的编制。

二、预算定额的作用

预算定额作为计价性定额，应该由施工企业自行编制并作为本企业确定投标报价的直接依据。其主要作用如下：

1. 是对设计方案进行技术经济评价，对新结构、新材料进行技术经济分析的依据；

2. 是编制施工图预算和清单计价，确定工程造价的依据；

3. 是施工企业编制人工、材料、机械台班需要量计划，统计完成工程量，考核工程成本，实行经济核算的依据；

4. 是在建设工程招标投标中确定招标标底和投标报价，实行招标承包制的重要依据；

5. 是建设单位和建设银行拨付工程价款、建设资金贷款和竣工结（决）算的依据；

6. 是编制概算定额和概算指标的基础资料。

三、预算定额与施工定额的区别与联系

预算定额是以施工定额为基础编制的，两种定额有一定的联系，同时又有不同的作用和表现形式，见表3-1。

预算定额与施工定额的主要区别表　　　　　　　　表 3-1

施工定额	预算定额
是施工企业编制施工预算的依据	是编制施工图预算、标底、工程决算的依据
定额内容是单位分部分项工程劳动力、材料及机械台班等耗用量	除人工、材料、机械台班等耗用量以外，还有费用及单价
定额反映平均先进水平	定额反映大多数企业和地区能达到和超过的水平，是社会平均水平

四、预算定额编制中消耗量指标的确定

1. 人工工日消耗量指标的确定

预算定额中的人工工日消耗量指标，是指完成一定计量单位的合格产品所必需的各个工序的用工量。以下列公式计算：

人工工日消耗量＝基本用工＋辅助用工＋超运距用工＋人工幅度差

（1）基本用工

相应工序基本用工数量＝Σ（某工序工程量×相应工序的时间定额）

（2）其他用工是辅助基本用工完成生产任务耗用的人工。按其工作内容的不同可分为以下三类。

a. 辅助用工。

辅助用工＝Σ（某工序工程数量×相应时间定额）

b. 超运距用工。

超运距用工＝Σ（超运距运输材料数量×相应超运距时间定额）

超运距＝预算定额取定运距－劳动定额已包括的运距

　c. 人工幅度差。

$$人工幅度差＝（基本用工＋辅助用工＋超运距用工）×人工幅度差系数$$

人工幅度差系数，一般土建工程为 10％，设备安装工程为 12％。

$$其他用工数量＝辅助用工数量＋超运距用工数量＋人工幅度差用工数量$$

　2. 材料消耗指标的确定

　预算定额中给出了完成分项工程所需的全部消耗材料，包括工程使用材料（主材）和辅助材料（安装材料），对那些用量不多、价值不大的材料定额用"其他材料"以元表示。材料消耗指标包括材料净耗量和材料不可避免的损耗量。

　（1）工程使用材料，即消耗材料。指应用于建筑安装产品的消耗材料，如管道安装中的各种管材、附件等。

　（2）辅助材料，即工具性材料，或周转材料。指为完成建筑产品而使用的工具性材料，如除锈用的钢丝刷，套丝用的板牙等。

　损耗率计算公式是指损耗量与总消耗量的百分比。其计算公式为：

$$损耗率＝\frac{损耗量}{总消耗量}×100\%$$

由于 　　　　　　　　　　$$总消耗量＝净用量＋损耗量$$

则

$$总用量＝\frac{材料净用量}{1－损耗率}$$

为简化计算，在实际工作中通常以损耗量与净用量的比作为损耗率的计算公式。

即 　　　　　　　　　$$损耗率＝\frac{损耗量}{净用量}×100\%$$

　3. 机械台班消耗量指标的确定

　可直接用施工定额或劳动定额中机械台班产量加机械幅度差计算预算定额的机械台班消耗量。机械幅度差率一般为 20％～40％，一般根据测定和统计资料来取定。大型机械的机械幅度差分别为：土方机械 25％；打桩机械 33％；吊装机械 30％；其他分部工程的机械，如蛙式打夯机，水磨石机等专用机械，均为 10％。该方法的计算公式为：

$$预算定额机械耗用台班＝劳动定额机械耗用台班×（1＋机械幅度差率）$$

五、建筑安装预算定额主要内容

　预算定额一般由目录、总说明、建筑面积计算规则、分部工程说明和分项工程说明、工程量计算规则与计算方法，分项工程定额表和有关附录或附件等组成。现将其各组成部分的基本内容简述如下：

　1. 文字说明部分

　（1）总说明。在总说明中，主要阐述预算定额的用途，编制依据和原则，适用范围，定额中已经考虑的因素和未考虑的因素，使用中应注意的事项和有关问题的说明等。

　总说明概述的定额编制依据是正确地换算定额和补充定额的依据。

　（2）建筑面积计算规则。建筑面积的计算规则严格、系统地规定了计算建筑面积的内容、范围和计算规则，这是正确计算建筑面积的前提条件，从而使全国各地区的同类建筑产品的计划价格有一个科学的可比性。

　（3）分部工程说明。分部工程说明是工程建设预算定额手册的重要内容，它主要说明了分部工程定额中所包括的主要分项工程，以及使用定额的一些基本规定，并阐述了该分部工程中各分项工程的工程量计算规则和方法。

（4）分项工程及其工作内容。分项工程所包括的项目均列在定额项目表中。定额项目表的左上方，注写有分项工程的工作内容。

2. 分项工程定额项目表

（1）项目的编排。定额项目表，是按分部工程归类，按分项工程子目编排的一些项目表格。也就是说，按建筑、结构和施工的顺序，遵循章、节、项目和子目等顺序编排。

（2）定额的编号。为了便于编制和审查施工预算以及下达施工任务，便于查阅和审查选套的定额项目是否正确，在编制施工图预算时必须注明选套的定额编号。预算定额手册的编号方法通常有"两符号"和"三符号"两种。

例如两符号的编号方法：第一章的第十三项目或子目，其编号写成 1—13。

3. 预算定额的使用方法

预算定额是编制施工图预算的基本依据，即计算工程建设造价、招标标底、投标报价、工程进度拨款和竣工结算等处理工程经济问题的依据。

使用定额前，必须仔细阅读和掌握定额的总说明、建筑面积计算规则、分部工程说明、分项工程的工作内容和定额项目注解。熟悉掌握各分部工程的工程量计算规则，这些要和熟悉项目内容结合起来进行。

（1）预算定额的直接套用。当设计要求与定额项目内容一致时，可直接套用定额的预算基价及工料消耗量，计算该分项工程的直接费以及工料需要量。

（2）预算定额的换算。如果施工图的设计内容与定额中相应的项目内容不一致，则须在定额规定的范围内进行换算，同时要在原定额项目的定额编号后加个"换"字以说明。

上面讲的换算，称作预算定额的换算。定额的换算，一般是指更换不同的材料或改变材料强度等级，消耗量并不改变。因此，预算定额的换算，实际上是不同材料价格的换算。

第四节 概算定额与概算指标

一、概算定额的概念和作用

1. 概算定额的概念

概算定额是指在相应预算定额的基础上，根据有代表性的设计图纸和有关资料，经过适当综合、扩大以及合并而成的，介于预算定额和概算指标之间的一种定额。

建筑工程概算定额是由国家或主管部门制定颁发的，规定了完成一定计量单位的建筑工程扩大结构构件、分部工程或扩大分项工程所需人工、材料、机械消耗和费用数量标准，因此，也称为扩大结构定额。

2. 概算定额的作用

建筑安装工程概算定额在控制建设投资、合理使用建设资金及充分发挥投资效果等方面发挥着积极的作用，主要表现在：

（1）概算定额是编制初步设计概算的依据。

（2）概算定额是编制概算指标的重要依据。

（3）概算定额是对多种设计方案进行技术经济分析与比较的依据，是贯彻限额设计和投资控制的有效工具。

（4）概算定额是控制施工图预算的依据。

（5）概算定额是施工企业在施工准备期间，编制施工组织设计时，提出各种资源需要量计划的依据。

二、概算定额与预算定额的联系与区别

由于概算定额是在预算定额的基础上，经适当地合并、综合和扩大后编制的，所以二者是有区别的。主要表现在：

1. 预算定额是在对先进、中等和落后等各类型的企业和地区的施工水平、管理水平分别进行分析、比较差距、查找原因的基础上，按社会消耗的平均劳动时间制定的。因此，它基本上反映了社会平均水平。概算定额在编制过程中，为了满足规划、设计和施工的要求，正确地反映大多数企业或部门在正常情况下的设计、施工和管理水平，概算定额与预算定额的水平基本一致。但它们之间应保留一个必要、合理的幅度差，以便用概算定额编制的概算，能控制用预算定额编制的施工图预算。

2. 预算定额是按分项工程或结构构件划分和编号的，而概算定额是按工程形象部位，以主体结构分部为主，将预算定额中一些施工顺序衔接较紧、相关性较大的分项工程合并成一个分项工程项目。

三、概算定额的编制原则

1. 相对于施工图预算定额而言，概算定额应本着扩大综合和简化计算的原则进行编制。

2. 概算定额应做到简明适用。"简明"就是在章节的划分、项目的编排、说明、附注、定额内容和表明形式等方面清晰醒目，一目了然。"适用"就是面对本地区，综合考虑到各种情况都能应用。

3. 为了保证概算定额的质量，必须把定额水平控制在一定的幅度之内，使预算定额与概算定额幅度差的极限值，控制在 5％以内。一般控制在 3％左右。定额含量的取定上，要正确地选择有代表性且质量高的图纸和可靠的资料，精心计算，全面分析。定额综合的内容，应尽量全面而确定，尽可能不要遗漏和模棱两可。

四、概算指标的概念

概算指标是比概算定额综合、扩大性更强的一种定额指标。它是以每 100m² 建筑面积或 100m³ 建筑体积为计算单位，构筑物以座为计算单位，规定所需人工、材料、机械消耗和资金数量的定额指标。用概算指标来编制概算更为简便，但是，它的精确性相对较差。

五、概算指标的作用

概算指标主要可用于可行性研究阶段和初步设计阶段，特别是当设计人员不能做出较详细的设计，从而计算分部分项工程量有困难时，这时无法套用概算定额，却可以利用概算指标计算工程造价。其主要作用如下：

1. 概算指标是编制投资估价和控制初步设计概算、工程概算造价的依据；

2. 概算指标是设计单位进行设计方案的技术经济分析、衡量设计水平、考核投资效果的标准；

3. 概算指标是建设单位编制基本建设计划、申请投资拨款和主要材料计划的依据。

六、概算指标的应用

概算指标的应用比概算定额具有更大的灵活性。由于它是一种综合性很强的指标，可以在拟建工程的建筑特征、结构特征、自然条件、施工条件与指标不完全一致时，调整换算后使用。同时，在选用概算指标时要十分慎重，选用的指标与设计对象在各个方面应尽量一致或接近，以提高概算的准确性。

概算指标的应用一般有两种情况：

第一种情况，如果设计对象的结构特征与概算指标一致时，可直接套用；

第二种情况，如果设计对象的结构特征与概算指标的规定局部不同时，要对指标的局部内容调整后再套用。

第五节　企　业　定　额

一、企业定额的概念及性质

所谓企业定额，是指由企业根据自身工程实践资料编制，只限于本企业内部使用的定额，它包括企业及附属的加工厂、车间编制的定额，内容可涵盖各种资源使用的定额标准、分部分项工程的成本和价格标准、原材料、半成品以及成品的出厂价格、机械台班租赁价格等。

企业定额是指企业在合理的施工组织和正常条件下，为完成单位合格产品或完成一定量的工作所耗用的人工、材料和机械台班使用量的标准数量。企业定额是企业按照国家有关政策、法规以及相应的施工技术标准、验收规范、施工方法的资料，根据企业现阶段的机械装备水平、生产工人技术等级、企业施工组织能力、管理水平、生产作业效率、可以挖掘的潜力和可能承担的风险，自行编制的，供企业内部进行经营管理、成本核算和投标报价的企业内部标准。

二、企业定额的作用

企业定额不仅能反映企业的劳动生产率和技术装备水平，同时也是衡量企业管理水平的标尺，其主要作用有：

1. 是编制施工组织设计和施工作业计划的依据；

2. 是下达施工任务书和限额领料、计算施工工时和劳动报酬的依据；

3. 是企业内部编制施工预算的统一标准，也是加强建设项目成本管理和进行技术经济考核的基础；

4. 是企业运用自身个别成本，自主报价，参与投标竞争的主要依据。

三、企业定额与工程量清单计价

工程量清单计价是一种与市场经济相适应的，通过市场竞争确定价格的计价模式。它要求参加投标的承包商根据招标文件的要求和工程量清单，按照本企业的施工组织设计、技术装备力量、管理水平、所掌握的设备材料等各种生产资料的成本以及预期利润，计算出综合单价和投标总报价。所以针对同一个建设项目和招标文件给出的相同的工程量清单，各投标单位以各自企业定额为基础所报的价格却不相同，这反映了企业个别成本的差异，也是招标投标制能引入企业之间充分竞争的保证。

工程量清单报价是通过企业的施工技术、设备工艺能力、作业技能水平、管理素质所综合的企业定额来确定的。其竞争的实质，一方面取决于施工承包企业所拥有的综合实力，另一方面也有赖于施工企业各项施工与管理定额的水平高低。所以推行《建设工程工程量清单计价规范》，发展工程量清单计价的基础就是编制科学的企业定额。建设工程施工承包企业，必须要拥有体现自身实际施工水平，准确核算企业各种资源消耗量水平和产品成本的企业定额，才能准确计量出既有市场竞争力又能体现企业自身实力的投标报价。没有企业定额，各建设企业还在广泛使用国家与地区统一定额编制投标报价，是当前制约市场竞争和招标投标制进一步发展的瓶颈。因此，我国的工程量清单计价，以及推行企业自主报价、市场竞争形成价格的招标投标制，当务之急是建立和普及企业定额，进而促进企业技术进步和社会经济的发展，也只有这样才能做好市场经济条件下的工程量清单计价工作。

本 章 小 结

工程建设定额研究的对象是工程建设产品生产过程中资源消耗的规律。是指在正常的施工条件下，完成一定计量单位的合格产品所必须消耗的劳动力、材料和机械台班的数量标准。

定额具有科学性、权威性、群众性、稳定性以及时效性。

施工定额是以同一性质的施工过程或工序为测定对象，确定建筑工人在正常的施工条件下，为完成一定计量单位的某一施工过程或工序所需人工、材料和机械台班消耗的数量标准。它是建筑安装企业生产管理工作的基础，也是工程建设定额体系中最基础性的使用定额。

预算定额是指在正常合理的施工条件下，规定完成一定期计量单位的分项工程或结构件所必需的人工、材料和施工机械台班以及价值的消耗量标准。

概算定额是指在正常的生产建设条件下，完成一定计量单位的建筑工程扩大结构构件、分部工程或扩大分项工程所需人工、材料、机械消耗和费用数量标准。

企业定额，是指由企业根据自身工程实践资料编制，只限于本企业内部使用的定额，它包括企业及附属的加工厂、车间编制的定额，内容可涵盖各种资源使用的定额标准、分部分项工程的成本和价格标准、原材料、半成品以及成品的出厂价格、机械台班租赁价格等。

思 考 题

1. 简述定额的概念、特性及其作用。
2. 试述工程建设定额的分类。
3. 试述施工定额的作用及其编制方法。
4. 预算定额有何作用？并试述预算定额与施工定额的联系与区别。
5. 概算定额有何作用？它与预算定额有什么联系与区别？
6. 试述企业定额与工程量清单定价的关系。

第四章 机械设备安装工程

第一节 机械设备安装工程基本知识

工业与民用设备品种繁多，结构各异，形状不一。对那些被普遍使用，具有满足各种要求共同点的设备称为机械设备。工程预算人员在建筑安装工程施工中，主要应熟悉安装中所进行的每道主要工序的内容，以及施工过程所需要的机具（材料）性能，才能更好地掌握施工实际情况，编制好施工图预算与施工预算。

一、设备安装工序

通用机械设备的安装工序包括施工、设备安装、清洗、试运转。

1. 施工

（1）施工前后的现场清理，工具材料的准备。

（2）临时脚手架（梯子、高凳、跳板等）的搭设。

（3）设备及其附件的地面运输和移位以及施工机具在设备安装范围内的移动。

（4）设备开箱检查、清洗、润滑施工全过程的保养维护，专用工具、备品、备件施工完后的清点归还。

（5）基础验收、划线定位、垫铁组配放、铲麻面、地脚下螺栓的除锈或脱脂。

设备底座安放垫铁，通过对垫铁厚度的调整，使设备安装达到安装要求的标高和水平，同时便于二次灌浆，使设备的全部重量和运转过程中产生的力通过垫铁均匀地传递到基础上。常用的垫铁有钩头成对斜垫铁、平垫铁、斜垫铁，它们成对组合使用；开口垫铁与开孔垫铁等配合使用。

2. 安装

（1）吊装。使用吊装设备将被安装设备就位，初平、找出、找平部位的清洗和保护。

（2）精平组装。精平、找平、对中、附件装配、垫铁焊固。

（3）本体管路、附件和传动部分的安装。

3. 清洗

在试运转之前，应对设备传动系统、导轨面、液压系统、油润滑系统密封、活塞、罐体、运排气阀、调节系统等构件及零件等进行物理清洗和化学清洗；对各有关零部件检查调整，加注润滑油脂。清洗程度必须达到试运转要求标准。

清洗是设备安装工作中一项重要内容，是一项不可忽视的技术性很强的工作，因为清洗工作搞不好，直接影响设备安装质量和正常运行。

4. 试运转

试运转就是要综合检验设备制造和前阶段有关各工序施工安装的质量，发现缺陷，及时修理和调整，使设备的运行特性能够达到设计指标的要求。

各类设备的试运转应执行《机械设备安装工程施工及验收通用规范》GB 50231—1998 的规定，同时要结合设备安装说明书的要求，做好试运转前的准备工作，以及试运转完毕的收尾工作、验收工作。

机械设备的试运转步骤为：先无负荷、后带负荷，先单机、后系统，最后联动。试运转首先从部件开始，由部件至组件，再由组件至单台设备。不同设备的试运转具体要求不一样。

（1）属于无负荷试运转的各类设备有金属切削机床、机械压力机、液压机、弯曲校正机，活塞式气体压缩机，活塞式氨制冷压缩机、通风机等。

（2）需要进行无负荷、静负荷、超负荷试运转的设备有电动桥式起重机、龙门式起重机。

（3）需进行额定负荷试运转的有各类泵。

（4）中、小型锅炉安装试运转，包括临时加药装置的准备、配管、投药，排气管的敷设和拆除、烘炉、煮炉、停炉，检查、试运转等全部工作。

二、安装中常用的起重设备

设备的搬运及安装广泛采用运输机械和起重机械作业。由于设备安装的特点，施工作业和半机械化还占很大比重。

1. 起重机具

起重机具指千斤顶、桅杆、人字架等机具，能对设备进行起吊和装卸作业。这些机具主要有圆木制单柱桅杆及人字桅杆、无缝钢管桅杆和人字枪杆，以及型钢成格框结构桅杆。安装时应根据设备大小，选择适用规格的桅杆进行作业。

2. 起重机械

起重机械主要有履带式起重机、轮胎式起重机、汽车式起重机和塔式起重机。

履带式起重机是自行式、全回转、接地面积较大、重心较低的一种起重机。它使用灵活、方便，在一般平整坚实的道路上可以吊荷载行驶，是目前建筑安装工程中使用的主要起重机械，常用的有起重量 10t、15t、20t、25t、40t、50t 等规格。

轮胎式起重机是一种全回转、自行式、起重机构安装在以轮胎做行走轮的特种底盘上的起重机。它具有移动方便、安全可靠等特点。

汽车式起重机是一种把工作机构安装在通用或专用汽车底盘上的起重机械，工作机构所用动力，一般由汽车发动机供给。汽车式起重机具有行驶速度快、机动性能好、适用范围较广等优点。

塔式起重机也被应用于通用机械设备的安装作业。

3. 水平运输机械

水平运输机械主要有载重汽车、牵引车、挂职车等。我国目前生产的载重汽车，主要以往复式发动机为动力，以后轮或中后轮驱动，前轮转向。

第二节　机械设备安装工程识图

机械设备安装与电气、给水排水、采暖、通风空调安装工程不同，由于安装工程的性质、对象不同，其安装施工图没有全国统一通行的图例，也没有全国统一通行的系统工艺图。完成一项机械设备的安装，不仅需要有该设备的安装施工图（较其他专业要简单），还需要有基础图和机械设备本体的图纸（指总体装配图和主要部件图）及其说明。例如一台车床，必须有车床安装布置图（定位用）、设备基础图（底座、基础大样、垫铁布置、地脚螺栓布置）、车床总体装配图、主要部件图，电气图及图纸说明（清洗、组装、安装、调试、运行用）。举例如下。

一、机械设备安装施工图种类

1. 车间设备安装平面布置图

图 4-1 所示为某铸造车间设备平面图。

2. 安装基础图

图 4-2 所示为某型压铸机安装基础图。

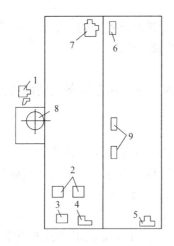

图 4-1　某铸造车间设备平面图

1-生铁断裂机　2-混砂机　3-震压式造型机　4-震实式造型机
5-卧式冷室压铸机　6-圆形清理滚筒　7-喷刃清理室　8-化 铁 炉
9-移动式筛砂机

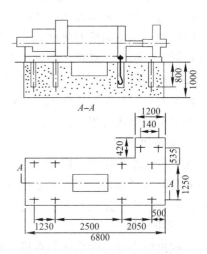

图 4-2　某型压铸机安装基础图

3. 基础垫铁示意图

三类垫铁布置图见图 4-3～图 4-5。

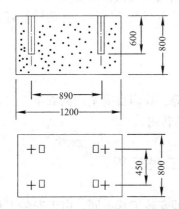

图 4-3　固定台压力机基础垫铁布置示意图

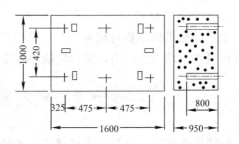

图 4-4　40t 双柱可倾压力机基础垫铁布置示意图

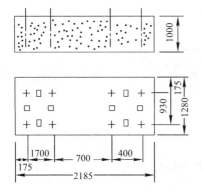

图 4-5　十辊型材校正机基础垫铁布置示意图

4. 工艺流程示意图

如图 4-6 所示。

注：为便于施工、配合工艺流程示意图，设计院还需要设计平面布置图，基础图，设计部件大样图等。

5. 安装节点示意图（以钢轨安装为例）安装节点示意见图 4-7、图 4-8。

6. 设备安装示意图

（1）风机安装见图 4-9。

（2）泵安装见图 4-10。

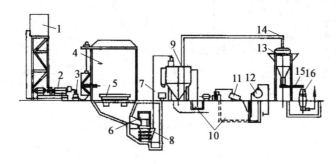

图 4-6　某铸造车间水力清砂设备工艺流程示意图

1-清水箱　2-高压泵　3-稳压器　4-清砂室　5-转台小车　6-振动筛　7-水力提升器　9-中间池　10-沉淀池
11-真空吸泥装置　12-多级泵　13-气压脱水装置　14-水力旋流器　15-电磁振动给料机　16-发送器

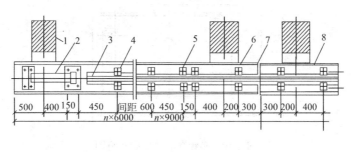

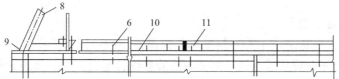

图 4-7　轨道安装节点示意图

1-柱子　2-车挡　3-钢轨　4-压板　5-接头钢垫　6-螺栓　7-厂房伸缩缝
8-吊车梁　9-车挡坐浆　10-混凝土垫层　11-斜接头夹板

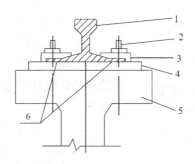

图 4-8 混凝土梁上安装轨道压板螺栓形式示意图

1·钢轨 2·螺栓（套） 3·压板 4·混凝土层 5·吊车 6·插片

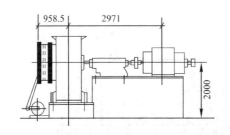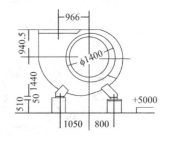

图 4-9 排风机安装示意图

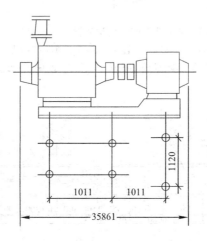

图 4-10 多级离心泵安装示意图

二、机械设备制造图

为配合设备安装施工，还需要制造单位提供设备制造图（设备本体总装配图、部件图）。例如，安装一台桥式起重机，需要制造方提供行车总装图、部位大样图、主要零部件图、电气设备安装图、设计说明书和设备材料表。

总的来说，安装机床、风机、泵一类单体运行的机械设备，其安装图相对来说是比较简单的。但是安装铸造清砂设备和煤气发生设备这一类复合运行的设备必须看懂工艺流程图，了解生产原理及各部位的关系，才能搞好安装工作。

第三节　机械设备安装工程施工图预算的编制

一、切削设备安装工程及预算工程量计算

1. 切削设备的分类、特性

切削设备（机床）是用刀具对金属工件进行切削加工，使获得预定形状、精度及表面粗糙度的工件。切削设备是按加工性质和所用刀具进行分类的，代号见表 4-1、表 4-2。

机床分类代号表　　　　　　　　　　　　表 4-1

类别	车床	钻床	镗床	磨床			铣床	齿轮加工机床	螺纹加工机床	刨（插）床	拉床	电加工机床	切断机床	其他机床
代号	C	Z	T	M、2M、3M			X	Y	S	B	L	D	G	Q

机床通用特性代号表　　　　　　　　　　表 4-2

通用特性	高精度	精度	自动	半自动	程控	轻型	万能	简式	仿形	自动换刀	高速
代号	G	M	Z	B	K	Q	W	J	F	H	S

（1）车床类。车床类机床主要用于各种较精密的车削加工，可以进行各种回转表面的加工，如内圆、外圆柱面，端面仿形车削，切槽，钻孔，扩孔及铰孔等工作，按其结构和用途划分可分为普通仪表车床、车床、立式车床、落地车床等。

（2）钻床类。钻床类机床用来钻孔、扩孔、铰孔、刮平面、攻螺纹和其他类似工作，主要分为深孔钻床、摇臂钻床、立式钻床、中心孔钻床、钢轨及梢轮钻床、卧式钻床等，单机重量 0.1～60t。

（3）镗床类。镗床类机床用于钻削深孔，主要有坐标镗床、深孔镗床、卧式镗床、金刚镗床等，单机重量 1～300t。

（4）磨床类。磨床类机床用于研磨和抛光，主要有仪表磨床、内圆磨床、外圆磨床、工具磨床、导轨磨床、研磨机、轧辊磨床等，单机重量 1～150t。

（5）铣床、齿轮及螺纹加工机床类。铣床是进行铣削的机床，主要类型有单臂及单柱铣床、龙门及双柱铣床、平面及单面铣床、仿形铣床、立式及卧式铣床、工具铣床等。用来加工齿轮表面的机床称为齿轮机床，一般可分为仪表齿轮加工机床、推齿轮加工机床、滚齿机、剃齿机、形齿机等。螺纹加工机床主要用于切削螺纹，还可用滚铣法加工花铣键轴、带轴齿轮和蜗轮以及纵铣长轴上的键槽等，机床单重 1～500t。

（6）刨、插、拉床类。刨床的用途是刨削各种平面和端槽，一般可分为牛头刨、龙门、单臂刨等。插床通常只用于单件、小批生产中插削槽、平面及成形表面。拉床是用拉刀进行加工的机床，主要用于加工通孔、平面及一些典型的成形表面。

（7）超声波及电加工机床类。利用电化学作用，使金属在电解液中发生阳极溶解从而对零件进行电解加工，主要有电解穿孔机床、电火花内圆磨床、电解加工磨床等。这些设备本体较轻，单机重量一般 0.5～8t。

（8）木工机械类。木工机械广泛用于加工木工制品的机械化车间、建筑施工现场的木作工程、木构件预制工程及工厂铸造车间木模制作工程等。木工机械按机械的加工性质和使用的刀具种类，大致可分为制材机械、细木工机械和附属机具三类。

制材机械包括带锯机、圆锯机、框锯机等。

细木工机械包括刨床、铣床、开样机、钻孔机、样槽机、车床、磨光机等。

附属机具包括锯条开齿机、锯条焊接机、锯条辊压机、压料机、挫锯机、刀磨机等。

木工机械代号见表4-3。

木工机械代号表　　　　　　　　　　　　　　　　表4-3

类别	锯机	刨床	车床	铣床及开样机	钻孔机、样槽机	磨光机	木工刀具修磨设备
代号	MJ	MB	MC	MX	MK	MM	MR

2. 切削设备安装工程量计算

（1）金属切削设备安装按照设备种类、型号、规格以"台"为单位计量，以设备重量"t"分列定额项目。

（2）气动增木器以"台"为单位计量，按单面卸木和双面卸木分列定额项目。

（3）带锯机保护罩制作与安装按规格以"个"为单位计量。

3. 切削设备安装定额包括的内容

（1）设备机体安装，包括底座、立柱、横梁等全套设备部件安装以及润滑管道安装。

（2）清洗组装并结合精度检查。

（3）跑车木工带锯机的跑车轨道安装。

4. 切削设备安装定额不包括的内容，需另外计算

（1）设备的润滑系统、液压系统的管道附件加工、煨弯和阀门研磨。

（2）润滑、液压管道的法兰及阀门连接所用的垫圈（包括紫铜垫）加工。

（3）跑车木结构、轨道枕木、木保护罩的加工制作。

二、锻压设备安装工程及预算工程量计算

1. 锻压设备的分类、特性和代号

锻压设备主要用于冲压、冲孔、剪切、弯曲和校正，可分为机械压力机、液压机、自动锻压机、锤类、剪切机和弯曲校正机、水压机等。锻压机代号见表4-4。

锻压机代号　　　　　　　　　　　　　　　　　　表4-4

名称	机械压力机	液压机	自动锻压机	锤类	剪切机	锻机	弯曲校正机	其他
代号	J	Y	Z	C	Q	D	W	T

（1）机械压力

这类压力机主要用于板料冲压、冲孔、剪切、弯曲、校正及浅拉伸，有的则用来使工件变形，包括单柱固定台式压力机和双柱固定台式压力机、闭式单点压力机及闭式双点压力机、双柱可倾式压力机、摩擦压力机等。

（2）液压机类

液压机有适用于可塑性材料制品的压制、冲孔、弯曲、校正及冲压成型，如四柱式万能液压机、塑料制品液压机和粉末制品液压机，还有适用于金属板料的冷、热成型的油压机，适用于铁道车辆及大型机电制造业压装及拆卸各类大型轮轴过盈配合的轮轴压装机，此外还有金属打包液压机和其他用途的液压机。

（3）自动锻压机类

自动冷激机可制造各种不同形状的电器触头及各种形状的铆钉、螺钉、螺栓等。锯

锻机适用于锟锻各种杆型锻件预成型和热模锻压力机或与模锻锤配合使用，也能作终锻成型和其他类型锻件，有悬臂式和复合式两种。锻管机适用于各种圆轴、台阶轴、复杂台阶轴、锥度轴以及圆管类缩短、枪管来复线、圆螺母等零件锻造。自动锻压机类还有多工位自动压力机、气动薄板落锤、平锻机等。

（4）锤类

有适用于各种自由锻造，如延伸、锻粗、冲孔、剪切、锻焊、扭转和弯曲等的空气锤类模锻锤类和自由锻锤类。常用的模锻锤有无砧座模锻锤，蒸汽、空气两用模锻锤。自由锻锤在冶金企业中可将特殊钢锭热锻成材，在机械、造船、农机等企业用来锻制各种自由锻件或胎模锻件，也可以在机修厂锻打零星配件，还可以与对台锤组成模锻机组，是一种通用的热锻设备。自由锻锤有三种结构形式，即单臂自由锻锤、拱式自由锻锤、桥式自由锻锤等。

（5）剪切机和弯曲校正机

有用于切割金属板料、冲孔和剪切型材的剪切机、联合冲剪机和热锯机，还有弯曲与校直用的弯管机、校直机、滚板机、液压钢轨校正机、校平机等。

（6）锻造水压机类

它们主要用于锻造钢锭、锹粗一定重量的钢锭的重型设备。

（7）其他机械

如折边机适用于各种金属板的冷弯作业，可弯折槽形、方形、弧形、圆筒形、圆锥筒形等。滚波纹机用于一定厚度的板材上滚制波纹加强筋。折弯压力机用来完成板料弯曲设备。卷圆机用于做各种型材（角钢、槽钢、扁钢）的卷圆工作。整形机用于轮圈整内径。扭拧机用于校正在拉伸校正机上不能克服的型材局部扭曲。

2. 锻压设备安装工程量计算

（1）机械压力机、液压机、自动锻压机、剪切机和弯曲校正机按"台"计量，以单机重量分列定额项目。

（2）锤类按"台"计量，以落锤重量（t）分列定额项目。

（3）锻造水压机以"台"计量，按水压机公称压力"t"分列定额项目。

3. 锻压设备安装定额包括的内容

（1）机械压力机、液压机、水压机的拉紧螺栓及立柱热装。

（2）液压机及水压机液压系统钢管的酸洗。

（3）水压机本体安装，包括底座、立柱、横梁等全部设备部件安装，润滑装置和管道安装，缓冲器、充液罐等附属设备安装，分配阀、充液阀、接力电机操纵台装置安装，梯子、栏杆、基础盖板安装，机体补漆，操纵台、梯子、栏杆、盖板、支撑梁、立式液罐和低压缓冲器表面刷漆。

（4）水压机本体管道安装，包括设备本体至第一个法兰以内的高低压水管、压缩空气管本体管道安装、试压、刷漆，$DN \leqslant 70mm$ 管道的煨弯。

（5）锻锤砧座周围敷设油毡、沥青、沙子等防腐层以及垫木排找正时表面精修。

4. 锻压设备安装定额不包括的内容，需另外计算

（1）机械压力机、液压机、水压机拉紧大螺栓及立柱如需热装时所需的加热材料，如硅碳棒、电阻丝、石棉布、石棉绳等。

（2）除水压机、液压机外的其他设备管道酸洗。

（3）锻锤试运转中，锤头和锤杆的加热以及试冲击所需的枕木。

（4）水压机工作缸、高压阀等的垫料、填料。

（5）设备所需灌注的冷却液、液压油、乳化液等。

三、铸造设备安装工程及预算工程量计算

1. 铸造设备的分类、特性、代号

铸造设备分为六种：砂处理设备、造型及造芯设备、落砂及清理设备、抛丸清理室、金属型铸造设备、材料准备设备等。铸造设备代号如表4-5所示。

铸造设备代号表

表4-5

名称	砂处理设备	造型及造芯设备	落砂设备	抛丸清理室	金属型铸造设备	材料准备设备
代号	S	Z	L	Q	J	C

（1）砂处理设备

砂处理设备主要用于配制型砂和芯砂以供造型和制芯的需要，包括混砂机、烘砂机、松砂破碎机、筛砂机等。

混砂机是铸造工作中制备型砂和芯砂的主要设备。它是通过搅拌、辗压和搓研的机构来制棍型砂的。目前使用的混砂机大致可分两类：一类是纯搅拌作用的混砂机，如叶片式混砂机；另一类是兼有搅拌和辗压搓研作用的混砂机，如辗轮式、摆轮式、滚筒式混砂机等。

经过混砂机制出的型砂，还有不少压实的砂团，必须经松砂机进行松散后才能使用。松砂机目前有两种型式，即双轮式松砂机、梳式松砂机。

筛砂机是为了分离混入新砂中的小石块、木片杂物等，所以新砂和旧砂均要过筛。这类设备有双轴惯性振动筛、滚筒破碎筛、滚筒筛、摆动筛等。

（2）造型及造芯设备

造型过程包括填砂、紧实、起模、下芯、合箱及运输。造型及造芯设备有震压式造型机、震实式造型机、震实式制芯机、射芯机等。

（3）落砂及清理设备

落砂包括砂箱落砂和铸件落砂、设备主要有偏心振动落砂机、单轴惯性振动落砂机、双轴惯性振动落砂机、电磁振动落砂机等。清理设备有抛丸机、抛丸清理滚筒、喷丸器等。

（4）抛丸清理室

抛丸清理室适用于大型铸件的清理，有台车式抛丸清理室和悬链式抛丸清理室。

2. 铸造设备安装工程量计算

（1）铸造设备按设备种类、型号、规格及单机重量区分，以"台"为单位计量。

（2）铸造设备中抛丸清理室的安装，以"室"为单位计量，按室所含设备重量"t"分列定额项目，设备重量包括抛丸机、回转台、斗式提升机、螺旋输送机、电动小车及平台、梯子、栏杆、框架、漏斗、漏管等金属结构件的总重量。

（3）铸铁平台安装以"t"为单位计量，按平台的安装方式（安装在基础上或支架上）及安装时灌浆与不灌浆分列定额项目。

（4）铸造车间的设备安装工程中，除铸造机械外，还有其他的专业机械乃金属结构的制作及安装，在计算工程量时，应将这些项目统计清楚，再套取有关定额。

3. 铸造设备安装定额不包括的内容，需另外计算

（1）地轨安装。

（2）抛丸清理室的除尘机及除尘器与风机间的风管安装。

（3）垫木排仅包括安装，不包括制作、防腐等工作。

四、起重设备安装工程及预算工程量计算

1. 起重设备的分类、特性

起重设备广泛用于工厂、露天仓库及其他场所的运输作业。其类型主要有电动双梁桥式起重机、抓斗及电磁三用桥式起重机、桥式锻造起重机、装料及双钩梁桥式起重机、双小车吊钩桥式起重机、门式起重机等。

2. 起重设备安装工程量计算

起重机安装按设备的结构、用途、起重量"t"和跨距"m"区分，以"台"为单位计量。

3. 起重设备安装定额包括的内容

（1）起重机静负荷、动负荷及超负荷试运转。

（2）解体供货的起重机现场组装。

（3）必要的端梁铆接及脚手架搭拆。

4. 起重设备安装定额不包括的内容，需另外计算

（1）试运转时需要的重物供应以及重物搬运。

（2）设备的电气部分安装，按照第二册《电气设备安装工程》定额有关章节计算。

五、输送设备安装工程及工程量计算

1. 输送设备的分类、特性

输送设备主要用于物料的水平运输、上下运输，包括固定式胶带输送机、斗式提升机、螺旋输送机、刮板输送机、板式输送机、悬挂式输送机等。

（1）固定式胶带输送机

胶带运输机是由一封闭的环形挠性件（胶带）绕过驱动和改向装置的运动来运移物品的，可以作水平方向的运输，也可以按一定倾斜角度向上或向下运输，分为移动式和固定式两种。带式运输机结构简单，运行、安装、维修方便，同时经济性好。

（2）斗式提升机

斗式提升机用在垂直方向或接近于垂直方向运送均匀、干燥、粒状或成型物品，常用于厂房底楼垂直运至高层楼房，分为链条斗式提升机或胶带斗式提升机两种。斗式提升机提升物料高度最高可达 30~60m，一般为 4~30m。

（3）螺旋输送机

螺旋输送机是利用安设在封闭槽内螺旋杆的转动，将物料推动向前输送的。螺旋输送机的直径为 300~600mm，长度为 6~26m。

（4）刮板输送机

刮板输送机是利用装在链条上或绳索上的刮板沿固定导槽移动而将物料运输的，有箱形刮板运输机和沉埋刮板运输机等。

（5）悬挂输送机

悬挂输送机是一种架空运输设备，可以根据需要布置，占地面积小，甚至可不占用有效的生产面积，在一般生产车间作为机械化架空运输系统。运输物料时，大件可以单个悬挂，小件可盛装筐内悬挂。悬挂输送机也可以进行车间之间的运输，但需要增设空中走廊或地面通道。

2. 输送设备安装工程量计算

（1）斗式提升机以"台"计量，按提升机型号及提升高度分列定额项目。

（2）刮板输送机以"组"计量，按输送长度除以双驱动装置组数及槽宽分列定额项目。

（3）板式（裙式）输送机以"台"计量，按链轮中心距和链板宽度分列定额项目。

（4）螺旋输送机以"台"计量，按公称直径和机身长度分列定额项目。

（5）悬挂式输送机以"台"计量，按驱动装置、转向装置、接紧装置和重量分列定额项目。

（6）链条安装以"m"计量，按链片式、链板式、链环式、试运转、抓取器分列定额项目。

（7）固定式胶带输送机以"台"计量，按胶带宽和输送长度分列定额项目。

（8）卸矿车及皮带秤以"台"计量，按带宽分列定额项目。

3. 输送设备安装定额包括的内容

机头、机尾、机架托辊、拉紧装置、传动装置等的安装、敷设及接头。

4. 输送设备安装定额不包括的内容，需另外计算

（1）输送机的钢制外壳、刮板、漏斗的制作安装。

（2）特殊试验。

六、电梯安装工程及预算工程量计算

1. 电梯的分类、型号

电梯是多层建筑中的一种垂直运输设备，广泛用于住宅、公共建筑、工厂、仓库、铁路车站、矿山及其他场所。

电梯按用途可以分为室内、矿井、船用、建筑施工用电梯。室内电梯又可分为乘客电梯、病床电梯、载货电梯、杂物电梯、专用电梯等。

电梯型号的含义包括用途、额定载重、额定速度、拖动方式、控制方式、轿厢尺寸和门的形式等。

2. 电梯安装工程量计算

（1）电梯安装均以"部"为单位计量，按层数、站数分列定额项目。

（2）电梯增减厅门、轿厢门以"个"为单位计量，按手动、电动和小型杂物电梯分列定额项目，增减提升高度以"m"为计量单位，按每提升1m计算。

（3）辅助项目的金属门套安装以"套"为单位计量，直流电梯发电机组安装以"组"为单位计量，角钢牛腿制作安装以"个"为单位计量，电梯机器钢板底座制作以"座"为单位计量，按交流电梯和直流电梯分列定额项目。

3. 电梯安装定额包括的内容

（1）准备工作、搬运、放样板、放线、清理预埋件。

（2）道架、道轨、缓冲器等安装。

（3）组装轿厢、对重及门厅安装。

（4）稳工字钢、曳引机、抗绳轮、复绕绳轮、平衡绳轮。

（5）挂钢丝绳、钢带、平衡绳。

（6）清洗设备、加油、调整及试运行。

4. 电梯安装定额不包括的内容，需另外计算

（1）各种支架的制作。

（2）电气工程部分。

（3）脚手架的搭拆。

（4）电梯喷漆。

5. 计算时需要注意的问题

（1）厅门按每层一门、轿厢门按每部一门为准，如需增减时，按增减厅门、轿厢门的相应定额项目计算。

（2）电梯提升高度，以每层 4m 以内为准，超过 4m 时，按增减提升高度相应定额计算。

（3）2 部及 2 部以上并列运行及群控电梯，每部应按有关规定增加工日。

（4）小型杂物电梯按载重量 0.2t 以内、无司机操作考虑，如其底盘面积超过 $1m^2$ 时，人工乘以系数 1.20；载重量大于 0.2t 的杂物电梯，则执行按客、货梯相应的电梯定额。

（5）定额已考虑了高层作业因素，不再计算超高增加费。

七、风机、泵安装工程及工程量计算

1. 通风机、泵的分类、代号及性能

（1）通风机

通风机是用来输送气体的设备，种类很多，有离心式通（引）风机、轴流通风机、回转式鼓风机、离心式鼓风机，被广泛地用于建筑物的通风换气、空气输送、排尘、排烟等。

离心式通风机是利用离心力来工作的，一般是单级的，常用于小流量、高压力的场合，如排尘、高温、防爆等。

轴流通风机与离心式通风机的主要区别是其气体的进出方向都是轴向的，它的特点是流量大、风压低、体积小，在大型电站、隧道、矿井等通风工程中广泛使用。

回转式鼓风机包括罗茨鼓风机和叶氏鼓风机两种类型。它的特点是排气量不随阻力大小而改变，特别适用于要求稳定流量的工艺流程，一般使用在要求输气量不大，压力在 0.01～0.2MPa 的范围。

风机运转过程中为了减低噪声，可安装消声器。

（2）泵

泵是一种输送液体的流体设备，在通用设备中系列和型号最多，应用最广。泵的种类很多，按其性能、结构分为三大类：①叶片式泵，包括各式离心泵、轴流泵、混流泵和旋涡泵；②容积式泵，包括往复式泵和转子泵；③真空泵，包括水环式真空泵和往复式真空泵。

1) 叶片式泵：离心泵可分离心水泵、双级和多级离心水泵、离心式耐腐蚀泵、离心式杂质泵、离心式油泵、DB 高硅铁离心泵等，适于工矿企业，城市给水排水，农田灌溉之用，可供输送清水及物理、化学性质类似于水的液体，酸、碱、盐类溶液，80℃以下的带有纤维或其他悬浮物的液体，矿砂、泥浆，输送含有砂砾矿渣等混合液体。

水泵的性能主要用流量、扬程表示。流量是指单位时间内所排出液体的数量，单位用 L/h 或 m³/h 表示。扬程是指水泵能够扬水的高度。

旋涡泵的叶轮是圆盘状，在两个侧面的外圆上铣出许多径向叶片。它的特点是高扬程，与同样尺寸的离心泵相比，扬程可高 2~4 倍，还具有一定自吸能力、有些旋涡泵可以输送气液混合物。

2) 容积式泵：电动往复泵主要用于常温下输送无腐蚀性的乳化液、液压油，输送各种腐蚀性液体或高温高黏度带颗粒液体以及其他特殊液体，也可以作为水压机、液压机的动力源。

计量泵分微、小、中、大、特大五种机型；液缸结构分柱塞、隔膜两种型式。它用于输送不含固体颗粒的腐蚀性或非腐蚀性液体。隔膜泵适用于输送易燃、易爆、剧毒及放射性的液体。

螺杆泵依靠螺杆运动输送液体，机体内的主动螺杆为凸齿的右螺纹、从动螺杆为凹齿的左螺纹，液体从左端吸入后，槽内就充满了液体，然后随着螺杆旋转，作轴向前进运动，到右端排出，螺杆不断旋转，螺纹作螺旋线运动，连续地将液体从螺杆槽排出。螺杆泵的优点是排出液体比齿轮泵均匀，压力可达 30MPa；由于其螺杆凹槽较大，少量杂质颗粒也可以不妨碍运转。

齿轮油泵有内啮合、外啮合、直齿、斜齿等型式，用来输送腐蚀性、无固体颗粒的各种油类及有润滑性的液体，温度一般不超过 70℃；对有特殊要求的输送，温度可达到 300℃左右。

3) 真空泵：水环式真空泵的特点是泵壳中的叶轮安装在偏心位置，利用叶轮旋转产生的离心力，连续不断地抽吸气体或液体进行工作。真空泵结构简单、紧凑，内部无需润滑，可使气体免受油污，可用作大型水泵的真空引水，也可和其他泵串联作为前置泵，气体温度在 20~40℃为宜。

屏蔽泵由屏蔽电机与泵连成一体，无轴封，密封性能好。电机的转子、定子用薄壁圆筒与输送介质隔绝。由于无轴封，它有利于输送剧毒、易爆、易燃以及不允许混入空气、水和润滑油等的纯净液体。

2. 风机、泵安装工程量计算

(1) 风机、泵安装按设备种类以"台"为单位计量，按设备重量"t"分列定额项目。

计算设备重量时，直联式风机、泵，以本体及电机、底座的总重量计算；非直联式的风机和泵，以本体和底座的总重量计算，不包括电动机重量；深井泵的设备重量以本体、电动机、底座及设备水管的总重量计算。

(2) 风机、泵拆装检查以"台"为单位计量，按设备重量"t"分列定额项目。

3. 风机、泵安装定额包括内容

(1) 设备本体及与本体连体的附件、管道、润滑、冷却装置等的清洗、刮研、组装、调试。

（2）离心式鼓风机（带增速机）的垫铁研磨。

（3）联轴器或皮带以及安全防护罩安装。

（4）设备带有的电动机及减震器安装。

4. 风机、泵安装定额不包括的内容，需另外计算

（1）支架、底座及防护罩心减震器的制作、修改。

（2）联轴器及键和键槽的加工、制作。

（3）电动机的检查、干燥、配线、调试等。

八、压缩机安装工程及预算工程量计算

1. 压缩机分类及性能

压缩机分容积型压缩机及速度型压缩机两大类。

（1）容积型压缩机

容积型压缩机的工作原理是：气体压力的提高是靠活塞在气缸内的往复运动，使容积缩小，从而使单位体积内气体分子的密度增加而形成。

活塞式空气压缩机是利用活塞在气缸内的往复运动完成压缩空气任务。设备构造包括机身、中体、曲轴、连杆、十字头等部件，气缸部分包括气缸、气阀、活塞；填料以及安置在气缸上的排气量调节装置等部件，辅助部分包括冷却器、缓冲器、液气分离器、过滤器、安全阀、油泵、注油器、贮气罐以及各种管路系统等。

螺杆式空气压缩机是容积型回转式空气压缩机的一种，在"8"字形气缸内，相互平行啮合的阴、阳转子（即螺杆）旋转，使依附于转子齿槽之间的空气不断产生周期性的容积变化，而沿着转子轴线由吸入侧输送至压出侧，实现其吸气、压缩和排出的全部过程。滑片式空气压缩机由一、二级气缸，一、二级转子，滑片，齿轮联轴器及主油泵、副油泵等组成。

（2）速度型压缩机

速度型压缩机的工作原理是：气体的压力是由气体分子的速度转化而来，即先使气体分子得到一个很高的速度，然后又让它停滞下来，使动能转化为位能，即速度转化为压力。离心式压缩机是高速高压的机械，通常用汽轮机或电动机驱动。离心式压缩机主机主要由定子和转子组成，还有附属设备及其他保护装置。

2. 压缩机安装工程量计算

（1）压缩机安装按不同型号以"台"为单位计量，按设备重量"t"分列定额项目。

（2）活塞式 V、W、S 型压缩机及压缩机组的设备重量，按同一底座上的主机、电动机、仪表盘及附件、底座等的总重量计算。

（3）活塞式 L 型及 Z 型压缩机、螺杆式压缩机、离心式压缩机的设备重量，不包括电动机等动力机械的重量，电动机应另执行电动机安装定额项目。

（4）活塞式 D、M、H 型对称平衡压缩机的设备重量，按主机、电动机及随主机到货的附属设备的总重量计算，不包括附属设备的安装。附属设备的安装应按相应定额另行计算。

3. 压缩机安装定额包括内容

（1）与主机本体联体的冷却系统、润滑系统的安装。

（2）支架、防护罩等零件、附件的整体安装。

（3）与主机在同一底座上的电动机整体安装。

（4）解体安装的压缩机在无负荷试运转后的检查、组装及调整。

4. 压缩机安装定额不包括的内容，需另外计算

（1）与压缩机本体连体的各级出人口第一个阀门外的各种管道、空气干燥设备及净化设备、油水分离设备、废油回收设备、自控系统及仪表系统安装以及支架沟槽、防护罩等制作、加工。

（2）介质的充罐工作。

（3）电动机拆装检查及配线、接线等电气工程。

5. 计算中应注意的问题

（1）活塞式 V、W 型压缩机及扇形压缩机定额是按单级压缩机考虑的。如果安装同类型双级压缩机时，则相应定额的人工乘以系数 1.40。

（2）活塞式 M、W 型压缩机及扇形压缩机及机组的设备质（重）量，按同一底座上的主机、电动机、仪表盘及附件底座等的总重量计算。离心式压缩机则不包括电动机等动力机械的重量。

九、工业炉设备安装工程及工程量计算

1. 工业炉设备的种类

工业炉是一种供生产使用的热能设备，可以分为电弧炼钢炉、无芯工频感应电炉、电阻炉、真空炉、高频及中频感应炉、加热炉及热处理炉和冲天炉七种。

电弧炼钢炉是利用电弧产生的热能以熔炼金属的一种电炉，主要用来熔炼合金钢及优质钢，也可用来熔炼生铁。

无芯工频感应电炉用于熔化铸铁。

电阻炉、真空炉、高频及中频感应炉、加热炉及热处理炉和冲天炉都用于金属零件在氧化性气氛下进行正火、退火、淬火及其他加热用途。

2. 工业炉设备安装工程量计算

（1）电弧炼钢炉、无芯工频感应电炉安装，以"台"为单位计量，按设备重量"t"分列定额项目。

（2）冲天炉安装以"台"为单位计量，按设备熔化率（t/h）分列定额项目。

3. 工业炉设备安装定额包括的内容

（1）无芯工频感应电炉的水冷管道、油压系统、油箱、油压操纵台等安装以及油压系统的配管、刷漆、内衬砌筑。

（2）电阻炉、真空炉以及高频及中频感应炉的水冷系统、润滑系统、传动装置、真空机组、安全防护装置等安装。

（3）冲天炉本体和前炉安装。

（4）冲天炉加料机构的轨道、加料车、卷扬装置等安装。

（5）加热炉及热处理炉的炉门升降机构、轨道、炉箅、喷嘴、台车、液压装置、拉杆或推杆装置、传动装置、装料、卸料装置等。

（6）炉体管道的试压、试漏。

4. 工业炉设备安装定额不包括的内容，需另外计算

（1）除无芯工频感应电炉包括内衬砌筑外，均不包括炉体内衬砌筑。

（2）电阻炉电阻丝、冲天炉出渣轨道、液压泵房站、解体结构井式热处理炉的平台安装。

（3）热工仪表系统安装、调试。

（4）风机系统的安装、试运转。

（5）阀门的研磨、试压。

（6）台车的组立、装配。

（7）烘炉。

5. 计算中应注意的问题

（1）无芯工频感应电炉安装是按每一炉组为 2 台炉子考虑，如每一炉组为一台炉子时，则相应定额乘以系数 0.6。

（2）冲天炉的加料机构按种类型式综合考虑，已包括在冲天炉安装内；冲天炉出渣轨道安装，套用本册定额第五章内"地平面上安装轨道"的相应定额。

（3）加热炉及热处理在计算设备重量时，如为整体结构（炉体已组装并有内衬砌体），应包括内衬砌体的重量，如为解体结构（炉体为金属结构构件需要现场组合安装，无内衬砌体）时，则不包括内衬砌体的重量。对内衬砌体部分，执行第四册《炉窑砌筑工程》定额项目。

第四节　机械设备安装工程量清单编制

一、工程量清单项目设置

《计价规范》附录 C.1 适用于工业与民用建筑的新建、扩建项目中的机械设备安装工程。机械设备安装工程的工程量清单分为 13 节 99 个清单项目，适用于切削设备、锻压设备、铸造设备、起重设备、起重机轨道、输送设备、电机梯、风机、泵、压缩机、工业炉设备、煤气发生设备、其他机械等的设备安装工程。

1. 风机安装工程量清单项目设置见表 4-6

风机（编码：030108） 表 4-6

项目编码	项目名称	项目特征	计量单位	工程量计算规则	工程内容
030108001	离心式通风机				
030108002	离心式引风机	1. 名称		1. 按设计图示数量计算	1. 本体安装
030108003	轴流通风机	2. 型号	台	2. 直联式风机的质量包括本体及电机、底座的总质量	2. 拆装检查
030108004	回转式鼓风机	3. 质量			3. 二次灌浆
030108005	离心式鼓风机				

2. 泵类安装工程量清单项目设置

泵类安装清单项目设置见表 4-7。泵类清单项目未包括下列内容：负荷试运转、无负荷试运转所用的动力。如果这些内容或者还有其他内容发生时，应增加工程内容列项，组成完整的工程实体项目，清单项目设置时，必须按照设计图纸、设备说明书等有关技术资料，明确描述设备名称、种类、型号、质量。

泵（编码：030109）　　　　　　　　　　　表 4-7

项目编码	项目名称	项目特征	计量单位	工程量计算规则	工程内容
03010901	离心式泵	1. 名称 2. 型号 3. 质量 4. 输送介质 5. 压力 6. 材质	台	按设计图示数量计算 　直联式泵的质量包括本体、电机及底座的总质量；非直联式的不包括电动机质量；深井泵的质量包括本体、电动机、底座及设备扬水管的总质量	1. 本体安装 2. 拆装检查 3. 电动机安装 4. 二次灌浆
03010902	旋涡泵				
03010903	电动往复泵				
03010904	柱塞泵				
03010905	蒸汽往复泵				
03010906	计量泵			按设计图示数量计算	
03010907	螺杆泵				
03010908	齿轮油泵				
03010909	真空泵				
03010910	屏蔽泵				
03010911	简易移动潜水泵				

3. 压缩机安装工程量清单项目设置

压缩机安装清单项目设置见表 4-8。清单项目设置时，必须按照设计图纸、设备说明书等有关技术资料，明确描述设备的名称、型号、质量和结构形式。

清单未包括下列项目：负荷试运转、无负荷试运转所用的水电、汽油、燃料等。如果这些内容或者还有其他内容发生时，应增加工程内容列项，组成完整的工程实体项目。

压缩机（编码：030110）　　　　　　　　　　表 4-8

项目编码	项目名称	项目特征	计量单位	工程量计算规则	工程内容
030110001	活塞式压缩机	1. 名称 2. 型号 3. 质量 4. 结构形式	台	按设计图示数量计算 设备质量包括同一底座上主机、电动机、仪表盘及附件、底座等总质量，但立式及 L 型压缩机、螺杆式压缩机、离心式压缩机不包括电动机等动力机械的质量	1. 本体安装 2. 拆装检查 3. 二次灌浆
030110002	回转式螺杆压缩机				
030110003	离心式压缩机（电动机驱动）			活塞式 D、M、H 型对称平衡压缩机的质量包括主机、电动机及随主机到货的附属设备的质量，但不包括附属设备安装	

二、工程量清单的编制

1. 清单工程量的计算

（1）风机清单项目工程量计算

风机的清单工程量，按不同型号和质量分别依据设计图示数量，以"台"为单位计算。在计算设备质量时，直联式风机以本体及电机、底座的总质量计算，非直联式机以本体和底座的总质量计算，不包括电机质量。

【例 4-1】　某车间通风工程共安装柜式离心风机共 4 台，$Q=19600\text{m}^3/\text{H}$，功率 7.5kW；低噪声混流机 6 台，$Q=5200\text{m}^3/\text{H}$，功率 1.1kW，PA 轴流式排烟风机 400-CMH 两台，功率 1.1kW。试编制分部分项工程清单。

【解】　分部分项工程量清单见表 4-9

分部分项工程量清单　　　　　　　　　　　　　表 4-9

序号	项目编码	项目名称	计量单位	工程数量
1	030109002001	柜式离心机 $Q=19600\ \text{m}^3/\text{H}$ 7.5kW	台	4
2	030109002002	低噪声混流机 $Q=5200\ \text{m}^3/\text{H}$ 1.1kW	台	6
3	030109002003	PA 轴流式排烟风机 400 - CMH 1.1kW	台	2

（2）泵类清单项目工程量计算。

1）各种泵应根据不同型号、质量、输送介质、压力和材质等特征分别依据设计图示数量，以"台"为单位计算。

2）直联式泵的质量包括本体、电机及底座的总质量；非直联式的不包括电动机质量。

3）深井泵的质量包括本体、电动机、底座及设备扬水管的总质量。

【例 4-2】　某水泵房水泵安装共 4 台，IS80-50-200 两台，转速 $n=2900\text{r/min}$，水泵质量 51kg，电机功率 $N=15\text{kW}$；IS65-40-200 两台，转速 $n=2900\text{r/min}$，水泵质量 48kg，电机功率 $N=7.5\text{kW}$。一类地区，试编制分部分项工程量清单。

【解】　水泵安装应另列电动机接线检查与高度清单项目，分部分项工程量清单见表 4-10

分部分项工程量清单　　　　　　　　　　　　　表 4-10

序号	项目编码	项目名称	计量单位	工程数量
1	030109001001	单级离心泵安装 IS80-50-200 单重 51kg 电机安装	台	2
2	030109001002	单级离心泵安装 IS65-40-200 单重 48kg 电机安装	台	2
3	030109001003	低压交流异步电机检查接线与调试 功率 7.5kW	台	2
4	030109001004	低压交流异步电机检查接线与调试 功率 15kW	台	2

（3）压缩机清单项目工程量计算。

1）压缩机工程量清单计算应根据不同型号、质量、结构形式等特征分别依据设计图示数量，以"台"为单位。

2）设备质量包括同一底座上主机、电动机、仪表盘及附件等的总质量，但立式及 L 型压缩机、螺杆式压缩机、离心式压缩机不包括电机等动力机械的质量。

3）活塞式 D、M、H 型对称平衡压缩机的质量包括主机、电动机及随主机到货的附属设备的质量，但不包括附属设备的安装。

2. 清单项目编制应注意的问题

（1）设备安装除各专业设备另有说明外，均不包括下列内容：电气系统、仪表系统、通风系统、设备本体法兰以外的管道系统等的安装、调试，应根据具体内容另列清单项目。

(2) 设备的质量均以设备的铭牌标注质量为准。如铭牌没标注质量，则以产品目录、样本、说明书所说的设备净重为准。计算设备质量时，按各章节规定或说明计算；如各章节无规定或说明，应按设备本体及本体联体的平台、梯子、栏杆、支架、屏盘、电机、安全罩和设备本体第一个法兰以内的管道等全部重量计算。

(3) 设备安装工作均已考虑了设备自现场指定堆放地点或施工单位现场仓库运至设备安装地点的水平和垂直运输。

(4) 机械设备安装工程的特征是划分清单项目的基础条件，是清单项目计价的依据，应注意以下方面的主要特征描述：

1) 设备的不同类型、型号、重量、压力、材质、直径、容量、蒸发量、驱动方式等。

2) 设备安装工艺方面的特征：如跨距、固定形式、安装高度等。

第五节 机械设备安装工程量清单计价

机械设备安装工程的清单计价除对清单项目工程内容进行计价外，还需依据招标文件或合同，对以下招标文件或合同中另行约定的工作内容进行计价。

1. 设备的基础及螺栓孔的标高尺寸不符合安装要求，需对此进行铲磨、修整、预压以及在木砖地层上安装设备所需增加的费用。

2. 特殊垫铁（如球型垫铁）及自制垫铁的费用。

3. 非设备带有的地脚螺栓费用。

4. 设备构件、机件、零件、附件需在施工现场进行修理、加工制作的费用。

5. 单机试运转所需的水、电、油、燃料等，以及负荷试运转（起重设备除外）。

6. 起重设备负荷试运转时，所需配重的供应和搬运费。

7. 因场地狭小，有障碍物（沟、坑）等所引起的设备、材料、机具等增加的二次搬运、装拆工作所增加的费用。

8. 特殊技术措施及大型临时设施以及大型设备安装所需的专用机具等费用。

【例 4-3】 试按清单计价方法计算例 4-2 中的清单项目综合单价及分部分项工程费。

【解】 本例参考《湖北省安装工程消耗量定额及单位估价表》（2008 年）第一册进行综合单价分析。定额水泵安装子目包括了电机安装，故不再另列项目计算。设备费在设备购置费列项，不属建安工程费范围，因此，清单报价不考虑此项费用，设备费不进入综合单价。人工综合工日的单价采用安装工程《单价估价表》（2008 年）人工费单价，普工每工日 42.00 元，技工每工日 48.00 元；辅材及机械台班单价均依据《单位估价表》（2008 年）第一册附录三计价材料表及附录四机械台班价格表中的价格计取。本例安装工程类别按一类安装工程，参照《湖北省建筑安装工程费用定额》（2008 年），企业管理费按人工费与机械费之和的 20% 计取，利润按人工费与机械费之和的 18% 计取。

IS65-40-200 水泵安装、电机检查接线项目综合单价分析见表 4-11 和表 4-12。IS80-50-200 水泵安装和电机检查接线和调试项目综合单价表相似，本例从略。分部分项工程量清单计价见表 4-13。

分部分项工程量清单综合单价计算表　　　　表 4-11

工程名称：某泵房水泵安装工程　　　　　　　　　　　　　　计量单位：台

项目编码：030109001001　　　　　　　　　　　　　　　　工程数量：2

项目名称：单级离心泵安装 IS65-40-200　　　　　　　　　综合单价：829.29 元

序号	定额编号	工程内容	单位	数量	综合单价（元）					小计
					人工费	材料费	机械费	管理费	利润	
1	C1-799	单级离心泵安装 IS65-40-200	台	2	482.04	192.06	118.22	120.05	108.05	1020.42
2	C1-921	泵拆装检查	台	2	423.44	53.82		84.69	76.22	638.17
					905.48	245.88	118.22	204.74	184.27	1658.59

分部分项工程量清单综合单价计算表　　　　表 4-12

工程名称：某泵房水泵安装工程　　　　　　　　　　　　　　计量单位：台

项目编码：030206006001　　　　　　　　　　　　　　　　工程数量：2

项目名称：低压交流异步电动机检查接线 7.5kW　　　　　综合单价：222.09 元

序号	定额编号	工程内容	单位	数量	综合单价（元）					小计
					人工费	材料费	机械费	管理费	利润	
1	C2-590	电动机检查接线 7.5kW	台	2	195.60	113.36	37.64	46.65	41.98	435.23
		金属软管 d 25	m	2.5		6.00				
		金属软管接头 d 25	个	4.08		2.94				
					195.60	122.30	37.64	46.65	41.98	444.17

分部分项工程量清单计价表　　　　表 4-13

工程名称：某泵房水泵安装工程　　　　　　　　　　　　　　第 1 页　共 1 页

序号	项目编码	项目名称	计量单位	工程数量	金额（元）	
					综合单价	合价
1	030109001001	单级离心泵安装 IS65-40-200 48kg	台	2	829.29	1658.59
2	030109001002	单级离心泵安装 IS80-50-200 51kg	台	2	1442.11	2884.21
3	030109001003	低压交流异步电动机检查接线 7.5kW	台	2	222.09	444.17
4	030109001004	低压交流异步电动机检查接线 7.5kW	台	2	222.09	444.17
		合　　计				5431.14

本 章 小 结

通用机械设备的安装工序包括施工准备安装、清洗、试运转。

《计价规范》附录 C.1 适用于工业与民用建筑的新建、扩建项目中的机械设备安装工程。机械设备安装工程的工程量清单分为 13 节 99 个清单项目，适用于切削设备、锻压设备、铸造设备、起重设备、起重机轨道、输送设备、电机梯、风机、泵、压缩机、工业炉设备、煤气发生设备、其他机械等的设备安装工程。

风机的清单工程量，按不同型号和质量分别依据设计图示数量，以"台"为单位计算。在计算设备质量时，直联式风机以本体及电机、底座的总质量计算，非直联式机以本体和底座的总质量计算，不包括电机质量。

各种泵应根据不同型号、质量、输送介质、压力和材质等特征分别依据设计图示数量，以"台"为单位计算。

压缩机工程量清单计算应根据不同型号、质量、结构形式等特征分别依据设计图示数量，以"台"为单位。

设备安装除各专业设备另有说明外，均不包括下列内容：电气系统、仪表系统、通风系统、设备本体法兰以外的管道系统等的安装、调试，应根据具体内容另列清单项目。

思 考 题

1. 机械设备安装施工图的种类有哪些。
2. 简述通用机械设备的安装工序和注意事项。
3. 试述机械设备的试运转步骤和不同种类机械设备试运转的具体要求。
4. 压缩机清单项目工程量的计算规则。
5. 编制机械设备清单项目时应注意哪些问题。

第五章　电气设备安装工程

第一节　电气设备安装工程基本知识和施工识图

一、电气设备安装工程基本知识

1. 变配电设备

主要有变压器、高压开关设备和高压开关附属设备。变压器按用途和性能又可分为电力变压器和特种变压器。变压器结构由器身、散热器、铁芯、线圈、油箱、引线、分接开关、测量装置、套管、吸湿器、气体继电器以及供绝缘和散热媒介质用的变压器油等组成。

2. 动力设备

包括高压电动机、低压电动机、动力箱、盘、板、电抗器等。

3. 照明

包括各类灯具、钢管、电线管、塑料管、金属软管、开关、插座、接线盒等。

4. 电缆

有控制电缆、动力电缆、移动电缆、通信电缆等。

5. 防雷接地装置

是指建筑物、构筑物的防雷接地，变配电系统接地、设备接地等。它们包括接地极、接地母线、避雷引线的敷设和避雷网的安装。

二、电气设备安装工程施工图的组成与识图

电气施工图是安装工程施工图纸的一个重要组成部分。它以统一规定的图形符号辅以简要的文字说明，把电气设计内容明确地表达出来。电气设备安装工程常用图例见表5-1。

电气设备安装工程常用图例　　　　　　　　　　表5-1

符号	符号名称	图形符号	
		新国标（GB/T 4728）	旧国标（GB 312）
1	变配电系统图符号		
1.1	发电站（厂）	☐ 规划（设计）的	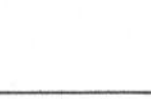 ◎
		▨ 运行的	
1.2	变电所（示出改变电压）	◯V/V 规划（设计）的 �ిV/V 运行的	

符号	符号名称	图形符号	
		新国标（GB/T 4728）	旧国标（GB 312）
1.3	杆上变电所（站）	◯ 规划（设计）的 ◯ 运行的	▲
1.4	电阻器		
1.5	可变电阻器		
1.6	压敏电阻器		
1.7	滑线式绕组器		
1.8	电容器	优先型 其他型	
1.9	极性电容器	优先型 其他型	
1.10	可变电容器	优先型 其他型	
1.11	电感器		
1.12	带铁心（磁心）电感器		
1.13	电流互感器		
1.14	双绕组变压器或电压互感器		
1.15	三绕组变压器或电压互感器		

续表

符号	符号名称	图形符号	
		新国标（GB/T 4728）	旧国标（GB 312）
1.16	动合（常开）触点		开关和转换开关的动合（常开）触点
			继电器的动合（常开）触点
			自动开关的动合（常开）触点
			继电器、启动器、动力控制器的动合（常开）触点
1.17	动断（常闭）触点		开关和转换开关的动断(常闭)触点
			继电器的动断（常闭）触点
			继电器、启动器、动力控制器的动断（常闭）触点
1.18	手动开关的一般符号		
1.19	按钮开关（不闭锁）（动合、动断触点）		
1.20	按钮开关（闭锁）（动合、动断触点）		
1.21	接触器（在非动作位置触点断开、闭合）		
1.22	断路器		
1.23	隔离开关		

续表

符号	符号名称	图形符号	
		新国标（GB/T 4728）	旧国标（GB 312）
1.24	负荷开关		
1.25	熔断器的一般符号		
1.26	熔断器式开关		
1.27	熔断器式隔离开关		
1.28	熔断器式负荷开关		
1.29	避雷器		避雷器的一般符号 排气式避雷器（管型避雷器） 阀式避雷器 击穿保线器
2		动力照明设备图形符号	
2.1	屏、台、箱、柜一般符号		
2.2	动力或动力—照明配电箱 注：需要时符号内可表示电流种类		
2.3	照明配电箱（屏）		
2.4	事故照明配电箱（屏）		

符号	符号名称	图形符号	
		新国标（GB/T 4728）	旧国标（GB 312）
2.5	电机的一般符号	⊛ 星号用字母代替： M—电动机 MS—同步电动机 MS—伺服电机 G—发电机 GS—同步发电机 GT—测速发电机	
2.6	热水器（示出引线）		
2.7	风扇一般符号 注：若不会引起混淆，方框可省略不画		吊式风扇 壁装风扇 轴流风扇
2.8	单相插座：明、暗、密闭（防水）、防爆		
2.9	带接地插孔的单相插座		
2.10	带接地插孔的三相插座		
2.11	插座箱（板）		
2.12	多个插座（示出三个）		
2.13	带熔断器的插座		
2.14	开关一般符号		
2.15	单极开关：明、暗、密闭（防水）、防爆		密闭
2.16	双极开关：明、暗、密闭（防水）、防爆		密闭
2.17	三极开关：明、暗、密闭（防水）、防爆		密闭
2.18	单极拉线开关		一般 暗装
2.19	单极双控拉线开关		

续表

符号	符号名称	图形符号	
		新国标（GB/T 4728）	旧国标（GB 312）
2.20	双控开关（单极三线）		一般 暗装
2.21	灯的一般符号 信号灯的一般符号	灯的颜色：RD 红　YE 黄　GN 绿　BU 蓝　WH 白 灯的类型：Ne 氖　Na 钠　Hg 汞　IN 白炽　FL 荧光　IR 红外线　UV 紫外线	照明灯的一般符号 信号灯的一般符号
2.22	投光灯一般符号		
2.23	聚光灯		
2.24	泛光灯		
2.25	示出配线的照明引出线位置		
2.26	在墙上引出照明线（示出配线向左边）		
2.27	荧光灯一般符号		
2.28	三、五管荧光灯	5	3　　5
2.29	防爆荧光灯		
2.30	自带电源的事故照明灯（应急灯）		
2.31	深照型灯		珐琅质 镜面
2.32	广照型灯（配照型灯）		
2.33	防水防尘灯		
2.34	球形灯		
2.35	局部照明灯		

续表

符号	符号名称	图形符号	
		新国标（GB/T 4728）	旧国标（GB 312）
2.36	矿山灯		
2.37	安全灯		
2.38	隔爆灯		
2.39	天棚灯		
2.40	花灯		
2.41	弯灯		
2.42	壁灯		
2.43	闪光型信号灯		
2.44	电喇叭		
2.45	电铃		
2.46	电警笛　报警器		
2.47	电动汽笛	优先型　其他型	
2.48	蜂鸣器		
3		导线和线路敷设符号	
3.1	导线、电线、电缆、母线的一般符号		
3.2	多根导线	—///—3根　—/^{n}—n根	—///—3根　—/^{n}—n根
3.3	软导线　软电缆		
3.4	地下线路		
3.5	水下（海底）线路		
3.6	架空线路		

续表

符号	符号名称	图形符号	
		新国标（GB/T 4728）	旧国标（GB 312）
3.7	管道线路	○ 一般 6 6孔管道	
3.8	中性线		
3.9	保护线		
3.10	保护和中性共用线		
3.11	具有保护线和中性线的三相配线		
3.12	向上配线		导线引上
3.13	向下配线		
3.14	垂直通过配线		导线引上并引下 导线由上引来 导线由下引来 导线由上引来并引下 导线由下引来并引上
3.15	导线的电气连接	·	·
3.16	端子	○	○
3.17	导线的连接		
4	电缆及敷设图形符号		
4.1	电缆终端		
4.2	电缆铺砖保护		
4.3	电缆穿管保护		
4.4	电缆预留		
4.5	电缆中间接线盒		
4.6	电缆分支接线盒		

续表

符号	符号名称	图形符号	
		新国标（GB/T 4728）	旧国标（GB 312）
5	仪表图形符号		
5.1	电流表	Ⓐ	Ⓐ
5.2	电压表	Ⓥ	Ⓥ
5.3	电能表（瓦特小时计）	|Wh|	|Wh|
6	电杆及接地		
6.1	电杆的一般符号（单杆，中间杆）	○$\frac{A\text{-}B}{C}$ A—杆材或所属部门 B—杆长 C—杆号	─○$a\frac{b}{c}$ a—编号 b—杆型 c—杆高
6.2	带照明灯的电杆（a—编号；b—杆型；c—杆高；d—容量；A—连接顺序）	─○$a\frac{b}{c}Ad$ 一般画法 ○$a\frac{b}{c}Ad$↓ 需要示出灯具的投射方向时 ⊗$a\frac{b}{c}Ad$○ 需要时允许加画灯具本身图形	─○$a\frac{b}{c}Ad$ 一般画法 ○$a\frac{b}{c}Ad$↓ 需要示出灯具的投射方向时 ○$a\frac{b}{c}Ad$○ 需要时允许加画灯具本身图形
6.3	接地的一般符号	⏚	⏚
6.4	保护接地	⊕	
7	电气设备的标注方法（GB/T 4728 列为附录参考件）		
7.1	用电设备 a—设备编号；b—额定功率，kW；c—线路首端熔断体或低压断路器脱扣器的电流，A；d—标高，m	$\frac{a}{b}$ 或 $\frac{a}{b}\Big\vert\frac{c}{d}$	$\frac{a}{b}$ 或 $\frac{a}{b}\Big\vert\frac{c}{d}$
7.2	电力和照明设备 a—设备编号；b—设备型号；c—设备功率，kW；d—导线型号；e—导线根数；f—导线截面，mm²；g—导线敷设方式及部位	（1）一般标注方法 $a\frac{b}{c}$ 或 $a\text{-}b\text{-}c$ （2）当需要标注引入线的规格时 $a\frac{b\text{-}c}{d\,(e\times f)\,\text{-}g}$	（1）一般标注方法 $a\frac{b}{c}$ 或 $a\text{-}b\text{-}c$ （2）当需要标注引入线的规格时 $a\frac{b\text{-}c}{d\,(e\times f)\,\text{-}g}$

97

续表

符号	符号名称	图形符号	
		新国标（GB/T 4728）	旧国标（GB 312）
7.3	电力和照明设备 a—设备编号；b—设备型号；c—额定电流，A；i—整定电流，A；d—导线型号；e—导线根数；f—导线截面，mm^2；g—导线敷设方式及部位	(1) 一般标注方法 $a\dfrac{b}{c/i}$ 或 $a-b-c/i$ (2) 当需要标注引入线的规格时 $a\dfrac{b-c/i}{d\,(e\times f)\,-g}$	(1) 一般标注方法 $a\dfrac{b}{c/i}$ 或 $a-b-c/i$ (2) 当需要标注引入线的规格时 $a\dfrac{b-c/i}{d\,(e\times f)\,-g}$
7.4	照明变压器 a—一次电压，V；b—二次电压，V；c—额定容量，V·A	$a/b-c$	$a/b-c$
7.5	照明灯具 a—灯数；b—型号或编号；c—每盏照明灯具的灯泡数；d—灯泡容量，W；e—灯泡安装高度，m；f—安装方式；L—光源种类	(1) 一般标注方法 $a-b\dfrac{c\times d\times L}{e}f$ (2) 灯具吸顶安装 $a-b\dfrac{c\times d\times L}{-}$	(1) 一般标注方法 $a-b\dfrac{c\times d\times L}{e}$ (2) 灯具吸顶安装 $a-b\dfrac{c\times d\times L}{-}$
7.6	电缆与其他设施交叉点 a—保护管根数；b—保护管直径，mm；c—管长，m；d—地面标高，m；e—保护管埋设深度，m；f—交叉点坐标	$\dfrac{a-b-c-d}{e-f}$	$\dfrac{a-b-c-d}{e-f}$
7.7	安装或敷设标高（m）	(1) 用于室内平面剖面图上 ±0.000 (2) 用于总平面图上的室外地面 ±0.000	(1) 用于室内平面剖面图上 ±0.000 (2) 用于总平面图上的室外地面 ±0.000
7.8	导线根数	—///— 表示3根 —/^{3}— 表示3根 —/^{n}— 表示n根	—///— 表示3根 —/^{3}— 表示3根 —/^{n}— 表示n根
7.9	导线型号规格或敷设方式的改变	(1) 3mm×16mm 改为 3mm×10mm $\dfrac{3\times16}{}\times\dfrac{3\times10}{}$ (2) 无穿管敷设改为导线穿管（ø2″）敷设 $—\times^{ø2″}$	
7.10	交流电 m—保护管根数；f—保护管直径，mm；v—管长，m。 例：示出交流，三相带中性线50Hz 380V	$m-fv$ 3N-50Hz 380V	

符号	符号名称		图形符号	
			新国标（GB/T 4728）	旧国标（GB 312）
7.11	照明灯具安装方式	线吊式		X
		链吊式		L
		管吊式		G
		壁装式		B
7.12	线路敷设方式	明敷		M
		暗敷		A
		用钢索敷设		S
		用卡钉敷设		QD
		用槽板敷设		CB
		穿钢管		G
		穿电线管		DG
		穿硬塑料管		VG

电气施工图纸一般可分为变配电工程施工图、动力工程施工图、照明工程施工图、防雷接地工程施工图、弱电工程施工图等。电气施工平面图是计算清单和预算工程量的主要依据。电气工程所安装的电气设备、元件的种类、数量、安装位置，管线的敷设方式、走向、材质、型号、规格、数量等都可以通过平面图计算出来。同时要结合系统图和控制图弄清楚系统电气设备、元件的连接关系。通过看图要对整个单位工程选用的各种电气设备的数量及其作用有全面的了解；对采用的电压等级，高、低压电源进出回路及电力的具体分配情况有清楚的概念；对各种类型的电缆、管道、导线的根数、长度、起始位置、敷设方式有详细的了解；对防雷、接地装置的布置，材料的品种、规格、型号、数量要有清楚的了解；对需要进行调试、试验的设备系统，结合定额规定及项目划分，要有明确的数量概念。

第二节 电气设备安装工程施工图预算的编制

一、变压器的安装

1. 变压器安装分为三相变压器和单相变压器，按不同电压（kV）不同容量（kV·A）以台为单位计算。如变压器容量在两定额子目之间，应套用变压器安装上限定额。例如 1250kV·A 变压器容量在 1000～2000kA 之间，应套用 2000kV·A 定额字母。

2. 变压器干燥，变压器是否要干燥，根据变压器试验决定，如经试验不合格者才进行干燥。变压器干燥按不同电压（kV）不同容量（kV·A）以台为单位计算。

3. 变压器过滤，以"t"为单位计算工程量。

二、配电装置及母线、绝缘子的安装

1. 断路器的安装包括多油断路器、少油断路器和空气、二氧化硫断路器的安装。按电压等级划分工程项目，套用相应的定额子目，以"台"为单位计算工程量。

2. 隔离开关的安装包括户内隔离开关的安装，户外三柱式隔离开关的安装，户外双柱式及户外单柱式隔离开关的安装,单相接地开关的安装。隔离开关的安装以"组"为单位计算工程量,接地开关的以"台"为单位计算工程量。分别按电压、电流等划分工程项目,套用定额子目。

3. 互感器的安装包括油浸式和电容式电压互感器和电流互感器。按型号和电压、电流等级划分工程项目,套用相应定额子目。以"台"为单位计算工程量。

4. 熔断器分户内户外两种形式,按电压分为 10kV 和 35kV 两种连同 RW2-35 共三个工程项目套用定额,以"组"为单位计算工程量。

5. 避雷器的安装分为阀式和磁吹式两种避雷器,按电压等级划分工程项目,套用相应定额子目。以"组"为单位计算工程量。

6. 混凝土电抗器的安装与干燥,按电压和重量划分工程项目,套用定额子目。以"个"为单位计算工程量。

7. 电力电容器的安装,区分为移相电容器和串联电容器两种,按重量划分工程项目,套用定额子目。以"个"为单位计算工程量。

8. 耦合电容器与结合滤波器的安装也有区别。耦合电容器按电压等级划分工程项目,套用定额子目;结合滤波器直接套用定额。耦合电容器以"个"为单位,结合滤波器以"套"为单位计算工程量。

9. 阻波器的安装。针对安装方式的不同,按电压等级划分工程项目,套用相应定额子目。以"个"为单位计算工程量。

10. 成套高压配电柜的安装。以单母线和双母线不同种类划分工程项目,套用定额子目。以"台"为单位计算工程量。

注意:高压柜、低压配电屏安装均不包括基础型钢制作安装及母线安装,其基础槽钢的计算,如有多台同型号的柜、屏安装在同一公共型钢基础上,则基础钢长度 L=n2A+2B,n 表示柜、屏台数,A 表示柜、屏宽度,B 表示柜、屏深度。

如有高压开关柜 GFC-10A23 台,预留 5 台,安装在同一型钢基础上,柜宽 800mm,柜深 1250mm,则基础型钢:$L=(23+5)×2×0.8+2×1.25=47.3m$ 基础型钢制作以 t 为单位计算,基础型钢安装以 10m 为计算单位,基础型钢另计价。

11. 悬式绝缘子的安装,按电压等级划分工程项目,套用相应定额,以"串"为单位计算工程量。

12. 户内支持绝缘子的安装,针对不同电压等级,按孔数划分定额子目,以"10 个"为单位计算工程量。

13. 户外支持绝缘子,按额定电压等级,划分定额子目,以"柱"为单位计算工程量。

14. 穿墙套管的安装,按额定电压和装设方式划分工程项目,套用相应定额子目。以"个"为单位计算工程量。

15. 硬母线安装包括带形母线、菱形母线、槽形母线、管形母线。硬母线安装不包括支持绝缘子安装和托架制作安装,另套有关定额。硬母线安装分铜母线和铝母线两种,按截面分每相一片、二片、三片和四片,套用定额时以 10m(单相)为单位计算。高低压柜上的主母线的计算,是按同一个平面内安装的柜宽度之合家规定预留长度乘三即为母线总长。母线安装不包括绝缘子安装,绝缘子安装另套有关定额。母线属配套订货

（随盘柜带来），只套安装费，母线不计价。如母线未下料、螺丝孔也未钻好，其母线既套安装费，又作材料处理。如母线中有伸缩接头，则计算母线长度时不扣除伸缩接头长度。铜母线安装时定额人工乘以 1.4 系数。

16. 重型母线伸缩器及导板的制作与安装。重型母线伸缩器分为铜伸缩器和铝伸缩器。按其截面积划分工程项目，套用相应定额子目。导板分为铜导极、铝导极，按阴极、阳极划分工程项目，套用定额相应子目。以"个"、"束"为单位计算工程量。

三、控制、继电保护屏的安装

1. 控制、继电保护屏的安装，按不同类型分别套用定额子目，以"台"为单位计算工程量。

2. 励磁、灭磁、端电池控制器、直流充电，馈电屏的安装，以"台"为单位计算工程量。

3. 硅整流柜的安装，以容量划分工程项目，套用相应定额子目，以"台"为单位计算工程量。

4. 端子箱、屏门、屏边的安装，以"台"为单位计算工程量。

5. 电器、仪表、小母线、分流器的安装，除小母线以"10m"为单位计算工程量外，其余均以"个"为单位计算工程量。

6. 基础槽钢、角钢的安装，均以"10m"为单位计算工程量。

7. 穿通板的制作与安装，区别板的材质划分工程项目，套用相应定额子目，以"块"为单位计算工程量。

四、蓄电池的安装

蓄电池定额适用于各种固定型电池，车间蓄电池套用密闭式蓄电池相应定额子目。蓄电池定额中关于容器、电极板、隔板、连接铅条、焊接条、紧固螺栓、螺母、垫圈均按设备自带考虑。

1. 蓄电池的安装分开口式和密封式两种。均以容量大小划分工程项目，套用相应定额。以"个"为单位计算工程量。

2. 四蓄电池充放电按容量划分子目，以"组"为单位计算工程量。

3. 蓄电池支架的安装，区别单层支架和双层支架，按单排式和双排式划分工程项目，套用相应定额子目。以"m"为单位计算工程量。不包括支架的制作与干燥处理，该内容另按成品价计算。

4. 穿通板的组合安装按孔数多少划分工程项目，套相应定额子目。以"块"为单位计算工程量。

5. 绝缘子、圆母线的安装。圆母线区别铜母线和钢母线，按直径划分工程项目，套用相应定额子目。以"10m"为单位计算工程量。绝缘子以"10 个"为单位计算工程量。

五、动力、照明控制设备的安装

1. 配电盘、箱、板的安装，按用途和半周长划分工程项目，套用相应定额子目。以"块"或"台"为单位计算工程量。半周长是指长加宽的长度（或周长的 1/2），如配电箱长为 650mm 宽为 400mm，其半周长为 1050mm。1050mm 在 1000～2000mm 之间，应套用上限半周长 2m 定额，以"台"为单位计算。

2. 晶闸管控制柜、模拟盘的安装，按容量（晶闸管控制柜）和宽度（模拟盘）划分工程项目，套用相应定额子目。以"台"为单位计算工程量。

3. 控制开关、熔断器、限位开关、按钮、电箱的安装，按种类划分工程项目，套用相应定额子目。以"个"为单位计算工程量。

4. 控制器、启动器和电阻器、变阻器的安装，按种类划分工程项目，套用相应定额子目。以"台"或"箱"（电阻器、变阻器）为单位计算工程量。

5. 水位电气信号装置及制动器的安装，以"套"为单位计算工程量。工作内容包括：测位、划线、打眼、埋螺栓、卡子、支架、防护罩、滑轮、传动机构、接线板及开关底板的制作与安装，浮球开关的安装，配塑料管、穿线、接线、刷油。不包括水泵房电气控制开关设备及晶体管继电器的安装和水泵房至水塔、水箱的管线敷设。

6. 盘柜配线，按导线截面积划分工程项目，套用相应定额子目。以"10m"为单位计算工程量。

7. 端子板的安装及外部接线。端子板的安装以"组"为单位计算工程量。端子板外部接线按线径大小和有无端子划分工程项目，套用相应定额子目，以"10个头"为单位计算工程量。每10个端子为1组。

8. 铜接线端子的焊接和铝接线端子的压接，按导线截面划分工程项目，套用相应定额子目。以"10个"为单位计算工程量。

9. 铁构件的制作与安装及箱、盘、盒、网门、保护网的制作。铁构件区分一般铁构件和轻型铁构件，按制作与安装划分工程项目，套用相应定额子目。以"t"为单位计算工程量。箱、盘、盒的制作以 t（t）为单位计算工程量。网门、保护网的制作与安装以及二次喷漆项目以平方米为单位计算工程量。

10. 按半周长划分工程项目，套用相应定额子目。以"套"为单位计算工程量。

11. 配电板的制作及包铁片。按不同材料划分工程项目，套用相应定额子目。以"m^2"为单位计算工程量。

12. 母线木夹板的制作与安装，分裸母线木夹板和电镀用母线木夹板的制作与安装。裸母线木夹板区别三线式和四线式，按母线截面划分工程项目，套用相应定额子目；电镀用母线木夹板区别二线式和三线式，按每极母线片数划分工程项目，套用相应定额子目。二者均以"10套"为单位计算工程量。

六、起重设备电气装置的安装

起重机电气设备的安装定额按经过厂家试验合格的成套起重机考虑。即操作室内的开关控制设备、管线以及操作室至各电气设备、器具的电线管（过桥管除外）均按随机安装好考虑，并且试验合格，附有试验记录。如果为运输方便而分装成若干箱件，仍然属于成套设备，可直接执行本定额。如果是非成套设备，即生产厂只供设备和材料等散件成品，在厂并未经配套试车，则不能套用本定额，应分别执行有关子目：配管执行配管定额，电缆执行电缆定额，穿线执行穿线定额。

1. 普通桥式起重机和双小车、双钩梁起重机以及门型、单梁起重机、电葫芦等的电气安装，均按起重量（额定）划分工程项目，套用定额子目。以"台"为单位计算工程量。

2. 滑触线的安装，区别滑触线所用型钢种类，按型钢型号划分工程项目，套用相应定额子目。以"100m/单相"为单位计算工程量。滑触线安装以"m/单相"为计量单位，其附加和预留长度按下表规定计算，见表5-2。

滑触线安装附加和预留长度　　　　　　　　　　　　表 5-2

序号	项目	预留长度（m/根）	说明
1	圆钢、铜母线与设备连接	0.2	从设备接线端子接口起算
2	圆钢、铜滑触线终端	0.5	从最后一个固定点起算
3	角钢滑触线终端	1.0	从最后一个支持点起算
4	扁钢滑触线终端	1.3	从最后一个固定点起算
5	扁钢母线分支	0.5	分支线预留
6	扁钢母线与设备连接	0.5	从设备接线端子接口起算
7	轻轨滑触线终端	0.8	从最后一个支持点起算
8	安全节能及其他滑触线终端	0.5	从最后一个固定点起算

3. 移动软电缆的安装，沿钢索敷设，按每根长度划分工程项目，套用相应定额子目，以"根"为单位计算工程量；沿轨道敷设，按电缆截面划分工程项目，套用相应定额子目，以"100m"为单位计算工程量。

4. 滑触线支架的安装。分 3 横架式和 6 横架式两种，分别按螺栓固定和焊接固定划分工程项目，套用相应定额子目。以"10 副"为单位计算工程量。指示灯以"套"为单位计算工程量。

5. 滑触线的拉紧装置及挂式支持器的制作与安装。滑触线拉紧装置按扁钢和圆钢划分工程项目，套用相应定额子目。以"套"为单位计算工程量，挂式滑触线支持器以"10 套"为单位计算工程量。

七、电缆的安装

1. 直埋电缆的挖、填土（石）方，除特殊要求外，可按下表计算土方量，见表 5-3。

直埋电缆的挖、填土石方量　　　　　　　　　　　　表 5-3

项目	电缆根数	
	1～2	每增一根
每米沟长挖方量（m³）	0.45	0.153

注意：

（1）两根以内的电缆沟，系按上口宽度 600mm、下口宽度 400mm、深度 900mm 计算的常规土方量（深度按规范的最低标准）；

（2）每增加一根电缆，其宽度增加 170mm；

（3）以上土方量系按埋深从自然地坪起算，如设计埋深超过 900mm，多挖的土方量应另行计算。

2. 电缆沟盖板揭、盖项目，按每揭或每盖一次以延长米计算，如又揭又盖，则按两次计算。

3. 电缆保护管长度，除按设计规定长度计算外，遇有下列情况，应按以下规定增加保护管长度：

（1）横穿道路，按路基宽度两端各增加 2m。

（2）垂直敷设时，管口距地面增加 2m。

（3）穿过建筑物外墙时，按基础外缘以外增加 1m。

（4）穿过排水沟时，按沟壁外缘以外增加 1m。

4. 电缆保护管埋地敷设，其土方量凡有施工图注明的，按施工图计算；无施工图的，一般按沟深 0.9m、沟宽按最外边的保护管两侧边缘外各增加 0.3m 工作面计算。

5. 电缆敷设按单根以延长米计算，一个沟内（或架上）敷设三根各长 100m 的电缆，应按 300m 计算，以此类推。

6. 电缆敷设长度应根据敷设路径的水平和垂直敷设长度，再加上预留长度即为该电缆全长。电缆两端预留长度根据两端所连接的设备而定。如所连接设备为设备箱、电动机、其预留长度为 0.5m。其余按表 5-4 增加附加长度。

电缆敷设的附加长度 表 5-4

序号	项目	预留长度（附加）	说明
1	电缆敷设驰度、波形弯度、交叉	2.5%	按电缆全长计算
2	电缆进入建筑物	2.0m	规范规定最小值
3	电缆进入沟内或吊架时引上（下）预留	1.5m	规范规定最小值
4	变电所进线、出线	1.5m	规范规定最小值
5	电力电缆终端头	1.5m	检修余量最小值
6	电缆中间接头盒	两端各留 2.0m	检修余量最小值
7	电缆进控制、保护屏及模拟盘等	高＋宽	按盘面尺寸
8	高压开关柜及低压配电盘、箱	2.0m	盘下进出线
9	电缆至电动机	0.5m	从电机接线盒起算
10	厂用变压器	3.0m	从地坪起算
11	电缆绕过梁柱等增加长度	按实计算	按被绕物的断面情况计算增加长度
12	电梯电缆与电缆架固定点	每处 0.5m	规范最小值

注：电缆附加及预留的长度是电缆敷设长度的组成部分，应计入电缆长度工程量之内。

7. 电缆终端头及中间头均以"个"为计量单位，电力电缆和控制电缆均按一根电缆有两个终端头考虑。中间电缆头设计有图示的，按设计确定；设计没有规定的，按实际情况计算（或按平均 250m 一个中间头考虑）。电缆头制作分户内、户外两种，按制作工艺户内又分为浇注式和干包式两种。按电压等级以及电缆截面划分，以个为单位计算。户外电缆头制作为浇注式和干包式两种，按电缆截面以个为单位计算，电缆头支架另计。

八、电机的安装

1. 发电机、调相机、电动机的电气检查接线，均以"台"为计量单位，直流发电机组和多台一串的机组，按单台电机分别执行《湖北省安装工程单价估价表》相应项目。小型电机按电机类别和功率大小执行估价表相应项目，大、中型电机不分类别一律按电机重量执行估价表相应项目。

2. 电机检查接线项目，除发电机和调相机外，均不包括电机干燥，发生时其工程量应按电机干燥项目另行计算。电机干燥项目系按一次干燥所需的工、料、机消耗量考虑的，在特别潮湿的地方，电机需要进行多次干燥，应按实际干燥次数计算，在气候干燥、电机绝缘性能良好、符合技术标准而不需要干燥时，则不计算干燥费用。实行包干的工程，可参照以下比例，由有关各方协商而定。

（1）低压小型电机 3kW 以下，按 25％的比例考虑干燥。

（2）低压小型电机 3kW 以上至 220kW 按 30％～50％考虑干燥。

（3）大中型电机按 100％考虑一次干燥。

3. 电机解体检查项目，应根据需要选用，如不需要解体时，可只执行电机检查接线项目。

4. 电机项目的界线划分：单台电机重量在 3t 以下的为小型电机；单台电机重量在 3t 以上至 30t 以下的中型电机；单台电机重量在 30t 以上的为大型电机。

5. 电机的安装执行《湖北省安装工程单价估价表》第一册《机械设备安装》中电机安装项目，电机检查接线执行《湖北省安装工程单价估价表》第二册相应项目。

6. 电机的重量和容量可按下表换算，见表 5-5。

电机的重量和容量换算表　　表 5-5

定额分类		小型电机						中型电机			
电机重量（t/台以下）		0.1	0.2	0.5	0.8	1.2	2	3	5	10	20	30
功率（kW 以下）	直流电机	2.2	11	22	55	75	100	200	300	500	700	1200
	交流电机	3.0	13	38	45	100	160	220	500	800	1000	2500

注：实际中，电机的功率与重量的关系和上表不符时，小型电机以功率为准，大中型电机以重量为准。

九、防雷及接地装置

1. 接地极制作安装以"根"为计量单位，其长度按设计长度计算，设计无规定时，每根长度按 2.5m 计算。

2. 接地母线敷设，按设计长度以"m"为计量单位计算工程。接地母线、避雷线敷设均按延长米计算，其长度按施工图设计水平和垂直规定长度量另加 3.9％的附加长度（包括转弯、上下波动、避绕障碍物、搭接头所占长度）计算，计算主材费时应另增加规定的损耗率。

3. 接地跨接线以"处"为计量单位，按设计说明规定凡需作接地跨接线的工程内容，每跨接一次按一处计算，户外配电装置构架均需接地，每副构架按"一处"计算。

4. 避雷针的制作、安装，以"根"为计量单位。长度、高度、数量均按设计规定。独立避雷针的加工制作应执行"一般铁件"制作子目或按成品计算。

5. 半导体消雷装置安装以"套"为计量单位，按设计安装高度分别执行相应子目。装置本身由设备制造厂成套供货。

6. 利用建筑物内主筋作接地引下线安装以"10m"为计量单位，每一柱子内按焊接两根主筋考虑，如果焊接主筋数超过两根时，可按比例调整。

7. 断接卡子制作安装以"套"为计量单位，按设计规定装设的断接卡子数量计算，接地检查井内的断接卡子安装按每井一套计算。

8. 高层建筑物屋顶的防雷接地装置应执行"避雷网安装"定额，电缆支架的接地线安装应执行"户内接地母线敷设"子目。

9. 均压环敷设以"m"为计量单位，主要考虑利用圈梁内主筋作均压环接地连线，焊接按两根主筋考虑，超过两根时，可按比例调整。长度按设计需要作均压接地的圈梁中心线长度，以延长米计算。

10. 钢、铝窗接地以"处"为计量单位（高层建筑六层以上的金属窗，设计一般要求接地），按设计规定接地的金属窗数进行计算。

11. 柱子主筋与圈梁连接以"处"为计量单位，每处按两根主筋与两根圈梁钢筋分别焊接连接考虑。如果焊接主筋和圈梁钢筋超过两根时，可按比例调整，需要连接的柱子主筋和圈梁钢筋"处"数按规定设计计算。

12. 降阻剂的埋设以"kg"为计量单位。

十、电气调整试验

1. 电气调试系统的划分以电气原理系统图为依据，在系统调试项目中各工序的调试费用如需单独计算时，可按表 5-6 所列比例计算。

电气调试系统各工序的调试费用　　　　　　　　　　　　　　　表 5-6

比率（%）　项目 工序	发电机调相机系统	变压器系统	送配电设备系统	电动机系统
一次设备本体试验	30	30	40	30
附属高压二次设备试验	20	30	20	30
一次电流及二次回路检查	20	20	20	20
继电器及仪表试验	30	20	20	20

2. 电气调试所需的电力消耗已包括在《湖北省安装工程单价估价表》第二册相应项目中，一般不另计算。但 10kW 以上电机及发电机的启动调试费用的蒸汽、电力和其他动力能源消耗及变压器空载试运转的电力消耗，另行计算。

3. 供电桥回路的断路器、母线分段断路器，均按独立的送配电设备系统计算调试费。

4. 送配电设备系统调试，按一侧有一台断路器考虑，若两侧均有断路器时，则应按两个系统计算。

5. 送配电设备系统调试，适用于各种供电回路（包括照明供电回路）的系统调试。凡供电回路中带有仪表、继电器、电磁开关等调试元件的（不包括闸刀开关、保险器），均按调试系统计算。移动式电器和以插座连接的家电设备业经厂家调试合格、不需要用户自调的设备均不应计算调试费用。

6. 一般的住宅、学校、办公楼、旅馆、商店等民用电气的工程的供电调试按下列规定：

（1）配电室内带有调试元件的盘、箱、柜和带有调试元件的照明主配电箱，应按供电方式执行相应的"配电设备系统调试"子目。

（2）每个用户房间的配箱间（板）上虽装有电磁开关等调试元件，但如果生产厂家已按固定的常规参数调整好，不需要安装单位进行调试就可直接投入使用的，不得计取调试费用。

（3）民用电度表的调整校验属于供电部门的专业管理，一般皆由用户向供电局订购调试完毕的电度表，不得另外计算调试费用。

7. 变压器系统调试，以每个电压侧有一台断路器为准，多于一个断路器的按相应电压等级送配电设备系统调试的相应项目另行计算。

8. 干式变压器，执行相应容量变压器调试子目。

9. 特殊保护装置，均以构成一个保护回路为一套，其工程量计算规定如下：

（1）发电机转子接地保护，按全厂发电机共用一套考虑。

（2）距离保护，按设计规定所保护的送电线路断路器台数计算。

（3）高频保护，按设计规定所保护的送电线路断路器如数计算。

（4）零序保护，按发电机、变压器、电动机的台数或送电线路断路器的台数计算。

（5）故障录波器的调试，以一块屏为一套系统计算。

（6）失灵保护，按设置该保护的断路器台数计算。

（7）失磁保护，按所保护的电机台数计算。

（8）变流器的断流保护，按变流器台数计算。

（9）小电流接地保护，安装设该保护的供电回路断路器台数计算。

（10）保护检查及打印机调试，按构成该系统的完整回路为一套计算。

10. 自动装置及信号系统调试，均包括继电器、仪表等元件本身和二次回路的调整试验，具体规定如下：

（1）备用电源自动投入装置，按连锁机构的个数确定备用电源自投装置系统数。一个备用厂用变压器，作为三段厂用工作母线备用的厂用电源，计算备用电源自动投入装置调试时，应为三个系统。装设自动投入装置的两条互为备用的线路或两台变压器、计算备用电源自动投入装置调试时，应为两个系统。备用电动机自动投入装置亦按此计算。

（2）线路自动重合闸调试系统，按采用自动重合闸装置的线路自动断路器的台数计算系统数。

（3）自动调频装置的调试，以一台发电机为一个系统。

（4）同期装置调试，按设计构成一套能完成同期并车行为的装置为一个系统计算。

（5）蓄电池及直流监视系统调试，一组蓄电池按一个系统计算。

（6）周波减负荷装置调试，均按一个调试系统计算。

（7）变送屏以屏的个数计算。

（8）中央信号装置调试，按每一个变电所或配电室为一个调式系统计算工程量。

（9）事故照明切换装置调试，按设计能完成交直流切换的一套装置为一个调试系统计算。

11. 接地网的调试规定如下：

（1）接地网接地电阻的测定。一般的发电厂或变电站连为一个体的母网，按一个系统计算；自成母网不与厂区母网相连的独立接地网，另按一个系统计算，虽然最后也将各接地网联在一起，但应按各自的接地网计算，不能作为一个网，具体应按接地网的试验情况而定。

（2）避雷针接地电阻的测定。每一避雷针有单独接地网（包括独立的避雷针、烟囱避雷针等）时，均按一组计算。

（3）独立的接地装置按组计算。如一台柱上变器压有一个独立的接地装置，即按一组计算。

12. 避雷器、电容器的调试，按每三相为一组计算；单个装设的亦按一组计算，上述设备如设置在发电机、变压器、输、配电线路的系统或回路中，仍应按相应项目另外计算调试费用。

13. 高压电气除尘系统调试，按一台升压变压器、一台机械整流器及附属设备为一个系统计算。

14. 硅整流装置调试，按一套硅整流装置为一个系统计算。

15. 普通电动机的调试，分别按电机的控制方式、功率、电压等级，以"台"为计量单位。

16. 可控硅调速直流电动机调试以"系统"为计量单位，其调试内容包括可控硅整流装置和直流电动机控制回路系统两个部分的调试。

17. 交流变频调速电动机调试以"系统"为计量单位，其调试内容包括变频装置系统和交流电动机控制回路系统两个部分的调试。

18. 高标准的高层建筑、高级宾馆、大会堂、体育馆等具有较高控制技术的电气工程（包括照明工程），应按控制方式执行相应的电气调试项目。

19. 微型电机系指功率在 0.75kW 以下的电机，不分类别，一律执行微电机综合调试子目，以"台"为计量单位。电机功率在 0.75kW 以上的电机调试应按电机类别和功率分别执行相应的调试项目。

十一、配管、配线

1. 各种配管应区别不同敷设方式、敷设位置、管材材质、规格，以"延长米"为计量单位，不扣除管路中间的接线箱（盒）、灯头盒、开关盒所占长度。

2. 配管工程中未包括钢索架设及拉紧装置、接线箱、盒、支架的制作安装，其工程量应另行计算。

3. 管内穿线的工程量，应区别线路性质、导线材质、导线截面，以单线"延长米"为计量单位计算。线路分支接头线的长度已综合考虑在项目基价中，不得另行计算。照明线路中的导线截面大于或等于 6mm² 以上时，应执行动力线路穿线相应项目。

4. 线夹配线工程量，应区别线夹材质（塑料、瓷质）、线式（两线、三线）、敷设位置（木、砖、混凝土结构）以及导线规格，以线路"延长米"为计量单位计算。

5. 绝缘子配线工程量，应区别绝缘子形式（针式、鼓形、蝶式）、绝缘子配线位置（沿屋架、梁、柱、墙，跨屋架、梁、柱，木结构、顶棚内及砖、混凝土结构，沿钢支架及钢索）、导线截面积，以线路"延长米"为计量单位计算。绝缘子暗配，引下线按线路支持点至天棚下缘距离的长度计算。

6. 槽板配线工程量，应区别槽板配线位置（木结构、砖、混凝土结构）、导线截面（mm²）、线式（二线、三线），以线路"延长米"为计量单位计算。

7. 塑料护套线明敷工程量，应区别导线截面、导线芯数（二芯、三芯）、敷设位置（木结构、砖、混凝土结构、沿钢索），以单根线路"延长米"为计量单位计算。

8. 线槽配线工程量，应区别导线截面，以单根线路"延长米"为计量单位计算。

9. 钢索架设工程量，应区别圆钢、钢索直径（mm），按图示墙（柱）内缘距离，以"延长米"为计量单位计算，不扣除拉紧装置所占长度。

10. 母线拉紧装置及钢索拉紧装置制作安装工程量，应区别母线截面（mm²）、花篮螺栓直径（mm），以"套"为计量单位计算。

11. 车间带形母线安装工程量，应区别母线材质（铝、铜）、母线截面、安装位置（沿屋架、梁、柱、墙，跨屋架、梁、柱）以"延长米"为计量单位计算。

12. 接线箱安装工程量，应区别安装形式（明装、暗装）、接线箱半周长（m），以"个"为计量单位计算。

13. 接线盒安装工程量，应区别安装形式（明装、暗装、钢索上）以及接线盒类型，以"个"为计量单位计算。

14. 灯具、明、暗开关，插座、按钮等的预留线，已分别综合在相应子目内，不再另行计算。

15. 配线进入开关箱、柜、板的预留线，按表5-7规定的长度，分别计入相应的工程量。

导线预留长度表（每一根线）   表 5-7

序号	项目	预留长度	说明
1	各种开关、柜、板	宽＋高	盘面尺寸
2	单独安装（无箱、盘）的铁壳开关、闸刀开关、启动器线槽进出线盒等	0.3m	从安装对象中心算起
3	由地面管子出口引至动力接线箱	1.0m	从管口计算
4	电源与管内导线连接（管内穿线与软、硬母线接点）	1.5m	从管口计算
5	出户线	1.5m	从管口计算

各种配管工程量的计算，均不扣除管路中间接线箱，接线盒、开关盒所占的长度。

（1）明配管，分一般配管和防爆级配管，按安装方式有钢结构支架配管、砖、混凝土结构配管、钢索配管，以管径大小分规格，按管子的材质分，以延长米"100m"为单位计算，管材另计价。

（2）暗配管，工程量计算与明配管相同。暗配管分砖、混凝土暗配管和钢模板配管，以延长米100m为单位计算，管材另计价。

（3）接线盒、开关盒和插座盒安装，分暗装和明装两种，以"10个"为单位计算，主材另计。

（4）管内穿线，管路敷设好以后，按图纸要求的回路编号，进行管内穿线，工程量计算，按管子的延长米加各部分规定的预留长度再乘以导线根数。定额分照明穿线和动力穿线两种，按导线截面，以单线100m延长米为单位计算。绝缘导线另计价。定额内已综合了灯具、开关、插座、按钮的预留线接头的长度，编制预算时，不可重复计算这部分的工程量。但配线进入配电箱的预留线，按规定预留长度分别计入相应的工程量内。

十二、照明器具的安装

普通灯具安装的工程量，应区别灯具的种类、型号、规格以"套"为计量单位计算。普通灯具安装项目适用范围见表5-8。

普通灯具安装定额适用范围　　　　　　　　　　　　　　　　表 5-8

定额名称	灯　具　种　类
圆球吸顶灯	材质为玻璃的螺口、卡口圆球独立吸顶灯
半圆球吸顶灯	材质为玻璃的独立的半圆球吸顶灯、扁圆罩吸顶灯、平圆形吸顶灯
方形吸顶灯	材质为玻璃的独立的矩形罩吸顶灯、方形罩吸顶灯、大口方罩顶灯
软线吊灯	利用软线为垂吊材料、独立的、材质为玻璃、塑料、搪瓷、形状如碗伞、平盘灯罩组成的各式软线吊灯
吊链灯	利用吊链作辅助悬吊材料、独立的，材质为玻璃、塑料罩的各式吊链灯
防水吊灯	一般防水吊灯
一般弯脖灯	圆球弯脖灯、风雨壁灯
一般墙壁灯	各种材质的一般壁灯、镜前灯
软线吊灯头	一般吊灯头
声光控座灯头	一般声控、光控座灯头
座灯头	一般塑胶、瓷质座灯头
吊花灯	一般花灯

1. 普通灯具安装，按规格、型号、安装方式，均以"10 套"为单位计算。

2. 吊式艺术装饰灯具的工程量，应根据装饰灯具示意图集所示，区别不同装饰物以及灯体直径和灯体垂吊长度，以"套"为计量单位计算。灯体直径为装饰物的最大外缘直径，灯体垂吊长度为灯座底部到灯梢之间的总长度。

3. 吸顶式艺术装饰灯具安装的工程量，应根据装饰灯具示意图集所示，区别不同装饰物、吸盘的几何形状、灯体直径、灯体半周长和灯体垂吊长度，以"套"为计量单位计算。灯体直径为吸盘最大外缘直径；灯体半周长为矩形吸盘的半周长；吸顶式艺术装饰灯具的灯体垂吊长度为吸盘到灯梢之间的总长度。

4. 荧光艺术装饰灯具安装的工程量，应根据装饰灯具示意图集所示，区别不同安装形式和计量单位计算。

（1）组合荧光灯光带安装的工程量，应根据装饰灯具示意图集所示，区别安装形式、灯管数量，以"延长米"为计量单位计算。灯具的设计数量与《湖北省安装工程单价估价表》第二册不符时可以按设计数量加损耗量调整主材。

（2）内藏组合式灯安装的工程量，应根据装饰灯具示意图集所示，区别灯具组合形式，以"延长米"为计量单位。灯具的设计数量与估价表不符时，可根据设计数量加损耗量调整主材。

（3）发光棚安装的工程量，应根据装饰灯具示意图集所示，以"m²"为计量单位，发光棚灯具按设计用量加损耗量计算。

（4）立体广告灯箱、荧光灯光沿的工程量，应根据装饰灯具示意图集所示，以"延长米"为计量单位。灯具设计用量与估价表不符时，可根据设计数量加损耗量调整主材。

5. 几何形状组合艺术灯具安装的工程量，应根据装饰灯具示意图集所示，区别不同安装形式及灯具的不同形式，以"套"为计量单位计算。

6. 标志、诱导装饰灯具安装的工程量，应根据装饰灯具示意图集所示，区别不同安装形式，以"套"为计量单位计算。

7. 水下艺术装饰灯具安装的工程量，应根据装饰灯具示意图集所示，区别不同安装形式，以"套"为计量单位计算。

8. 点光源艺术装饰灯具安装的工程量，应根据装饰灯具示意图集所示，区别不同安装形式、不同灯具直径，以"套"为计量单位计算。

9. 草坪灯具安装的工程量，应根据装饰灯具示意图集所示，区别不同安装形式，以"套"为计量单位计算。

10. 歌舞厅灯具安装的工程量，应根据装饰灯具示意图所示，区别不同灯具形式，分别以"套"、"延长米"、"台"为计量单位计算。

11. 装饰灯具安装项目适用范围见表 5-9。

装饰灯具安装项目适用范围 表 5-9

定额名称	灯具种类（形式）
吊式艺术装饰灯具	不同材质、不同灯体垂吊长度、不同灯体直径的蜡烛灯、挂片灯、串珠（穗）、串棒灯、吊杆式组合灯、玻璃罩（带装饰）灯
吸顶式艺术装饰灯具	不同材质、不同灯体垂吊长度、不同灯体几何形状的串珠（穗）、串棒灯、挂片、挂碗、挂吊蝶灯、玻璃罩（带装饰）灯
荧光艺术装饰灯具	不同安装形式、不同灯管数量的组合荧光灯光带，不同几何组合形式的内藏组合式灯，不同几何尺寸、不同灯具形式的发光棚，不同形式的立体广告灯箱、荧光灯光沿
几何形状组合艺术灯具	不同固定形式、不同灯具形式的繁星灯、钻石星灯、礼花灯、玻璃罩钢架组合灯、凸片灯、反射挂灯、筒形钢架灯、U 形组合灯、弧形管组合灯
标志、诱导装饰灯具	不同安装形式的标志灯、诱导灯
水下艺术装饰灯具	简易形彩灯、密封形彩灯、喷水池灯、幻光型灯
点光源艺术装饰灯具	不同安装形式、不同灯体直径的筒灯、牛眼灯、射灯、轨道射灯
草坪灯具	各种立柱式、墙壁式的草坪灯
舞厅灯具	各种安装形式的变色转盘灯、雷达射灯、幻影转彩灯、维纳斯旋转彩灯、卫星旋转效果灯、飞蝶旋转效果灯、多头转灯、滚筒灯、频闪灯、太阳灯、雨灯、歌星灯、边界灯、射灯、泡泡发生器、迷你满天星彩灯、迷你单立（盘彩灯）、多头宇宙灯、镜面球灯、蛇光管

12. 荧光灯具安装的工程量，应区别灯具的安装形式、灯具种类、灯管数量，以"套"为计量单位计算。

13. 工厂灯及防水防尘灯安装的工程量，应区别不同安装形式，以"套"为计量单位计算。

14. 工厂其他灯具安装的工程量，应区别不同灯具类型、安装形式、安装高度，以"套""个"、"延长米"为计量单位计算。工厂其他灯具安装项目适用范围见表 5-10。

工厂其他灯具安装适用范围 表 5-10

定额名称	灯 具 种 类
防潮灯	扁形防潮灯（GC-31）、防潮灯（GC-33）
腰形舱顶灯	腰形舱顶灯 CCD-1
碘钨灯	DW 型、220V、300～1000W
管形氙气灯	自然冷却式 200V/380V，20kW 内

续表

定额名称	灯 具 种 类
投光灯	TG 型室外投光灯
高压水银灯镇流器	外附式镇流器具 125-450W
安全灯	(AOB-1 \、2 \、3)、(AOC-1 \、2) 型安全灯
防爆灯	CB C-200 型防爆灯
高压水银防爆灯	CB C-125/250 型高压水银防爆灯
防爆荧光灯	CB C-1/2 单/双管防爆型荧光灯
悬挂式工厂灯	配照（GC21-2）、深照（GC23-2）
防水防尘灯	广照（GC9-A \、B \、C）、广照保护网（GC11-A \、B \、C）、散照（GC15-A、B、C、D、E、F、G）

15. 医院灯具安装的工程量，应区别灯具种类，以"套"为计量单位计算。医院灯具安装项目适用范围见表 5-11。

医院灯具安装项目适用范围　　　　　　　　　表 5-11

定额名称	灯 具 种 类
病房指示灯	病房指示灯
病房暗脚灯	病房暗脚灯
无影灯	3～12 孔管式无影灯

16. 路灯安装工程，应区别不同臂长，不同灯数，以"套"为计量单位计算。工厂厂区内、住宅小区内路灯安装执行《湖北省安装工程单价估价表》第二册相应项目，城市道路的路灯安装执行《市政工程计价定额》。路灯安装范围见表 5-12。

路灯安装范围　　　　　　　　　　　　　表 5-12

定额名称	灯 具 种 类
大马路弯灯	臂长 1200mm 以下、臂长 1200mm 以上
庭院路灯	三火以下、七火以下

17. 开关、按钮安装的工程量，应区别开关、按钮安装形式，开关、按钮种类，开关极数以及单控与双控，以"套"为计量单位计算。

18. 插座安装的工程量，应区别电源相数、额定电流、插座安装形式、插座插孔个数，以"套"为计量单位计算。

19. 安全变压器安装的工程量，应按安全变压器容量，以"台"为计量单位计算。

20. 电铃、电铃号码牌箱安装的工程量，应按电铃直径、电铃号牌箱规格（号），以"套"为计量单位计算。

21. 门铃安装工程量，应按门铃安装形式，以"个"为计量单位计算。

22. 风扇安装的工程量，应按风扇种类，以"台"为计量单位计算。

23. 盘管风机三速开关、请勿打扰灯，须刨插座安装的工程量，以"套"为计量单位计算。

十三、电梯电气装置

1. 交流手柄操纵或按钮控制（半自动）电梯电气安装的工程量，应区别电梯层数、站数，以"部"为计量单位计算。

2. 交流信号或集选控制（自动）电梯电气安装的工程量，应区别电梯层数、站数，以"部"为计量单位计算。

3. 直流信号或集选控制（自动）快速电梯电气安装的工程量，应区别电梯层数、站数，以"部"为计量单位计算。

4. 直流集选控制（自动）高速电梯电气安装的工程量，应区别电梯层数、站数，以"部"为计量单位计算。

5. 小型杂物电梯电气安装的工程量，应区别电梯层数、站数，以"部"为计量单位计算。

6. 电厂专用电梯电气安装的工程量，应区别配合锅炉容量，以"部"为计量单位计算。

7. 电梯增加厅门、自动轿厢门及提升高度工程量，应区别电梯形式、增加自动轿厢门数量、增加提升高度，分别以"个"、"延长米"为计量单位计算。

第三节　电气安装工程量清单编制

一、工程量清单编制

1. 变压器安装工程

（1）清单项目设置

变压器安装清单项目设置见表 5-13

变压器安装部分清单项目设置　　　　　　　　　　　　表 5-13

项目编码	项目名称	项目特征	计量单位	工程内容
030201001	油浸电力变压器	1. 名称 2. 型号 3. 容量（kV·A）	台	1. 基础型钢制作、安装 2. 本体安装 3. 油过滤 4. 干燥 5. 网门及铁构件制作、安装 6. 刷（喷）油漆
030201002	干式变压器			1. 基础型钢制作、安装 2. 本体安装 3. 干燥 4. 端子箱（汇控箱）安装 5. 刷（喷）油漆

（2）清单项目工程量计算

按设计图示数量，区别不同容量以"台"计算。

【例 5-1】　某工程的设计图示，需要安装 4 台变压器，分别为：

1）油浸电力变压器 S9—1000kV·A/10 kV 2 台。并且需要作干燥处理，其绝缘油需要过滤，变压器的绝缘油重 750kg/台。基础型钢为 10# 槽钢共 20m。

2）空气自冷干式变压器 SG10—400kV·A/10 kV 1 台，基础型钢为 10# 槽钢共 10m。

3）有载调压电力变压器 SZ9—800·A/10 kV 1 台，基础型钢为 10# 槽钢共 15m。

试编制变压器的工程量清单。

【解】　变压器的工程量清单见表 5-14。

分部分项工程量清单   表 5-14

序号	项目编码		计量单位	工程数量
1	030201001001	油浸电力变压器安装 S9—1000kV·A/10kV (1) 需要作干燥处理 (2) 绝缘油需要过滤 750kg/台 (3) 10# 基础槽钢制作安装 10m/台	台	2
2	030201002001	空气自冷干式变压器 SG10—400kV·A/10kV 10# 基础槽钢制作安装 10m	台	1
3	030201005001	有载调压电力变压器 SZ9—800·A/10kV 10# 基础槽钢制作安装 15m	台	1

2. 配电装置安装工程

(1) 清单项目设置

配电装置安装工程量清单项目设置见表 5-15

配电装置安装部分清单项目设置   表 5-15

项目编码	项目名称	项目特征	计量单位	工程内容
030202001	油断路器	1. 名称 2. 型号 3. 容量（A）	台	1. 本体安装 2. 油过滤 3. 支架制作、安装或基础槽钢安装 4. 刷油漆
030202003	SF6 断路器			1. 本体安装 2. 支架制作、安装或基础槽钢安装 3. 刷油漆长
030202007	负荷开关	1. 名称、型号 2. 容量（A）	组	1. 支架制作、安装 2. 本体安装 3. 刷油漆
030202011	干式电抗器	1. 名称、型号 2. 规格 3. 质量		1. 本体安装 2. 干燥

设置清单项目时需注意：

1) 在项目特征中，有一特征为"质量"，该"质量"是规范对"重量"的规范用语，它不是表示设备质量的优良或合格，而指设备的重量。

2) 油断路器、SF6 断路器等清单项目描述时，一定要说明绝缘油，SF6 气体是否设备带有，以便计价时确定是否计算此部分费用。

3) 本节设备安装如有地脚螺栓者，清单中应注明是由土建预埋还是由安装者浇筑，以便确定是否计算二次灌浆费用（包括抹面）。

4) 绝缘油过滤的描述和过滤油量的计算参照"变压器安装"的绝缘油过滤的相关内容。

5) 本节高压设备的安装没有综合绝缘台安装。如果设计有此要求，其内容一定要表述清楚避免漏项。

（2）清单项目工程量计算

均按设计图示数量计算。

3. 母线安装工程

（1）清单项目设置

母线安装工程清单项目设置见表 5-16。

母线安装部分清单项目设置　　　　　　　　　　表 5-16

项目编码	项目名称	项目特征	计量单位	工程内容
030203001	软母线	1. 名称 2. 型号 3. 数量（跨/三相）	m	1. 绝缘子耐压试验及安装 2. 软母线安装 3. 跳线安装
030203007	重型母线	1. 名称、型号 2. 容量（A）	t	1. 母线制作、安装 2. 伸缩器及导板制作、安装 3. 支承绝缘子安装 4. 铁构件制作、安装

（2）清单项目工程量计算

1）重型母线按设计图示尺寸以质量计算，其余均为按设计图示尺寸以单线长度计算。

2）有关预留长度，在做清单项目综合单价时，按设计要求或施工及验收规范的规定长度一并考虑。

3）清单的工程量为实体的净值，其损耗量由报价人根据自身情况而定。做标底时，可参考定额的消耗量，无论是报价适宜还是做标底，在参考定额时，要注意主要材料及辅材的消耗量在定额中的有关规定。如母线安装定额中没有包括主辅材的消耗量。

4. 控制设备及低压电器安装工程

（1）清单项目设置

控制设备及低压电器安装工程清单项目设置见表 5-17。

控制设备及低压电器安装部分清单项目设置表　　　　表 5-17

项目编码	项目名称	项目特征	计量单位	工程内容
030204001	控制屏	1. 名称、型号 2. 规格	台	1. 基础槽钢制作、安装 2. 屏安装 3. 端子板安装 4. 焊、压接线端子 5. 盘柜配线 6. 小母线安装 7. 屏边安装
030204018	配电箱			1. 基础型钢制作、安装 2. 箱体安装

设置清单项目时需注意：

1）清单项目描述时，对各种铁构件如需镀锌、镀锡、喷塑等，需予以描述，以便计价。

2）凡导线进出屏、柜、箱、低压电器的，该清单项目描述时均应描述是否要焊、（压）接线端了。而电缆进出屏、柜、箱、低压电器的，可不描述焊、（压）接线端子，因为已综合在电缆敷设的清单项目中。

3）凡需做盘（屏、柜）配线的清单项目必须予以描述。

（2）清单项目工程量计算

1）均按设计图示数量计算。

2）盘、柜、屏、箱等进出线的预留量（按设计要求或施工及验收规范规定的长度）均不作为实物但必须在综合单价中体现。

【例 5-2】　某工程设计内容中，安装一台控制屏，该屏为成品、内部配线已配好。设计要求需做基础槽钢和进出的接线。试编制控制屏的工程量清单。

控制屏的工程量清单见表 5-18。

分部分项工程量清单　　　　　　　　　　　　　　　表 5-18

序号	项目编码	项目名称	计量单位	工程数量
1	030204001001	控制屏安装 基础槽钢制作、安装 焊、压接线端子	台	1

5. 电缆敷设工程

（1）清单项目设置

电缆工程清单项目设置见表 5-19。

电缆安装部分清单项目设置表　　　　　　　　　　　表 5-19

项目编码	项目名称	项目特征	计量单位	工程内容
030208001	电力电缆	1. 型号 2. 规格 3. 敷设方式	m	1. 揭（盖）盖板 2. 电缆敷设 3. 电缆头制作、安装 4. 过路保护管敷设 5. 防火堵洞 6. 电缆防护 7. 电缆防火隔板 8. 电缆防火涂料
030208003	电缆保护管	1. 材质 2. 规格		保护管敷设
030208004	电缆桥架	1. 规格、规格 2. 材质 3. 类型		1. 制作、除锈、刷油 2. 安装
030208005	电缆支架	1. 材质 2. 规格	t	

设置清单项目时需注意：

1）电缆敷设项目的规格指电缆截面；电缆保护管敷设项目的规格指管径；电缆桥架项目的规格指宽＋高的尺寸，同时要表述材质：钢制、玻璃钢制或铝合金制，还要表述类型：指槽式、梯式、托盘式、组合式等；电缆阻燃盒项目的特征是型号、规格（尺寸）。

2）电缆沟土方工程量清单按附录 A 设置编码。项目表述时，要表明沟的平均深度、土质和铺砂盖砖的要求。

3）电缆敷设需要综合的项目很多，一定要描述清楚。如工程内容一栏所示：揭（盖）盖板；电缆敷设；电缆终端头、中间头制作、安装；过路、过基础的保护管；防火墙堵洞、防火隔板安装、电缆防火涂料；电缆防护、防腐、缠石棉绳、刷漆。

（2）清单项目工程量计算

1）电缆按设计图示单根尺寸计算，桥架按设计图示中心线长度计算，支架按设计图示质量计算。

2）电缆敷设中所有预留量，应按设计要求或规范规定的长度考虑在综合单价中。

【例 5-3】 建筑内某低压配电柜与配电箱之间的水平距离为 20m，配电线路采用五芯电力电缆 1kV-VV（$3×25+2×16$），在电缆沟内敷设，电缆沟的深度为 1m、宽度为 0.8m，配电柜为落地式，配电箱为悬挂嵌入式，箱底边距地面为 1.5m。试编制电力电缆的工程量清单。

清单工程量：20（柜与箱的水平距离）+1（柜底至沟底）+1（沟底至地面）+1.5（地面至箱底）=23.5m

电力电缆的工程量清单见表 5-20。

分部分项工程量清单 表 5-20

序号	项目编码	项目名称	计量单位	工程数量
1	030208001001	电力电缆 1kV-VV（$3×25+2×16$） 电缆沟盖盖板 干包式电缆终端头制作安装	m	23.5

6. 防雷及接地装置工程

（1）清单项目设置

防雷及接地装置清单项目设置见表 5-21。

防雷及接地装置部分清单项目设置 表 5-21

项目编码	项目名称	项目特征	计量单位	工程内容
030209001	接地装置	1. 接地母线材质、规格 2. 接地极材质、规格	项	1. 接地极（板）制作、安装 2. 接地母线敷设换土 3. 换土或化学处理 4. 接地跨接线 5. 构架接地
030209002	避雷装置	1. 受雷体名称、材质、规格、技术要求（安装部位） 2. 引下线材质、规格、技术要求（引下形式） 3. 接地极材质、规格、技术要求 4. 接地母线材质、规格、技术要求 5. 均压环材质、规格、技术要求		1. 避雷针（网）制作、安装 2. 引下线敷设、断接卡子制作、安装 3. 拉线制作、安装 4. 接地极（板）制作、安装 5. 极间连线 6. 油漆（防腐） 7. 换土或化学处理 8. 钢铝窗接地 9. 均压环敷设 10. 柱主筋与圈梁焊接

设置清单项目时需注意：

1) 利用桩基础作接地极时，应描述桩台下桩的根数。

2) 利用柱筋作引下线的，一定要描述是几根柱筋焊接作为引下线。

（2）清单项目工程量计算

按设计图示数量（或设计图示尺寸）计算。

7. 10kV 以下架空配电线路工程

（1）清单项目设置

10kV 以下架空配电线路清单项目设置见表 5-22。

10kV 以下架空配电线路部分清单项目设置　　　　表 5-22

项目编码	项目名称	项目特征	计量单位	工程内容
030210001	电杆组立	1. 材质 2. 规格 3. 类型 4. 地形	根	1. 工地运输 2. 土（石）方挖填 3. 底盘、拉盘、卡盘安装 4. 木电杆防腐 5. 电杆组立 6. 横担安装 7. 拉线制作、安装
030210002	导线架设	1. 型号（材质） 2. 规格 3. 地形	km	1. 导线架设 2. 导线跨越及进户线架设 3. 进户横担安装

设置清单项目时需注意：

1) 在电杆组立的项目特征中，材质指电杆的材质，即木电杆还是混凝土杆；规格指杆长；类型指单杆、接腿杆、撑杆。

2) 在导线架设的项目特征中，导线的型号表示了材质，是铝导线还是铜导线；规格是指导线的截面。

3) 杆坑挖填土清单项目按附录 A 规定设置、编码。

4) 在需要时，对杆坑的土质情况、沿途地形予以描述。

（2）清单项目工程量计算

1) 电杆组立按设计图示数量计算，导线架设按设计图示尺寸，以单根长度计算，计量单位"km"。

2) 架空线路的各种预留长度，按设计要求或施工及验收规范规定长度计算在综合单价内。

8. 配管、配线工程

（1）清单项目设置

配管、配线工程清单项目设置见表 5-23。

配管、配线部分清单项目设置　　　　　　　　　表 5-23

项目编码	项目名称	项目特征	计量单位	工程内容
030212001	电气配管	1. 名称 2. 材质 3. 规格 4. 配置形式及部位	m	1. 泡构梢 2. 钢索架设（拉紧装置安装） 3. 支架制作、安装 4. 电线管路敷设 5. 接线盒（箱）、灯头盒、开关盒、插座盒安装 6. 防腐油漆 7. 接地
030212002	线槽	1. 材质 2. 规格		1. 安装 2. 油漆
030212003	电气配线	1. 配线形式 2. 线划号、材质、规格 3. 敷设部位或线制		1. 支持体（夹板、绝缘子、摘板等）安装 2. 支架制作、安装 3. 钢索架设（拉紧装置安装） 4. 配线 5. 管内穿线

设置清单项目时需注意：

1）在配管清单项目中，名称和材质有时是一体的，如钢管敷设，"钢管"既是名称，又代表了材质，它就是项目的名称。规格指管的直径，如 G25。配置形式在这里表示明配或暗配（明、暗敷设）。部位表示敷设位置：①砖、混凝土结构上；②钢结构支架上；③钢索上；④钢模板内；⑤吊棚内；⑥埋地敷设。

2）在配线工程中，清单项目名称要紧紧与配线形式连在一起，因为配线的方式会决定选用什么样的导线，因此对配线形式的表述更显得重要。

配线形式有：①管内穿线；②瓷夹板或塑料夹板配线；③鼓型、针式、蝶式绝缘子配线；④木槽板或塑料槽板配线；⑤塑料护套线明敷设；⑥线槽配线。

电气配线项目特征中的"敷设部位或线制"也很重要。

敷设部位一般指：①木结构上；②砖、混凝土结构；③顶棚内；④支架或钢索上；⑤沿屋架、梁、柱；⑥跨屋架、梁、柱。

线制主要在夹板和槽板配线中要注明，因为同样长度的线路，由于两线制与三制反就主材导线的量就差 30% 多。辅材也有差别，因此描述线制。

3）金属软管敷设不单独设清单项目，在相关设备安装或电机检查接线清单项目的综合单价中考虑。

4）根据配管工艺的需要和计量的连续性，规范的接线箱（盒）、拉线盒、灯位盒综合在配管工程中，关于接线盒、拉线盒的设置按施工及验收规范的规定执行。

（2）清单项目工程量计算

1）电气配管按设计图示尺寸以延长米来计算。不扣除管路中间的接线箱（盒）、灯头盒、开关盒所占长度。

2）线槽按设计图示尺寸以延长米计算。

3）电气配线按设计图示尺寸以单线延长米计算。

4）在配线工程中，所有的预留量（指与设备连接）均应依据设计要求或施工及验收规范规定的长度考虑在综合单价中。

5）计算方法

① 配管工程量计算

计算要领是从配电箱算起，沿各回路计算；或按建筑物自然层划分计算，或按建筑形状分片计算。

a）水平方向敷设的线管，当沿墙暗敷设时，按相关墙轴线尺寸计算。沿墙明敷时，按相关墙面净空尺寸计算。

b）在顶棚内敷设，或者在地坪内暗敷，可用比例尺斜量，或按设计定位尺寸计算。

c）垂直方向敷设的线管，其工程量计算与楼层高度及箱、柜、盘、板、开关等设备安装高度有关。线管长度计算方法如图 5-1 所示。

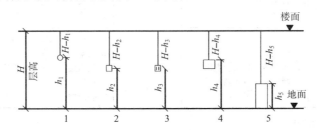

图 5-1 引下线管长度计算示意图

1-拉线开关；2-开关；3-插座；4-配电箱或电度表；5-配电柜

② 管内穿线工程量计算：

管内穿线长度＝配管长度×同截面导线根数

【例 5-4】 一栋 7 层建筑，各层层高为 3.6m。该建筑 6 层某一房间的照明平面图和系统图如图 5-2 及图 5-3 所示。

图中：照明平面图比例为 1：100；灯具为 2×40W 双管荧光灯盘，采用嵌入式安装；照明配电箱箱底距楼面 1.5m 暗装，箱外形尺寸为：宽×高×厚＝430mm×280mm×90mm；吊顶内电线管的安装高度为 3.2m，垂直布管暗敷设在墙内。要求计算配管和管内穿线的清单工程量，并编制配管和管内穿线的工程量清单。

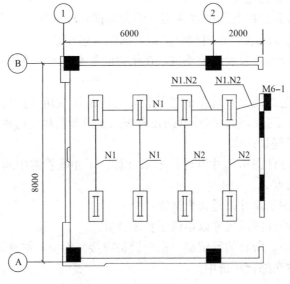

图 5-2 照明平面图 1：100

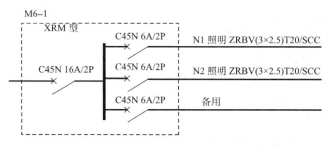

图 5-3　照明系统图

【解】　1. 配管清单工程量计算

（1）电线管明敷设工程量计算

计算方法：工程量用比例尺在平面图中量取，并量取至灯具中心及墙边。

N1 回路电线管明敷设工程量＝3.9×2＋1.8＋4.9＝14.5（m）

N1 回路电线管明敷设工程量＝3.9×2＋1.8＋1.3＝10.9（m）

电线管明敷设工程量＝14.5＋10.9＝25.4（m）

（2）电线管暗敷设工程量计算电线管暗敷设工程量＝（3.2－1.5－0.28）×2＝2.84（m）

2. 管内穿线清单工程量计算管内穿线工程量＝（25.4＋2.84）×3＝84.72（m）

3. 配管和管内穿线的工程量清单

配管及管内穿线工程量清单详见表 5-24。

分部分项工程量清单

表 5-24

序号	项目编码	项目名称	计量单位	工程数量
1	030212001001	电线管吊顶内明敷设 支架制作、安装 接线盒、灯头盒式安装	m	25.4
2	030212001002	电线管砖结构内暗敷设 刨沟槽 支架制作、安装	m	2.84
3	030212003001	管内穿线 ZRBV—2.5mm^3	m	84.72

9. 照明器具安装工程

（1）清单项目设置

照明器具安装工程清单设置见表 5-25。

照明器具安装部分清单项目设置

表 5-25

项目编码	项目名称	项目特征	计量单位	工程内容
030213001	普通吸顶灯及其他灯具	1. 名称、型号 2. 规格	套	1. 支架制作、安装 2. 组装 3. 油漆
030213002	工厂灯	1. 名称、安装 2. 规格 3. 安装形式及高度		1. 支架制作、安装 2. 安装 3. 油漆
030213004	荧光灯	1. 名称 2. 型号 3. 规格 4. 安装形式		安装

设置清单项目时需注意：

灯具没带引导线的，应予说明，提供报价依据。

（2）清单项目工程量计算

均按设计图示数量计算。

10. 电气调整试验工程

（1）清单项目设置

电气调整试验清单项目设置见表 5-26。

电气调整试验部分清单项目设置表 表 5-26

项目编码	项目名称	项目特征	计量单位	工程内容
030211001	电力变压器系统	1. 型号 2. 容量（kV·A）	系统	系统调试
030211002	送配电装置系统	1. 型号 2. 电压等级（kV）		
030211003	特殊保护装置	类型		调试
030211008	接地装置	类别		接地电阻调试

设置清单项目时需注意：

1）本节内容的项目特征基本上是以系统名称或保护装置及设备本体名称来设置的。如变压器系统调试就以变压器的名称、型号、容量来设置。

2）供电系统的项目设置：1kV 以下和直流供电系统均以电压来设置，而 10kV 以下的交明供电系统则以供电用的负荷隔离开关、断路器和带电抗器分别设置。

3）特殊保护装置调试的清单项目按其保护名称设置，其他均按需要调试的装置或设备的名称来设置。

4）调整试验项目系指一个系统的调整试验，它是由多台设备、组件（配件）、网络连在一起，经过调整试验才能完成某一特定的生产过程，这个工作（调试）无法综合考虑在某一实体（仪表、设备、组件、网络）上，因此不能用物理计量单位或一般的自然计量单位来计量，只能用"系统"为单位计量。

5）电气调试系统的划分以设计的电气系统图为依据，具体划分可参照《全国统一安装预算工程量计算规则》的有关规定。

（2）清单项目工程量计算

按设计图示数量计算。电器、电缆绝缘子、套管、电缆油、电缆试验则按设计要求实验项目的件/次，根/次，点/试样（个）分列计算。

第四节 电气设备安装工程量清单计价

一、变压器安装工程工程量清单综合单价的确定

在编制标底，或者施工单位参照《湖北省安装工程单位估价表》进行投标报价时，必须注意本节定额的有关说明。防止计价时多算或少算，其要点如下：

1. 油浸电力变压器安装定额同样适用于自耦式变压器、带负荷调压变压器的安装。

电炉变压器按同容量电力变压器定额乘以系数 2.0 整流变压器执行同容量电力变压器定额乘以系数 1.6。

2. 变压器的器身检查：4000kV·A 以下是按吊芯检查考虑。4000kV·A 以上是按吊钟罩考虑，如果：1000kV·A 以上的变压器需吊芯检查时，定额机械台班乘以系数 2.0。

3. 干式变压器如果带有保护外罩时，人工和机械乘以系数 1.2。

4. 整流变压器、消弧线圈、并联电抗器的干燥，执行同容量变压器干燥定额；电炉变压器按同容量变压器干燥额定乘以系数 2.0。

5. 变压器是按设备带来考虑的，但施工中变压器油的过滤损耗及操作损耗已包括在有关定额中。

6. 变压器安装过程中放注油、油过滤所使用的油罐。已摊入油过滤定额中。

7. 本章定额不包括下列工作内容：

(1) 变压器干燥棚的搭拆工作，若发生时可按实计算。

(2) 变压器铁梯及母线铁构件的制作安装。另执行第二册铁构件制作、安装定额。

(3) 瓦斯继电器的检查及试验已列入变压器系统调整试验定额内。

(4) 端子箱、控制箱的制作、安装，另执行第二册相应定额。

(5) 二次喷漆发生时按第二册相应定额执行。

【例 5-5】　以例 3.3 的油浸式电力变压器 S9-1000/10 安装为例，参照《湖北省安装单位估价表》试计算该变压器清单项目的综合单价。

【解】　1. 该清单项目综合单价计算见表 5-27。

分部分工程量清单综合单价计算表　　　　　　　表 5-27

工程名称：　　　　　　　　　　　　　　　　　　　　　　计量单位：台
项目编码：030201001001　　　　　　　　　　　　　　　工程数量：2
项目名称：油浸式电力变压器 S9-1000kV·A/10kV 安装　　综合单价：6438.97 元

| 序号 | 额定编号 | 工程内容 | 单位 | 数量 | 综合单价（元）组成 | | | | | 小计 |
					人工费	材料费	机械费	管理费	利润	
1	C2-3	油浸式电力变压器 S9-1000kV·A/10kV 安装	台	2	1558.08	578.14	1154.60	542.54	176.06	4009.41
2	C2-34	变压器干燥	台	2	1886.52	1673.36	75.80	392.46	194.51	4222.65
3	C2-41	绝缘油过滤	t	1.5	216.81	484.40	734.82	190.33	76.83	1703.18
4	估算	10# 基础槽钢制作	100kg	2.00	669.60	389.39	316.42	197.20	73.58	1646.20
5		10# 槽钢主材费	kg	210		882.00			47.19	929.19
6	C2-2293	基础槽钢安装	10m	2.00	149.40	86.88	70.60	44.00	16.42	367.30
7		合计			4480.41	4094.17	2352.24	1366.53	584.59	12877.94

2. 表 5-27 的计算过程为：

(1) 人工费：（定额编号 C2−3）779.04 元/台×2＋（C2−34）943.26 元/台×2＋（C2−41）144.54 元/t×1.5＋334.80 元/100kg×2＋（C2−2293）74.70 元/10m×2＝4480.41 元

(2) 材料费：（C2−3）289.07 元/台×2＋（C2−34）836.68 元/台×2＋（C2−41）322.93 元/t×1.5＋194.69 元/100kg×2＋4200 元/1000kg×（10# 钢主材费）0.21kg＋

（C2—2293）43.444 元/10m×2＝4094.17 元

（3）机械费：（C2—3）577.30 元/台×2＋（C2—34）37.90 元/台×2＋（C2—41）489.88 元/t×1.5＋158.21 元/100kg×2＋35.30 元/10m×2＝2352.24 元

（4）管理费：按一类安装工程考虑，管理费按人工费与机械费之和的 20％计算（本章中的例题均按此系数计算管理费）（4480.41＋2352.24）×20％＝1366.53 元

（5）利润：按一类安装工程考虑，利润直接按直接工程费的 5.35％计算（本章中的例题均按此系数计算利润）（4480.41＋4094.17＋2352.24）×5.35％＝584.59 元

综合单价：[直接工程费（人、材、机之和）＋管理费＋利润]/清单工程量

（4480.41＋4094.17＋2352.24＋1366.53＋584.59）/2＝6438.97 元/台

二、配电装置安装工程工程量清单综合单价的确定

在参照《湖北省安装工程单位估价表》进行计价时，必须注意以下几点：

1. 设备本体所需的绝缘油、六氟化硫（SF6）气体、液压油等均按设备带有考虑，也就是定额并不包括，如果工程量清单中注明设备没有自带，需承包商做时，不能把这几项费用漏项。

2. 设备安装所需的地脚螺栓按土建预埋考虑，不包括二次灌浆。如清单中注明是由安装单位浇筑，应计算二次灌浆费用（包括抹面）。

3. 互感器安装定额系按单相考虑的，不包括抽芯及绝缘油过滤，特殊情况另作处理。

4. 电抗器安装定额系统按三相叠放、三相平放和二叠一平的安装方式综合考虑的。施工企业可根据电抗器的安装方式适当调整定额。干式电抗器安装定额适用于混凝土电抗器、铁芯干式电抗器和空心电抗器的安装。

5. 高压成套配电柜安装定额系综合考虑的。不分容量大小，也不包括母线配制及设备干燥。

6. 低压无功补偿电容器屏（柜）安装在附录 C.2.4"控制设备及低压电器安装"列项。

7. 本章设备安装不包括下列工作内容，另执行第二册相应定额：

（1）端子箱安装；

（2）设备支架制作及安装；

（3）绝缘油过滤；

（4）基础槽（角）钢安装。

三、母线安装工程工程量清单综合单价的确定

工程量清单中的工程量为实体的净值，它不考虑设计要求或施工及验收规范所规定的预留的长度，它也不考虑材料的施工损耗量。计价时必须一并考虑。施工损耗量因不同施工企业的施工方案和技术水平不同而不同，具有竞争性。

中介在编制标底，或者施工单位投标报价时可以参照《湖北省安装工程单位估价表》的定额消耗量。在参考定额时，要注意主要材料及辅材的消耗量在定额中的有关规定。有些主要材料在定额中并没有其消耗量，必须按定额附录的损耗率表执行。与本节相关的主要材料损耗率表（表 5-28）如下：

主要材料损耗率 表 5-28

序号	材料名称	损耗率（%）
1	硬母线（包括钢、铝、铜、带形、管形、棒形、槽型）	2.3
2	裸软导线（包括铜、钢、铜芯铝线）	1.3

表 5-28 中硬母线、用于母线的裸软导线，其损耗率中不包括为连接电气设备、器具而预留的长度，也不包括因各种弯曲（包括弧度）而增加的长度。这些长度在计价时应计算在预算工程量的基本长度中。预留长度见表 5-29 和表 5-30。

软母线安装预留长度表 表 5-29

项目	耐张	跳线	引下线、设备连接线
预留长度	2.5	0.8	0.6

硬母线配置安装预留长度表 表 5-30

序号	项目	预留长度	说明
1	带形、槽型母线终端	0.3	从最后一个支持点算起
2	带形、槽型母线与分支线连接	0.5	分支线预留
3	带形母线与设备连接	0.5	从设备端子口算起
4	多片重型母线与设备连接	1.0	从设备端子口算起
5	槽型母线与设备连接	0.5	从设备端子口算起

【例 5-6】 根据表 5-31 分部分项工程量清单表，计算该清单项目综合单价。

【解】 清单中的低压封闭式插接母线槽安装定额中就没有包括主材的消耗量。参照"主要材料损耗率表"取定低压封闭式插接母线槽损耗率为 2.3%，假定该母线槽与设备相连，预留长度取 0.5m，母线槽单价为 500 元/m，分线箱单价为 2500 元/台，参照《湖北省安装工程单位估价表》（2008 年）的定额消耗量及材料价格，该项分部分项工程量清单综合单价计算如下：（表 5-32）。

分部分项工程量清单 表 5-31

序号	项目编码	项目名称	计量单位	工程数量
1	030203006001	低压封闭式插接母线槽 CFW-2-400 进、出分线箱 400A，3 台型钢支吊架制安 800kg，以上工作内容安装高度为 6m	m	300

分部分项工程量清单综合单价计算表 表 5-32

工程名称：   计量单位：m
项目编码：030203006001   工程数量：300
项目名称：低压封闭式插接母线槽 CFW-2-400   综合单价：1444.84 元

序号	额定编号	工程内容	单位	数量	综合单价（元）组成					小计
					人工费	材料费	机械费	管理费	利润	
1	C2-217	低压封闭式插接母线槽 CFW-2-100 安装	10m	30.05	3456.35	4782.46	4003.61	1491.99	654.97	14389.38
2	C2-225	低压封闭式插接母线槽 CFW-2-400 安装	m	307.41	151.74	94.99		30.35	13.20	290.28

续表

序号	额定编号	工程内容	单位	数量	综合单价（元）组成					小计
					人工费	材料费	机械费	管理费	利润	
3		母线槽主材费	10m	30.05		375625.00			20095.94	395720.94
4		分线箱 400A 主材费	台	3		5640.00			301.74	5941.74
5	参 C2-2297	型钢支吊架制作	100kg	8.00	2973.60	961.20	1364.56	867.63	283.52	6450.51
6		型钢主材费	kg	840.00		3528.00			188.75	3716.75
7	参 C2-2298	支吊架安装	100kg	8.00	1771.20	169.84	868.96	528.03	150.34	3488.37
8		超高增加费	元		2756.45			551.29	147.47	3455.21
9		合计			11109.34	390801.49	6237.13	3469.29	21835.92	433453.17

表中超高费增加按人工费的 33％计算，即：

超高增加费＝（3456.35＋151.74＋2973.60＋1771.20）×33％＝2756.45 元

超高增加费中的人工费也要以计取管理费和利润，管理费率按人工费与机械费的20％计算，利润按直接工程费的 5.35％计算，相应的管理费和利润分别为：

管理费＝（11109.34＋6237.13）×20％＝3439.93 元

利润＝（11109.34＋390801.49＋6237.13）×5.35％＝21835.92 元

表中的综合单价为：

综合单价＝433453.17/300＝1444.84 元

综合单价包括了为完成该低压封闭式插接母线槽安装的全部工作内容所需的分部分项工程单价，但不包括按规定应计取的规费和税金。在套用《湖北省安装工程单位估价表》时，必须注意以下几点：

1. 本章定额不包括支架、铁构件的制作、安装。发生时执行本册相应定额。

2. 软母线、带形母线、槽型母线的安装定额内不包括母线、金具、绝缘子等主材。具体可按设计数量加损耗计算。

3. 组合软导线安装定额不包括两端铁构件制作、安装和支持瓷瓶、带形母线的安装，发生时应执行本册相应定额。其跨距是按标准跨距综合考虑的。

4. 软母线安装定额是按单串绝缘子考虑的，如设计为双串绝缘子，其定额人工费乘以系数 1.08。

5. 母线的引下线、跳线、设备连线均按导线截面分别执行定额。不区分引下线、跳线和设备连线。

6. 带形钢母线安装执行铜母线安装定额。

7. 带形母线伸缩节头和铜过渡板均按成品考虑，定额只考虑安装。

8. 高压共箱式母线和低压封闭式插接母线槽均按制造厂供应的成品考虑，定额只包含现场安装。

9. 封闭式插接母线槽在竖井内安装时，人工费和机械使用费乘以系数 2.0。

四、控制设备及低压电器安装工程工程量清单综合单价的确定

在编制标底或投标报价时，必须正确处理好工程量清单的"实物工程量"与"预算量"的关系。前面我们多次提到工程量清单的工程数量不考虑施工损耗及按规范应该增加的预留量，而计价时必须把盘、柜、屏、箱等进出线的预留量（按设计要求或施工及验收规范规定的长度）以及施工损耗考虑进去，必须在综合单价中体现。盘、柜、屏、箱的外部进出线的预留长度见表5-33。

在套用《湖北安装工程单位估价表》时必须注意以下几点：

1. 控制设备安装，除限位开关及水位电气信号装置外，其他均未包括支架制作安装，发生时可执行本章相应定额。

2. 屏上辅助设备安装，包括标签框、光字牌、信号灯、附加电阻、连接片等，但不包括屏—上开孔工作。

盘、柜、屏、箱的外部进出线的预留长度 　　　　　　　表 5-33

单位：m/根

序号	项　　目	预留长度	说　　明
1	各种箱、柜、盘、板、盒	高+宽	盘面尺寸
2	单独安装的铁壳开关、箱式电阻器、变阻器、自动开关、刀开关、启动器	0.5	从安装对象中心算起
3	继电器、控制开关、信号灯、按钮、熔断器等小电器	0.3	从安装对象中心算起分
4	分支接头	0.2	支线预留

3. 设备的补充油按设备考虑，如设备不带有，报价时必须额外考虑。

4. 轻型铁构件系指结构厚度在3mm以内的构件。

5. 各种铁构件制作，均不包括镀锌、镀锡、镀铬、喷塑等其他金属防护费用。发生时应另行计算。

6. 控制设备安装未包括的工作内容：

（1）二次喷漆及喷字；

（2）电器及设备干燥；

（3）焊、压接线端子；

（4）端子扳外部（二次）接线。

【例5-7】 根据表5-34分部分项工程量清单表，计算该清单项目综合单价。

分部分项工程量清单 　　　　　　　　　　　　表 5-34

工程名称：　　　　　　　　　　　　　　　　　　　　　　第　页　共　页

序号	项目编码	项目名称	计量单位	工程数量
1	030204018001	落地式配电箱 XL-21 10#基础槽钢制作、安装 10m 2.5mm²无端子接线 60个 焊 16mm²铜接线端子 25个 压 70mm²铜接线端子 30个	台	5.0

【解】 参照《湖北省安装工程单位估价表》定额消耗量及材料价格，该分部分项工程量清单综合单价计算见表5-35。

分部分项工程量清单综合单价计算表　　　　　　　　　　　　　　表 5-35

工程名称：　　　　　　　　　　　　　　　　　　　　　　　　　　　　计量单位：台
项目编码：030204018001　　　　　　　　　　　　　　　　　　　　　　工程数量：5
项目名称：落地式配电箱 XL-21 安装　　　　　　　　　　　　　　　　　综合单价：1063.51 元

| 序号 | 额定编号 | 工程内容 | 单位 | 数量 | 综合单价组成（元） | | | | | 小计 |
					人工费	材料费	机械费	管理费	利润	
1	C2-306	落地式配电箱 XL-21 安装	台	5.0	849.30	197.05	386.8	247.22	76.67	1757.04
2	估算	10# 基础槽钢制作	100kg	1.0	669.60	389.39	316.42	197.20	73.58	1646.20
3		10# 基础槽钢主材费	kg	105		882.00			47.19	929.19
4	C2-2293	10# 基础槽钢安装	10m	1.0	74.70	43.44	35.30	22.00	8.21	183.65
5	C2-486	2.5mm² 无端子外部接线	10 个	6.0	50.4	42.66		10.08	4.98	108.12
6	C2-498	焊 16mm² 铜接线端子	10 个	2.5	31.5	152.4		6.30	9.84	200.04
7	C2-492	压 70mm² 铜接线端子	10 个	3.0	164.7	272.31		32.94	23.38	493.33
8		合计			1840.20	1979.25	738.52	515.74	243.85	5317.57

五、蓄电池安装工程工程量清单综合单价的确定

由于项目特征和项目名称基本一致，与《湖北省安装工程单位估价表》定额子目的划分也一致。所以可以基本上直接参照该《估价表》。但仍然需要注意以下几点：

1. 蓄电池充放电费用综合在安装单价中，按"组"充放电。但需分摊到每一个蓄电池的安装综合单价中报价。

2. 蓄电池电极连接条、紧固螺栓、绝缘垫均按设备带有考虑。

3. 蓄电池防震支架按随设备供货考虑。安装按地坪打眼装膨胀螺栓固定。

4. 碱性蓄电池补充电解液由厂家随设备供货。铅酸蓄电池的电解液已包括在定额内，不另行计算。

5. 蓄电池充放电电量已计入定额；不论酸性、碱性电池均按其电压和容量执行相应项目。

6. 本章定额不包括蓄电池抽头连接用电缆及电缆保护管的安装，发生时应执行本册相应项目。

7. 免维护铅酸蓄电池的安装以"组件"为单位。

六、电机检查接线及调试工程工程量清单综合单价的确定

由于项目名称与《湖北省安装工程估表》定额子目的划分基本一致。所以可以直接参照该计价表，但仍然需要注意以下几点：

1. 本节的检查接线项目中，均按电机的名称、型号、规格（即容量）列出，而《湖北省安装工程估价表》按小、中、大型列项。以单台重量在 3t 以下的为小型；单台重量在 3～30t 者为中型；单台重量 30t 以上者为大型。在报价时，如果参考《湖北省安装工程单位估价表》，就按电机铭牌上或产品说明书上的重量对应定额项目即可。大、中型电机不分交、直流电机，一律按电机重量执行相应定额，在无设计设备技术资料时，可以参照以下常用电机的容量（额定功率）与电机综合平均质量表执行见表 5-36。

常用电机的容量与电机综合平均质量表　　　　　　　　　　表 5-36

定额分类		小型电机							中型电机			
电机质量（t/台以下）		0.1	0.2	0.5	0.8	1.2	2	3	5	10	20	30
定额功率（kW 以下）	直流电机	2.2	11	22	55	75	100	200	300	500	700	1200
	交流电机	3.0	13	30	75	100	160	220	500	800	1000	2500

2."电机"系指发电机和电动机的统称。定额中的电机功率系指电机的额定功率。

3.电机检查接线定额,除发电机和调相机外,均不包括电机的干燥工作,发生时应执行电机干燥定额,电机干燥定额系按一次干燥所需的人工、材料、机械消耗量考虑的。

4.微型电机分为三类:①驱动微型电机(分马力电机)系指微型异步电动机、微型同步电动机、微型交流换向器电动机、微型直流电动机等;②控制微型电机系指自整角机、旋转变压器、交直流测速发电机、交直流伺服电动机、步进电动机、力矩电动机等;③电源微型电机系指微型电动发电机组和单枢变流机等。其他小型电机凡功率在0.75kW以下的电机均执行微型电机定额。

5.直流发电机组和多台一串的机组,可按单台电机分别执行相应定额。

6.一般民用小型交流电风扇在小电器(030204031)中列项。

7.各种电机的检查接线,按规范要求均需配有相应的金属软管,报价时必须按清单描述的材质、规格和长度计算。

8.当电机的电源线为导线时,要注意清单中是否有焊(压)接线端子的要求,在报价时不能漏项。

9.电机的接地线材。计价表按镀锌扁钢(25×4)编制的,要注意清单中对于接地线的材质、防腐要求的描述。如采用铜接地线时,主材(导线和接头)应更换,但安装人工费和机械费不变。

10.电动机调试定额的每一个系统。是按一台电动机考虑的,如果其中一个控制回路有两台及两台以上电动机时,每增加一台按定额增加20%。

11.各类电机的检查接线定额均不包括电机安装、控制装置的安装和接线。电机安装套用计价表第一册《机械设备安装工程》的相关项目控制装置的安装和接线在附录C2.4"控制设备及低压电器安装"的中列项。

七、滑触线装置安装工程工程量清单综合单价的确定

由于项目名称和项目特征基本一致与《湖北省安装工程估价表》定额子目的划分也一致,所以可以基本上直接参照该《估价表》。但仍然需要注意以下几点:

1.滑触线安装的预留长度不作为实物量计量,计价时必须考虑按设计要求或规范规定的预留长度,在综合单价中考虑(表5-37)。

滑触线安装的预留长度表 表5-37

序号	项 目	预留长度	说 明
1	圆钢、铜母线与设备连接	0.2	从设备接线端子接口起算
2	圆钢、铜滑触线终端	0.5	从最后一个固定点起算
3	角钢滑触线终端	1.0	从最后一个支持点起算
4	扁钢滑触线终端	1.3	从最后一个固定点起算
5	扁钢母线分支	0.5	分支线预留
6	扁钢母线与设备连接	0.5	从设备接线端子接口起算
7	轻轨滑触线终端	0.8	从最后一个支持点起算
8	安全节能及其他滑触线终端	0.5	从最后一个固定点起算

2. 必须注意工程量清单中对于滑触线及其支架的安装高度，计价表是按 10m 以下标高考虑的，如超过 10m，可按规定计取超高费。

3. 滑触线支架的基础铁件及螺栓，按土建预埋考虑，定额不包括，如需承包商做，则需另外计价，不能漏项。

4. 滑触线及支架的油漆，均按涂一遍考虑。如需增加遍数，另套计价表第十册相关子目。

5. 移动软电缆敷设未包括轨道安装及滑轮制作。

6. 滑触线的辅助母线安装，执行"车间带型母线"安装定额。

7. 滑触线伸缩器和坐式电车绝缘子支持器的安装，已分别包括在"滑触线安装"和"滑触线支架安装"定额内，不另行计算。

8. 滑触线支架如需承包制作，套用铁构件制作子目。

八、电缆安装工程工程量清单综合单价的确定

在参照《湖北省安装工程单位估价表》进行清单报价时，需要注意以下几个问题：

1. 电缆敷设中所有预留量，应按设计要求或规范规定的长度，考虑在综合单价中，预留长度可以参照表 5-38 执行。

电缆敷设的附加长度　　　　　　　　　　　　　　　　　　表 5-38

序号	项　　目	预留长度	说　　明
1	电缆敷设长度、波形弯度、交叉	2.5%	按电缆全长计算
2	电缆进入建筑物	2.0m	规范规定最小值
3	电缆进入沟内或吊架时引上（下）预留	1.5m	规范规定最小值
4	变电所进线、出线	1.5m	规范规定最小值
5	电力电缆终端头	1.5m	检修余量最小值
6	电缆中间接头盒	两端各留 2.0m	检修余量最小值
7	电缆进控制、保护屏及模拟盘等	高＋宽	按盘面尺寸
8	高压开关柜及低压配电盘、箱	2.0m	盘下进出线
9	电缆至电动机	0.5m	从电机接线盒起算
10	厂用变压器	3.0m	从地坪起算
11	电缆绕过梁柱等增加长度	按实计算	按被绕物的断面情况计算增加长度
12	电梯电缆与电缆架固定点	每处 0.5m	规范最小值

2. 《湖北省安装工程单位估计表》按平原地区和厂内电缆工程的条件编制，未考虑在积水区、水底、井下等特殊条件下的施工，厂外电缆敷设另开至地运输。

3. 电缆在一般山地、丘陵地区敷设时，其定额人工乘以系数 1.3。该段所需的施工材料固定桩、夹具等按实另计。

4. 本章的电力电缆头定额均按铝芯电缆考虑的，铜芯电力电缆头按同截面电缆头定额乘以系数 1，双屏蔽电缆头制作安装人工乘以系数 1.05。

5. 电力电缆敷设定额是均按三芯（包括三芯连地）考虑的，5 芯电力缆敷定额乘以系数 1.3，6 芯电力缆敷设定额乘以系数 1.6。每增加一芯定额增加 30%，以此类推。单芯电力电缆敷设按同截面电缆定额乘以 0.67，截面 400m² 以上至 800m² 的单芯电力电缆敷设按 400m² 电力电缆定额执行。截面 800～1000m² 的单芯电力电缆敷设按 400m² 电力电缆定额乘以系数 1.25 执行。240mm² 以上的电缆头的接线端子为异型端子，需要单独加工，应按实际加工价计算（或调整定额价格）。

6. 桥架安装包括运输、组对、吊装、固定 f 弯通或三、四通修改、制作组对、切割口防腐、桥架开孔、上管件、隔板安装、盖板安装、接地、附近安装等工作内容。

7. 玻璃钢梯式桥架和铝合金梯式桥架定额均按不带盖考虑，如这两种桥架带盖，则分别执行玻璃钢槽式桥架定额和铝合金槽式桥定额。

8. 全钢制桥架主结构设计厚度大于 3mm 时，定额人工、机械乘以系数 1.2。

9. 不锈钢桥架近本章钢制架定额乘以系数 1.1 执行。

10. 电缆敷设定额未包括主材，按设计工程量加计算规则中允许的预留量加上定额规定的损耗率计算主材费用。电力电缆损耗率为 1.0%，按控制电缆损耗率为 1.5%。

11. 直径中 100mm 以下的电缆保护管敷设执行第二册配管线章有关定额。

12. 本章定额未包括下列工作内容：

(1) 隔热层、保护层的制作安装；

(2) 电缆冬季施工的加温工作和在其他特殊施工条件下的施工措施费和施工降效增加费。

【例 5-8】 某综合楼（一类工程）电气安装工程，需敷设铜芯电力电缆 YJV22－4×120＋1×70，150m，直接埋地敷设，其中埋地部分 120m；土壤类别为普通土，沟槽深度为 0.8m，底宽为 0.4m，上口宽 0.6m，电缆沟铺砂 10cm 厚，盖 240×115×53 红砖；户内干包式电力电缆终端头 2 个（电缆沟挖填土不计）；铜芯电缆 YJV22－4×120＋1×70 市场信息价为 242.60 元/m，其余人工、计价材、机械台班单价按《湖北省安装工程消耗量定额及单位估价表》中的价格取定，计算该清单项目的综合单价。

【解】 工程量清单及综合单价计算见表 5-39。

分部分项工程量清单 表 5-39

序号	项目编码	项目名称	计量单位	工程数量
1	030208001001	电力电缆安装 1. 型号：铜芯电缆 2. 规格：YJV22－4×120＋1×70 3. 敷设方式：直接埋地敷设 工程内容： 1. 电缆敷设 2. 电缆头制作、安装 3. 铺砂盖砖	m	150

分部分项工程量清单综合单价计算表 表 5-40

项目编码：030208001001　　　　　　　　　　　　　　　　清单工程量：150m

项目名称：YJV22－4×120＋1×70 铜芯电缆敷设　　　　　综合单价：353.80 元/m

序号	定额编号	工程内容	单位	数量	人工费	材料费	机械费	管理费	利润	小计
1	C2-779	铜芯电缆敷设	100m	1.57	1017.83	672.07	511.63	305.89	117.78	2625.20
2		铜芯电缆主材费	m	158.70		46200.74			2471.74	48672.48
3	C2-778	户内干包式电力电缆终端头	个	2	90.12	288.06		18.02	20.23	416.44
4	C2-1002	电缆铺砂盖砖	100m	1.2	275.98	959.34		55.20	66.09	1356.61
		合计			1383.93	48120.21	511.63	379.11	2675.84	53070.73
		单价			9.23	320.80	3.41	2.53	17.84	353.80

九、防雷及接地装置工程工程量清单综合单价的确定

由于接地装置及防雷装置的计量单位为"项"，计价时必须弄清每"项"所包含的工程内容。每"项"的综合单价，要包括特征和"工程内容"中所有的各项费用之和。

在参照《湖北省安装工程单位估价表》进行报价时，需要注意以下几点：

1. 接地母线、避雷网在清单中的工程量均为实物工程量，计价时预算工程量必须考虑附加长度（包括转弯、上下波动、避绕障碍物、搭接头所占长度），附加比例可按3.9%，计算主材费应另增加规定的损耗率（型钢损耗率为5%）。

2. 户外接地母线敷设包括地沟的挖填土和夯实工作，挖沟的沟底宽按住0.4m、上宽为0.5m、沟深为0.75m、每米沟长的土方量为0.34m³计算。如设计要求埋深不同时，可按实际土方量计算调整。土质按一般土综合考虑的，如遇有石方、矿渣、积水、障碍等情况时可另行计算。

3. 构架接地是按户外钢结构或混凝土杆构架接地考虑的，每处接地包括4m以内的水平接地线。接地跨越安装扁钢按40mm×4mm，采用钻孔方式，管件跨接利用法兰盘连接螺栓；钢轨利用鱼尾板固定螺栓；平行管道采用焊接进行综合考虑。

4. 避雷针的安装、半导体少长针装置安装均已考虑了高空作业的因素。即不得再计算超高费。

【例5-9】 根据表4-39分部分项工程量清单，计算该清单项目综合单价。

【解】 套用《湖北省安装工程单位估价表》，则分部分项工程量清单综合单价计算见表5-41。

分部分项工程量清单 表5-41

工程名称：　　　　　　　　　　　　　　　　　　　　　　　　　　　　　　第　页　共　页

序号	项目编码	项目名称	计量单位	工程数量
1	030203006001	钢管避雷针Φ25，针长2.5m，平屋面上安装 利用建筑物柱筋引下（2根柱筋）15m 角钢接地极50mm×50mm×5mm，3根，长2.5m/根 镀锌扁钢接地母线—40mm×4mm，埋深0.7m，长20m	项	1

分部分项工程量清单综合单价计算表 表5-42

工程名称：　　　　　　　　　　　　　　　　　　　　　　计量单位：项
项目编码：030209002001　　　　　　　　　　　　　　　工程数量：1
项目名称：避雷装置　　　　　　　　　　　　　　　　　　综合单价：1415.89元

序号	定额编号	工程内容	单位	数量	综合单价组成					小计
					人工费	材料费	机械费	管理费	利润	
1	C2-1044	2.5m钢管避雷针制作	根	1	45.84	38.08	54.31	20.03	7.40	165.66
2		Φ25镀锌钢管主材费	m	2.63		37.80			2.02	39.82
3	C2-1057	避雷针装在平屋面上	根	1	31.80	62.14	38.02	13.96	7.06	152.98
4	C2-1087	利用建筑物柱主筋引下	10m	1.50	49.14	9.92	128.31	35.49	10.02	232.88
5	C2-1030	角钢接地极50mm×50mm×5mm（2.5m/根）	根	3	52.02	9.33	73.32	25.07	7.20	166.94
6		镀锌角钢50mm×50mm×5mm主材费	m	7.88		142.51			7.62	150.14

序号	定额编号	工程内容	单位	数量	综合单价组成					小计
					人工费	材料费	机械费	管理费	利润	
7	C2-1037	户外接地母线—40mm×4mm，20m	10m	2.08	262.83	7.68	25.42	57.65	15.83	369.41
8		镀锌扁钢—40mm×4mm主材费	m	21.84		131.04			7.01	138.05
9		合计			441.63	438.50	319.38	152.20	64.17	1415.89

注：表中 Φ25 镀锌钢管主材费＝3.0×1.05×11.98＝37.80 元。

镀锌角钢 50×50×5 主材费＝18.10 元×3×2.5×1.05＝142.51 元。

镀锌扁钢—40×4 主材费＝6.00 元×20×1.039×1.05＝131.04 元。

5. 利用建筑物圈梁内主筋作为防雷均压环安装定额是按利用 2 根主筋考虑的，连接采用焊接。如果采用单独扁钢或圆钢明敷作均压环时，可执行"户内接地母线敷设"定额。

6. 利用建筑物柱子内主筋作接地引下线定额是按每一柱子内利用 2 根主筋考虑的，连接方工采用焊接。

7. 柱子主筋与圈梁连接安装定额是按两根主筋与两根圈梁钢筋分别焊接考虑。

8. 利用铜绞线作接地引下线时，配管、穿铜绞线执行第二册第十二章（配管、配线）中同规格的相应项目。

9. 半导体少长针消雷装置安装是按生产厂家供应成套装置，现场吊装、组合。接地引下线安装可另套相应定额。

10. 独立避雷针的加工制作执行本册"一般铁构件"制作定额。

十、10kV 以下架空配电线路工程工程量清单综合单价的确定

由于"电杆组立"和"导线架设"综合的工作内容较多，计价时必须分析工程量清单所描述的内容，做到既不漏项，也不重复计价。在参照《湖北省安装工程单位估价表》进行报价时，需要注意以下几点：

1. 本章计价表是按平地施工条件考虑的，如在其他地形条件下施工时，人工费和机械费可参照表 5-43 中所列地形系数调整。

地形调整系数　　　　　　　　表 5-43

地形类别	丘陵（市区）	一般山地、泥沼地带
调整系数	1.20	1.60

2. 工地运输是指定额内未计从材料堆放点或工地仓库运至杆位上的工程运输，分人力运输和汽车运输。

运输量计算公式如下：工程运输量＝施工图用量×（1＋损耗率）

预算运输量二工程运输量＋包装物质量（不需要包装的可不计算包装物质量）运输质量可按表 5-44 的规定进行计算。

运输质量表　　　　　　　　　　　　　　　　　　表 5-44

材料名称		单位	运输质量（kg）	备注
混凝土制品	人工浇制	m³	2600	包括钢筋
	离心浇制	m³	2860	包括钢筋
线材	导线	kg	W×1.15	有线盘
	钢绞线	kg	W×1.07	无线盘
木杆材料		m³	500	包括木横担
金属、绝缘子		kg	W×1.07	
螺栓		kg	W×1.01	

注：1. W 为理论质量；2. 未列入者均按净计算。

3. 土石方工程，杆坑挖填土清单项目按分阶附录 A 的规定设置、编码列项。土石方工程量计算可按照以下规定执行。

（1）无底盘、卡盘的电杆杭，挖方体积：

$$V = 0.8 \times 0.8 \times h$$

式中　h——设计坑深，0.8 为边长。

在报价时，不同施工单位对于边长的取定，可能不一样。

（2）电杆杭的马道土（石）方量按每坑 0.2m³ 计算施工操作宽度按底、拉线盘底宽每边增加 0.1m。各类土质的放坡系数按表 5-45 计算：

各类土质的放坡系数　　　　　　　　　　　　　　表 5-45

土质	普通土、水坑	坚土	松砂石	泥水、流沙、岩石
放坡系数	1：0.3	1：0.25	1：0.2	不放坡

土方计算公式：

$$V = \frac{h}{6 \times [ab + (a+a_1) \times (b+b_1) + (a_1 \times b_1)]}$$

式中　V——土石方体积 m³；

　　　h——坑深 m；

　　　a（b）——坑宽度 m，a（b）＝底拉盘底宽＋2×每边操作裕度；

　　　a_1（b_1）——坑口宽 m，a_1（b_1）＝a（b）＋2×h×边坡系数。

由于施工方法不同，或出于竞争考虑，各施工企业对于马道的土石方量以及土壤的放坡系数的取定不完全相同。

4. 接线定额按单根考虑，且包括拉线盘的安装。若设计采用 V 形、Y 形或双拼型拉线时，按 2 根计算。拉线长度按设计全根拉线的展开长度计算（含为制作上、中、下把所需的预留长度），设计无规定时，可按表 5-46 计算。计算主材耗费时应另增加规定的损耗率。

拉线长度　　　　　　　　　　表 5-46

单位：m/根

项目		普通拉线	V（Y）形拉线	弓形拉线
杆高（m）	8	11.47	22.94	9.33
	9	12.61	25.22	10.10
	10	13.74	27.48	10.92
	11	15.10	30.20	11.82
	12	16.14	32.28	12.63
	13	18.69	37.38	13.42
	14	19.68	39.36	15.12
水平拉线		24.47		

5. 可按同高度混凝土杆组立的人工费、机械费乘以系数 1.4 材料不调整。

6. 线路一次施工工程量按 5 根以上电杆考虑，如 5 根以内者，本章的人工费、机械费乘以系数 1.3。

7. 导线的架设分导线类型和不同截面以"km/单线"为计量计算，工程量清单中的导线长度为净量，如果出现钢管杆的组合，报价时必须按规定增加预留长度，预留长度按表 5-47 的规定计算。

导线预留长度　　　　　　　　　　表 5-47

单位：m/根

项目名称		预留长度
高压	转角	2.5
	分支、终端	2.0
低压	分支、终端	0.5
	交叉跳线转角	1.5
与设备连接		0.5
进户线		2.5

导线长度按线路总长度和预留长度和计算，计算主材费时应另增中规定的损耗率（表 5-48）。

主要材料损耗率表　　　　　　　　　　表 5-48

序号	材料名称	损耗率（%）
1	拉线材料（包括钢绞线、镀锌铁线）	1.5
2	裸软导线（包括铜、铝、钢、铁芯铝线）	1.3

用 10kV 以下架空线路中的裸软导线的损耗率中已包括因弧垂及杆位赢差而增加的长度。

8. 导线跨越架设

（1）每个跨越间距均按 50m 以内考虑，大于 50m 而小于 100m 时按两处计算，以此类推。

（2）在同跨越档内，有多种（或多次）跨越物时，应根据跨越物分别执行定额。

（3）跨越定额仅考虑多耗的人工、机械台班和材料，在计算架线工程量时，不扣除跨越档的长度。

9. 杆上变压器安装不包括变压器调试、抽芯、干燥工作。

10. 套用本章定额时要注意未计价材料（主材）的有关说明，防止主材漏项。

十一、电气调试工程工程量清单综合单价的确定

由于本节的工程量清单划分与《湖北省安装工程单位估价表》定额子目的划分基本相同，中介在编制标底或施工企业在投标报价时可以参照《湖北省安装工程单位估价表》进行计价，在使用《估价表》时应注意以下几点：

1. 三相变压器每一台（包括相应的附属开关设备及二次回路）为一个系统执行定额。

2. 变压器的一个电压侧的高压断路器多于一台时（如厂用备用变压器）多出的部分应按相应等级另套配电装置调试定额。

3. 变压器的电气调试定额均按不带负荷调整电压装置及不带强迫油循环装置考虑的，如采用带上述装置的变压器时应按规定的系数增加费用，电力变压器如有"带负荷调压装置"，调试定额乘以系数 1.12。

4. 三卷变压器、整流变压器二电炉变压器按同容量的电力变压器调试定额乘以系数 1.2。

5. 定额中所称串联调压变压器系指为了带负荷调压而专设的与主变压器串接的补偿变压器（此为带负荷调压的另一种方式），该项定额中仅包括其本体的试验调整，与其串接的主变压器系统的调整，应另按电力变压器定额计算。

6. 变压器调试定额已综合考虑了电压的因素，使用定额时不再区分电压的不同。

7. 厂用备用变压器的一般都设有自动投入装置，每台除执行一个电力变压器系统调整定额及低压侧多于一个自动断路时加套一个或几个系统的送配电线路调试定额之外，还应再执行一个或几个系统的备用电源自动断路器时加套一个或几个系统的送配电线路调试定额之外，不应再执行一个或几个系统的"备用电源自动投入"调试定额。该调试系统的数量决定于厂用工作母线的段数。

8. 送配电设备系统调试定额适用于母线联络，母线分段，断路器回路，如设有母线保护时，母线分段断器回路，除执行一个系统的配电设备调试定额外，还须再套一个系统的母线保护调试定额。

9. 特殊保护装置是指电力方向保护、距离保护、高频保护及线路横联差动保护，所谓自动装置是指备用电源自动投入，自动重合闸装置。如采用这些保护装置和自动装置时，则应另套相应的调试定额卜其系统的确定与送配电设备"系统"数一致。

10. 380V 及 3～6kV 电动机馈电回路设备（如开关柜或配电盘）的调试，已包括在电动机的调试定额之内，不应另计。

11. 变压器（包括厂用变压器）向各级电压配电装置的进线设备，不应作为终送配电设备计算调试费用。其调整工作已包括在变压器系统的调试定额内。

12. 厂用高压配电装置的电源时线如引用 6kV 主配电装置母线（不经厂用变压器时），应按配电装置调试定额计算。

13. 母线系统调试是以一段母线上有一组电压互感器为一个系统计算。低压配电装置母线电气主接一段母线计算一个调试系统。

14. 3～10kV 母线系统调试含一组电压互感器，1kV 以下母线系统调试定额不含电压互感器，适用于低压配电装置的各种母线（包括软母线）的调试。

15. 调试定额已包括熟悉资料、核对设备、填写试验记录、保护整定值的整定和调试报告的整理工作。电气调试定额的分项比例：一个回路的调整工作包括有本体试验、附属高压及二次设备试验、继电器及仪表试验、一次电流及二次回路检查和启动试验，在报价时，如需单独计算其中某一项（阶段）的调试费用，可按表 5-49 的百分比计算。

调试费用的百分比表　　　　　　　　　　　　　　　表 5-49

阶　段	项　目			
	发电机、调相机系统（%）	变压器系统（%）	送配电设备系统（%）	电动机系统（%）
一次设备本体试验	30	30	40	30
附属高压及二次设备试验	20	30	20	30
继电器及仪表实验	30	20	20	20
一次电流及二次回路检查	20	20	20	20

十二、配管、配线工程工程量清单综合单价的确定

1. 在配线工程中，所有的预留量均应依据设计要求或施工及验收规范规定的长度考虑在综合单价中，而不作为实物量计算。连接设备导线预留长度见表 5-50。

连接设备导线预留长度（每一根线）　　　　　　　　　表 5-50

序号	项　目	预留长度（m）	说　明
1	各种开关、柜、板	高+宽	盘面尺寸
2	单独安装（无箱、盘）的铁壳开关、闸刀开关、启动器、母线槽进出线盒等	0.3	以安装对象中心算
3	由地平管子出口引至动力接线箱	1.0	以管口计算
4	电源与管内导线连接（管内穿线与软、硬母线接头）	1.5	以管口计算
5	出户线	1.5	以管口计算

2. 配电线保护管遇到下列情况之一时，中间应增设接线盒和拉线盒，且接线盒或拉线盒的位置应便于穿线：①管长度每超过 30m，无弯曲；②管长度每超过 20m 有 1 个弯曲；③管长度每超过 15m 有 2 个弯曲；④管长超过 8m 有 3 个弯曲。

垂直敷设的电线保护管遇下列情况之一时，应增设固定导线用的拉线盒：①管内导线截面为 500m² 及以下，长度每超过 30m；②管内导线截面为 70～95mm²，长度每超过 20m；③管内导线截面为 120～240mm²，长度每超过 18m。

在配管清单项目计量时，设计无要求时则上述规定可以作为计量接线箱（盒）、拉线盒的依据。

3. 配管定额均未包括以下内容：①接线箱、盒及支架制作、安装；②钢索架设及拉紧装置制作、安装；③配管支架。发生上述工作内容时应另套有关定额。

4. 暗配管定额已包含刨沟槽工作内容；电线管、钢管、防爆钢管已包含刷漆、接地工作内容。

5. 瓷夹板配线、塑料槽板配线、木槽板配线，以"单线"延长米计算。而上塑料夹板、塑料槽板、木槽板配线定额单位均是 100m 线路长度计算，与规范有显著差异，要

注意按线制进换算。

【**例 5-10**】　槽板配线清单项目设置见表 5-51，该塑料槽板规格为 40mm×20mm，位于某 10 层高大楼内混凝土天棚上，且安装高度距楼面 6m。槽板单价 4.90 元/m，BV2.5mm² 线 0.71 元/m。试计算其分部分项工程量综合单价（不考虑高层建筑对于管理费和利润的调整）。

分部分项工程量清单　　　　　　　　　　　　表 5-51

工程名称：　　　　　　　　　　　　　　　　　　　　　　　　　　　第　页　共　页

序号	项目编码	项目名称	计量单位	工程数量
1	0302012003001	塑料槽板配线，砖、混凝土结构上，三线制 ① 槽板安装 450m ② 配线 BV2.5mm²	m	1350

【**解**】　由于清单工程量计算规则为按电线长度延长米计算，而《单位估价表》的计算规则是按线路长度延长米，这必须先进行换算。

线路长度＝1350÷3＝450m

参照《湖北省单位估价表》的消耗量，计算出塑料槽板和 BV2.5mm² 线的主材预算用量：

塑料槽板的预算用量为 450×1.05＝472.5m；

BV2.5mm² 预算用量为 450×3.3594＝1511.73m

套用《湖北省安装工程单位估价表》，计算出综合单价表（表 5-52）。

分部分项工程量清单综合单价计算表　　　　　表 5-52

工程名称：　　　　　　　　　　　　　　　　　　　　　　　计量单位：m

项目编码：0302012003001　　　　　　　　　　　　　　　　工程数量：1350

项目名称：槽板配线、三线 BV2.5mm²、砖、混凝土结构　　　综合单价：5.73 元

序号	额定编号	工程内容	单位	数量	综合单价组成（元）					小计
					人工费	材料费	机械费	管理费	利润	
1	C2-1508	塑料槽板配线（三线 BV2.5mm²、砖、混凝土结构）	100m	4.5	1958.31	156.83		391.66	113.16	2619.96
2		塑料槽板 10×25 主材费	m	472.5		2778.30			148.64	2926.94
3		BV2.5mm² 主材费	m	1511.7		1287.86			68.90	1356.76
4		超高增加费	元	1	646.24			129.25	34.57	810.06
5		高层建筑增加费	元	1	19.58			3.92	1.05	24.54
6		合计			2624.13	4222.99		524.83	366.32	7738.27

表中超高增加费中人工费＝1958.31×33％＝646.24 元

高层建筑增加费＝1958.31×1％＝19.58 元

管理费＝（1958.31＋646.24＋19.58）×20％＝524.83 元

利润＝（2624.13＋4222.99＋0）×5.35％＝366.32

综合单价＝7738.27/1350＝5.73 元

十三、照明器具安装工程工程量清单综合单价的确定

照明器具安装工程的计价可以参照《湖北省安装工程估价表》执行，注意以下几点：

1. 各型灯具的引线，除注明者外，均以综合考虑在定额内。

2. 路灯、投光灯、碘钨灯、氙气灯、烟囱或水塔指示灯，均已考虑了一般工程的高空作业因素，其他器具安装高度如超过 5m，则可按另行计算超高费。

3. 定额中装饰灯具项目均已考虑了一般工程的超高作业因素，不包括脚手架搭拆费用。

4. 定额内已包括利用摇表测量绝缘及一般灯具的试亮工作（但不包括调试工作）。

5. 装饰灯具定额项目与示意图另配套使用。

【例 5-11】 某教学楼需装吊管式 1×40W 荧光灯（成套型）240 套，荧光灯安装高度 4m，荧光灯单价 80 元/套，试计算其分部分项综合单价。

【解】 套用《湖北省安装工程单位估价表》计算出综合单价表（表 5-53）。

分部分项工程量清单综合单价计算表　　　　　　　　表 5-53

工程名称：　　　　　　　　　　　　　　　　　　　　　　　　　　计量单位：套
项目编码：030212003001　　　　　　　　　　　　　　　　　　　工程数量：240
项目名称：1×40W 吊管式成套型荧光灯安装　　　　　　　　　　综合单价：106.76 元

| 序号 | 定额编号 | 工程内容 | 单位 | 数量 | 综合单价组成（元） | | | | | 小计 |
					人工费	材料费	机械费	管理费	利润	
1	C2-1838	1×40W 吊管式成套型荧光灯安装	10 套	24	1998.72	1394.88	0.00			
2		1×40W 吊管式成套型荧光灯主材费	套	242.4		19392.00				
3		合计			1998.72	20786.88		399.74	2438.06	25623.40

本 章 小 结

电气施工图纸一般可分为变配电工程施工图、动力工程施工图、照明工程施工图、防雷接地工程施工图、弱电工程施工图等。电气施工平面图是计算清单和预算工程量的主要依据。电气工程所安装的电气设备、元件的种类、数量、安装位置，管线的敷设方式、走向、材质、型号、规格、数量等都可以通过平面图计算出来。同时要结合系统图和控制图弄清楚系统电气设备、元件的连接关系。

变压器安装分为三相变压器和单相变压器，按不同电压（kV）不同容量（kV·A）以台为单位计算。如变压器容量在两定额子目之间，应套用变压器安装上限定额。

控制、继电保护屏的安装，按不同类型分别套用定额子目，以"台"为单位计算工程量。

配电盘、箱、板的安装，按用途和半周长划分工程项目，套用相应定额子目。以"块"或"台"为单位计算工程量。

接地极制作安装以"根"为计量单位，其长度按设计长度计算，设计无规定时，每根长度按 2.5m 计算。

电缆清单项目工程量计算按设计图示单根尺寸计算，桥架按设计图示中心线长度计算，支架按设计图示质量计算。

工程量清单的工程数量不考虑施工损耗及按规范应该增加的预留量，而计价时必须把盘、柜、屏、箱等进出线的预留量（按设计要求或施工及验收规范规定的长度）以及施工损耗考虑进去，必须在综合单价中体现。

由于接地装置及防雷装置的计量单位为"项"，计价时必须弄清每"项"所包含的工程内容。每"项"的综合单价，要包括特征和"工程内容"中所有的各项费用之和。

思 考 题

1. 电气工程在设计和制图中，采用了哪些主要专业图例、符合、标注的规定？为什么要规定这些统一的制图符号？

2. 按照图 5-4 所示，试编制 2BO5A 双火方筒壁灯和沿墙明配 BLVV-2×2.5mm² 双芯塑料护套线的工程量清单。

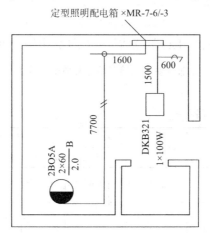

说明：1. 配电箱、板把开关安装距地1.4m，箱高400mm，宽500mm，房屋层高2.8m。
2. 壁灯安装高距顶200mm。

图 5-4 思考题 2 图

3. 试述电气设备安装工程预算的编制程序和注意事项。

4. 根据图 5-5 所示，计算下列工程量，并列表计算定额安装费：

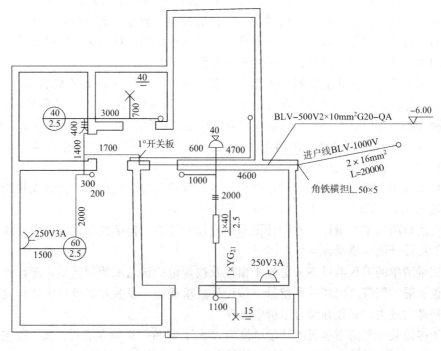

图 5-5 三层住宅电气照明平面图

说明：

（1）电源由室外架空线引入，引入线在墙上距地 6m 处装设角钢支持架（两端埋设式）。

（2）除电源引入采用穿管暗配外，其余一律采用木槽板明配，用 BLV-500V2.5mm^2 导线配线。

（3）拉线开关一律距顶板 0.3m，插座距地 1.8m，开关板距地 1.4m。

（4）房屋层高为 2.8m，共 3 层，本图为第三层电器照明安装，本例题工程量，只计算第三层的灯具、导线等。为了清楚起见，门窗都未画出，尺寸注明在图上，一律用"mm"为单位（除标高外）。

（5）开关板宽为 300mm，高为 400mm。

第六章　工业管道安装工程

第一节　工业管道安装基本知识及施工识图

工业管道安装工程，在所有安装工程中，是一项比较复杂的专业工作。其特点是安装工程量大、质量要求高、施工周期长。随着国外先进技术的引进，我国的管道安装技术水平也在不断提高，旧的施工方法和验收规范已不相适应。国家有关部门颁发了新的验收规范，对工业管道施工工序的内容、加工方法、工程质量验收等都提出了新的标准。因管道的种类繁多，材质也各不相同，施工方法也有所不同，现按常用的金属管道安装的施工程序做简要介绍。

一、施工前的准备

1. 工业管道施工应具备的条件

（1）管道施工前，应提前向施工单位提供施工图纸和有关技术文件。大型工程项目或比较复杂的工艺管道，最少要提前1～2个月供齐图纸，以便施工单位编制施工方案和材料计划，统筹安排施工进度计划，做好施工前的一切准备工作。

（2）管道施工前，施工图纸必须经过会审，对会审中所发现的问题，有关部门应提出明确的解决办法。

（3）工程所需的管材、阀门和管件等，以及各种消耗材料的储备，应能满足连续施工的需要。

（4）现场的土建工程、金属结构和设备安装工程，已具备管道安装施工条件。

（5）现场施工所用的水、电、气源及运输道路，应能满足施工需要。

（6）对采用新技术、新材料的施工，应做好施工人员的培训工作，使其掌握技术操作要领，确保工程质量。

2. 施工班组的准备工作

（1）熟读施工图纸，搞好现场实测。目前我国设计的施工图，一般都不出工艺管道系统图（即轴测图，或称单线图），有些管道的安装尺寸，在平面图和剖面图上是无法标出的，即使标出也与实际安装尺寸有较大误差。唯一的办法就是进行实测。实测是一项十分细致的工作，实测的尺寸是否准确，直接影响管道加工预制的质量。为了保证实测尺寸的准确性，最好是在设备安装和金属结构安装基本结束时进行。

（2）建立管道加工预制厂。一般比较大的工程，管道组装都采用工厂化施工，充分发挥机械作用。经验证明，采用工厂化施工，对于保证工程质量和进度，是行之有效的办法。

二、管道施工工序和方法

工业管道安装工程，只要现场具备了安装条件，各项施工准备工作搞好以后，就可以进行施工。管道施工的工序很多，投入的人工、机械、材料也比较多，通常把施工中不可缺少且独立存在的操作过程，理解为施工工序。

1. 管材、管件和阀门的检查

管材、管件和阀门，在安装前应进行清理和检查，清除材料的污垢和杂质，并对材料的外观进行人工检查。主要检查以下几点：

（1）所有管材、成品管件和阀门，都应有制造厂的出厂合格证书，其标准应符合国家有关规定。

（2）认真核对材料的材质、规格和型号。

（3）所有安装材料是否有裂纹、砂眼、夹渣和重皮现象。

（4）法兰和阀门的密封面应保存完好。

如果是用于高温、高压和剧毒的材料，应严格执行施工及验收规范的有关规定。

2. 管材调直

管材出厂以后，一般都要经过多次运输，最后才到达施工现场安装地点。在运输装卸过程中，对管材的碰撞和摔压是很难避免的，容易造成管材弯曲变形。为了确保管道安装质量，使其达到验收标准，基本上做到横平竖直，就必须对管材进行调直。

调直的方法，常用的有人工调直和半机械化调直。一般直径较小的管材，用人工调直。直径大于 50mm 时，一般采用丝杠调直器冷调，特殊情况有时需加热后调直。当管材直径大于 200mm 时，一般不易弯曲变形，很少需要调直。定额中管材调直方法的选定，根据管径、材质及连接方法的不同，各有差异，如低压碳钢管丝接安装，公称直径小于等于 20mm 采用冷调，大于 20mm 时用气焊加热调直。低压碳钢管电弧焊安装，公称直径小于等于 100mm 用手动丝杠调直器调直，公称直径为 125～200mm 时用丝杠压力调直器调直，大于 200mm 时不调。

3. 管材切割

管材切割，也称管材切口。管材切割的目的，是在较长的管材上切取一段有尺寸要求的管段，故又称管材下料。定额中选定的管材切割方法如下：

（1）中低压碳钢管的切割，公称直径小于等于 25～32mm 的管材，采用人工手锯切割；公称直径为 32～50mm 的管材，采用砂轮切管机切割；公称直径大于 50mm 的管材，采用氧乙炔气方法切割。

（2）中低压不锈耐酸钢管，采用砂轮切管机切割。

（3）中低压铬铂钢管，公称直径小于等于 150mm 的管材，采用弓形锯床切割；公称直径大于 150mm 的管材，采用 9A151 型切管机切割。

（4）有缝低温钢管和中低压钛管，均采用砂轮切管机切割。

（5）高压钢管，采用弓形锯床和 9A151 型切管机切割。

（6）铝、铜、铅等有色金属管和直径小于等于 51mm 的硬聚氯乙烯塑料管，均采用手工锯切割；直径大于 51mm 的塑料管，采用木圆锯机切割。

管材切割是比较重要的一个工序，管材切口的质量，对下一道工序（坡口加工和管口组对）都有直接影响。

4. 坡口加工

坡口加工是为了保证管口焊接质量而采取的有效措施。坡口的形式有多种，选择什么坡口形式，要考虑以下几个方面：

（1）能够保证焊接质量；

（2）焊接时操作方便；

（3）能够节省焊条；

（4）防止焊接后管口变形。

管道焊接常采用的坡口形式有以下几种：

（1）I形坡口，适用于管壁厚度在 3.5mm 以下的管口焊接。根据壁厚情况，调整对口的间隙，以保证焊接穿透力。这种坡口管壁不需要倒角，实质上是不需要加工的坡口，只要管材切口的垂直度能够保证对口的间隙要求，就可以直接对口焊接。

（2）V形坡口，适用于中低压钢管焊接，坡口的角度为 60～70，坡口根部有钝边，钝边厚度为 1～2mm。

（3）U形坡口，适用于高压钢管焊接，管壁厚度在 20～60mm 之间，坡口根部有钝边，厚度为 2mm 左右。

坡口的加工，不同的材质应采取不同的方法，对于有严格要求的管道，坡口应采用机械方法加工。低压碳钢管坡口，一般可以用氧乙炔气切割，但必须除净坡口表面的氧化层，并打磨平整。

定额中管道坡口的加工方法如下：

低压碳钢管的坡口，管道公称直径小于等于 50mm 时，采用手提砂轮机磨坡口；直径大于 50mm 的用氧乙炔气切割坡口，然后用手提砂轮机打掉氧化层并打磨平整。

中压碳钢管、中低压不锈钢管和低合金钢管以及各种高压钢管，用车床加工坡口。

不锈钢板卷管的坡口，用手提砂轮机磨坡口；有色金属管，用手工锉坡口。

5. 焊接

焊接是管道连接的主要形式。管道在焊接以前，要检查管材切口和坡口是否符合质量要求，然后进行管口组对。两个管子对口时要同轴，不许错口。规范规定：Ⅰ、Ⅱ级焊缝内错边不能超过壁厚的 10%，并且不大于 1mm；Ⅲ、Ⅳ级焊缝不能超过壁厚的 20%，并且不能大于 2mm。对口时还要按设计有关规定，管口中间要留有一定的间隙。组对好的管口，先要进行点焊固定，根据管径大小，点焊 3～4 处，点焊固定后的管口才能进行焊接。焊接的方法有很多种，常用的有气焊、电弧焊、氩弧焊和氩电联焊。

（1）气焊

气焊是利用氧气和乙炔气混合燃烧所产生的高温火焰来熔接管口的。所以，气焊也称为氧气乙炔焊或火焰。

气焊所用的氧气，在正常状态下是一种无色无味的气体，氧气本身不能燃烧，但它是一种很好的助燃气体。施工常用的氧气，一般分为两个级别，一级氧气的纯度不低于 99.2%，二级氧气的纯度不低于 98.5%。氧气的纯度对焊接效率和质量有一定影响。一般情况下，氧气厂和氧气站所供应的氧气都可以满足焊接需要。对于焊接质量有特殊要求时，应尽量采用一级纯度的氧气。

气焊所用的乙炔气，在正常状态下，是一种无色无味的气体，是碳氢化合物。乙炔气本身具有爆炸性，当压力在 0.15MPa（1.5 个大气压）时，如果温度达到 550～

600℃时，就可能发生爆炸。常用的乙炔气，是用水分解工业电石取得的，这个分解过程，是放热反应过程。为了避免乙炔发生器温度过高发生爆炸，要求乙炔发生器应有较好的散热性能。常用的电石是由生石灰和焦炭在电炉中熔炼而成，一级电石能发生乙炔气 300L/kg。定额中切口、坡口用氧气比电石为 1∶1.7；焊口用氧气比电石为 1∶3.4。

气焊所用焊条也称焊丝，管道焊接常用的焊丝规格，直径为 2.5mm、3mm、3.5mm，使用时根据管材壁厚选择。

气焊适用于管壁厚 3.5mm 以下的碳素钢管、合金钢管和各种壁厚的有色金属管的焊接。公称直径在 50mm 以下的焊接钢管，用气焊焊接的较多。

（2）电弧焊

电弧焊是利用电弧把电能转变成热能，使焊条金属和母材熔化形成焊缝的一种焊接方法。电弧焊所用的电焊机，分交流电焊机和直流电焊机两种。交流电焊机多用于碳素钢管的焊接；直流电焊机多用于不锈耐酸钢和低合金钢管的焊接。电弧焊所用的电焊条种类很多，应按不同材质分别选用。电焊条的规格也有多种，管道安装常用的直径有 2.5mm、3mm、2.4mm。电焊条在使用前要进行检查，看药皮是否有脱落和裂纹现象，并按照出厂说明书的要求进行烘干，并在使用过程中保持干燥。

管道电弧焊接，应有良好的焊接环境，要避免在大风、雨、雪中进行焊接，无法避免时要采取有效地防护措施，以保证焊接质量。管道焊口，在施工中分为活动焊口和固定焊口两种。活动焊口是管口组对好经点固焊以后，仍能自由转动焊接，使熔接点始终处于最佳位置。管道在加工预制过程中，多数是活动焊口。固定焊口是管口组对完以后，不能转动的焊口，是靠电焊工人移动焊接位置来完成焊接的。这种焊口多发生在安装现场。

（3）氩弧焊

氩弧焊是用氩气作保护气体的一种焊接方法。在焊接过程中，氩气在电弧周围形成气体保护层，使焊接部位、钨极端头和焊丝不与空气接触。由于氩气是惰性气体，不与金属发生化学反应，因此，在焊接过程中焊件和焊丝中的合金元素不易损坏；另外，氩气不溶于金属，因此不产生气孔。由于上述这些特点，采用氩弧焊可提高焊接质量。有些管材的管口焊接难度较大，质量要求很高，为了防止焊缝背面产生氧化、穿瘤、气孔等缺陷，在氩弧焊打底焊接的同时，要求在管内充氩保护。氩弧焊和充氩保护所用的氩气纯度，不能低于 99.9％，杂质过多会影响焊缝质量。氩弧焊多用于焊接易氧化的有色金属管（如钛管、铝管等）、不锈耐酸钢管和各种材质的高压、高温管道的焊接。

（4）氩电联焊

氩电联焊是把一个焊缝的底部和上部分别采用两种不同的焊接方法的焊接，即在焊缝的底部采用氩弧焊打底，焊缝的上部采用电弧焊盖面。这种焊接方法，越来越被广泛应用，既能保证焊缝质量，又能节省很多费用，适用于各种钢管的Ⅰ、Ⅱ级焊缝和管内要求洁净的管道。

6. 焊口的检验

管道每个焊口焊完以后，都应对焊口进行外观检查，打掉焊缝上的药皮和两边的飞溅物。首先查看焊缝是否有裂纹、气孔、夹渣等缺陷；焊缝的宽度以每边超过坡口边缘2mm为宜；咬肉的深度不得大于0.5mm。

按规定管道必须进行无损探伤检验的焊口，要对参加焊接的每个焊工所焊的焊缝，按规定比例抽查检验，在每条管线上，抽查探伤的焊缝长度，不得少于一个焊口。如发现某焊工所焊的焊口不合格时，应对其所焊的焊缝按规定比例加倍抽查探伤；如果仍不合格时，应对其在该管线所焊的焊缝全部进行无损探伤。所有经过无损探伤检验不合格的焊缝，必须进行返修，返修的焊缝仍按原规定进行检验。

7. 管道其他连接方法

焊接是管道连接最常用的方法，但除此之外还有很多其他连接方法。

(1) 螺纹连接，也称丝扣连接，主要用于焊接钢管、铜管和高压管道的连接。焊接钢管的螺纹大部分可用人工套丝，目前多种型号的套丝机不断涌现，并且被广泛应用，已基本上代替了过去的人工操作。对于螺纹加工精度和粗糙度要求很高的高压管道，都必须用车床加工。

(2) 承插口连接，适用于承插铸铁管、水泥管和陶瓷管。承插铸铁管所用的接口材料有石棉水泥、水泥、膨胀水泥和青铅等，使用最多的是石棉水泥。此种接口操作简便，质量可靠。青铅接口，操作比较复杂，费用较高，且铅对人体有害，因此，除用于抢修等重要部位或有特殊要求时，其他工程一般不采用。

(3) 法兰连接，主要用于法兰铸铁管、衬胶管、有色金属管和法兰阀门等连接，工艺设备与管道的连接也都采用法兰连接。

法兰连接的主要特点是拆卸方便。安装法兰时要求两个法兰保持平行，法兰的密封面不能碰伤，并且要清理干净。法兰所用的垫片，要根据设计规定选用。

三、管道压力试验及吹扫清洗

在一个工程项目中，某个系统的工艺管道安装完毕以后，就要按设计规定对管道进行系统强度试验和气密性试验，其目的是为了检查管道承受压力情况和各个连接部位的严密性。一般输送液体介质的管道都采用水压试验，输送气体介质的管道多采用气体进行试验。

管道系统试验以前应具备以下条件：

(1) 管道系统安装完以后，经检查符合设计要求和施工验收规范规定的有关规定；

(2) 管道的支、托、吊架全部安装完；

(3) 管道的所有连接口焊接和热处理完毕，并经有关部门检查合格，应接受检查的管口焊缝尚未涂漆和保温；

(4) 埋地管道的坐标、标高、坡度及基础垫层等经复查合格；

(5) 试验用的压力表最少要准备2块，并要经过校验，其压力范围应为最大试验压力的1.5～2倍；

(6) 较大的工程应编制压力试验方案，并经有关部门批准后方可实施。

1. 液压试验

液压试验，在一般情况下都是用清洁的水做试验，如果设计有特殊要求时，按设计规定进行。水压试验的程序：

(1) 首先做好试验前的准备工作：安装好试验用临时注水和排水管线；在试验管道

系统的最高点和管道末端，安装排气阀；在管道的最低处安装排水阀；压力表应安装在最高点，试验压力以此表为准。

管道上已安装完的阀门及仪表，如不允许与管道同时进行水压试验时，应先将阀门和仪表拆下来，阀门所占的长度用临时短管连接起来串通；管道与设备相连接的法兰中间要加上盲板，使整个试验的管道系统成封闭状态。

（2）准备工作完成以后，就可开始向管道内注水，注水时要打开排气阀，当发现管道末端的排气阀流水时，立即把排气阀关闭，等全系统管道最高点的排气阀也见到流水时，说明全系统管道已经全部注满水，把最高点的排气阀也关好。这时对全系统管道进行检查。如没有明显的漏水现象，就可升压。升压时应缓慢进行，达到规定的试验压力以后，停压应不少于10min，经检查无泄漏，目侧管道无变形为合格。

各种管道试验时的压力标准，一般设计都有明确规定，如果没有明确规定可按管道施工及验收规范的规定执行。

（3）管道试验经检查合格以后，要把管内的水放掉，排放水以前应先打开管道最高点处的排气阀，再打开排水阀，把水放入排水管道；最后拆除试压用临时管道和连通管及盲板，拆下的阀门和仪表复位，把好所有法兰，填写好管道系统试验记录。

管道系统水压试验，如环境气温在0℃以下时，放水以后管道要及时用压缩空气吹除，避免管内积水冻坏管道。

2. 气压试验

气压试验，大体上分为两种情况：一种是用于输送气体介质管道的强度试验；一种是用于输送液体介质管道的严密性试验。气压试验所用的气体，大多数为压缩空气或惰性气体。

使用气压作管道强度试验时，其压力应逐级缓升，当压力升到规定试验压力一半的时候，应暂停升压，对管道进行一次全面检查，如无泄漏或其他异常现象，可继续按规定试验压力的10%逐级升压，每升一级要稳压3min，一直到规定的试验压力，再稳压5mm，经检查无泄漏无变形为合格。

使用气压作管道的严密性试验时，应在液压强度试验以后进行，试验的压力要按规定进行。若是气压强度试验和气压严密性试验结合进行时，可以节省很多时间。其具体做法是，当气压强度试验检查合格后，将管道系统内的气压降至设计压力，然后用肥皂水涂刷管道所有焊缝和接口，如果没有发现气泡现象，说明无泄漏，再稳压0.5h，如压力不下降，则气压严密性试验合格。

工业管道，除强度试验和严密性试验以外，有些管道还要作特殊试验，如真空管道要作真空度试验；输送剧毒及有火灾危险的介质，要进行泄漏量试验。这些试验都要按设计规定进行，如设计无明确规定，可按管道施工及验收规范的规定进行。

3. 管道的吹扫和清洗

工业管道的安装，每个管段在安装前，都必须清除管道内的杂物，但也难免有些锈蚀物、泥土等遗留在管内，这些遗留物必须清除。清除的方法一般是用压缩空气吹除或水冲洗，所以统称为吹洗。

（1）水冲洗

管道吹洗的方法很多，根据管道输送介质使用时的要求及管道内脏污程度来确定。

工业管道中，凡是输送液体介质的管道，一般设计要求都要进行水冲洗。冲洗所用的水，常选用饮用水、工业用水或蒸汽冷凝水。冲洗水在管内的流速，不应小于 1.5m/s，排放管的截面积不应小于被冲洗管截面积的 60%，并要保证排放管道的畅通和安全。水冲洗要连续进行，冲洗到什么程度为合格，按设计规定，如设计无明确规定时，则以出口的水色和透明度与入口的水目测一致为合格。定额中是按冲洗 3 次，每次 20min 考虑计算水的消耗量。

(2) 空气吹扫

工业管道中，凡是输送气体介质的管道，一般都采用空气吹扫，忌油管道吹扫时要用不含油的气体。

空气吹扫的检查方法，是在吹扫管道的排气口，安设用白布或涂有白漆的靶板来检查，如果 5min 内靶板上无铁锈、泥土或其他脏物即为合格。

(3) 蒸汽吹扫

蒸汽吹扫适用于输送动力蒸汽的管道。因为蒸汽吹扫温度较高，管道受热后要膨胀和位移，故在设计时就考虑这些因素，在管道上装了补偿器，管道支架、吊架也都考虑到受热后位移的需要。输送其他介质的管道，设计时一般不考虑这些因素，所以不适用蒸汽吹扫，如果必须使用蒸汽吹扫时，一定要采取必要的补偿措施。

蒸汽吹扫时，开始先输入管内少量蒸汽，缓慢升温暖管，经恒温 1h 以后再进行吹扫，然后停汽使管道降温至环境温度；再暖管升温、恒温，进行第二次吹扫，如此反复一般不少于 3 次。如果是在室内吹扫，蒸汽的排汽管一定要引到室外，并且要架设牢固。排汽管的直径应不小于被吹扫管的管径。

蒸汽吹扫的检查方法，中、高压蒸汽管道和蒸汽透平入口的管道要用平面光洁的铝板靶，低压蒸汽用刨平的木板靶来检查，靶板放置在排汽管出口，按规定检查靶板，无脏物为合格。

(4) 油清洗

油清洗适用于大型机械的润滑油、密封油等油管道系统的清洗。这类油管道管内的清洁程度要求较高，往往都要花费很长时间来清洗。油清洗一般在设备及管道吹洗和酸洗合格以后，系统试运转之前进行。

油清洗是采用管道系统内油循环的方法，用过滤网来检查，过滤网上的污物不超过规定的标准为合格。常用的过滤网规格有 100 目/cm² 和 200 目/cm² 两种。

(5) 管道脱脂

管道在预制安装过程中，有时要接触到油脂，有些管道因输送介质的需要，要求管内不允许有任何油迹，这样就要进行脱脂处理，除掉管内的油迹。管道在脱脂前应根据油迹脏污情况制订脱脂施工方案，如果有明显的油污或锈蚀严重的管材，应先用蒸汽吹扫或喷砂等方法除掉一些油污，然后进行脱脂。脱脂的方法有多种，可采用有机溶剂、浓硝酸和碱液进行脱脂，有机溶剂包括二氯乙烷、三氯乙烯、四氯化碳、丙酮和工业酒精等。

脱脂后应将管内的溶剂排放干净，经验收合格以后，将管口封闭，避免以后施工中再被污染；要填写好管道脱脂记录，经检验部门签字盖章后，作为交工资料的一部分。

管道的清洗，除上面介绍的方法以外，还有酸洗、碱洗和化学清洗钝化。管道的清洗吹扫，是施工中很重要的项目，编制施工图预算时容易漏掉。

四、工业管道安装工程识图

看懂图纸、熟悉图纸是正确提出工程量，编好施工图预算的先决条件。

识图也要有个程序，当拿到一套生产装置的工艺管道施工图纸时，首先要找到这套图的图纸目录，按图纸目录的编号，核对这套图纸是否齐全。工艺管道施工图，少则数十张，多则数百张，其中主要的图纸，一张也不能少。图纸核对完后，先看首页图和设计说明书，以对这套施工图有个大概的了解。首页图很重要，有些设计说明和施工技术要求就写在首页图上。对于多层生产装置，首页图往往也是底层平面图，除底层平面图以外，还要有二层、三层等平面图。每层平面图上都标有楼层平面的高度，一般建筑结构以楼板高度划分，钢结构以钢平台高度划分。

平面图上所画的管线是表明在一定高度的空间内，基本平行于地面的管道，除表明管道的走向位置、管道编号和规格以外，还按一定比例画出工艺设备的位置。垂直于地平面的管道，在平面图上只能表示管道安装位置而不能表示管道的长度，图上看到的只是一个圆圈或者是一个圆点。

剖面图有时也称立面图，在剖面图上能表明平行于剖面的管道长度和平行于地面管道的安装高度。

流程图是按生产过程中物料的流动情况，用直观的示意形式，表明工艺设备与管道的关系，表明各种管道输送介质的流向。流程图上的管线长度，不代表管线实际的走向和长度，不能在流程图上丈量管线长度。

识图时要把各种图结合起来看，要搞清楚每条管线从哪里开始，到哪里结束。通过看图要达到以下几个目的：

（1）掌握生产装置内工艺管道大体有几个系统，如物料系统、循环水系统、蒸汽系统、压缩空气系统等，同时了解各系统管道安装的位置。

（2）各系统管道所用的材质，输送介质的工作压力、温度等，是否有易燃易爆和剧毒物质，与此同时，了解各类管道的焊缝等级。

（3）管道安装有哪些特殊技术要求，有哪些管道焊口规定要进行无损探伤，哪些管道焊口要求进行焊后热处理。

（4）哪些系统的管道要进行防腐保温，需要哪些材料。

除了熟悉施工图纸以外，还应了解施工现场情况，如哪些管道的安装，由于施工进度的需要必须进行夜间施工；地下管道的土方工程，哪些地段是普通土，哪些地段是坚土或硬质岩；施工现场的地下水位如何；沿管线施工地段有无障碍物需要清除。诸如此类与工程造价有关联的问题都应事先查勘清楚。

第二节 工业管道安装工程施工图预算的编制

一、管道安装

1. 本定额项目设置及适用范围

管道安装包括碳钢管、不锈钢管、合金钢管及有色金属管、非金属管、生产用铸铁管安装。本册中各类管道适用材质范围：

（1）碳钢管适用于焊接钢管、无缝钢管、16Mn 钢管。

（2）不锈钢管除超低碳不锈钢管按定额说明调整外，适用于各种材质。

（3）碳钢板卷管安装适用于普通碳钢板卷管和 16Mn 钢板卷管。

（4）铜管适用于紫铜、黄铜、青铜管。

（5）合金钢管除高合金钢管按定额说明调整外，适用于各种材质。

2. 各管道安装项目包括的工作内容

（1）管道安装包括直管安装过程的全部工序内容：现场准备、测量放线、场内运搬、切口坡口、组对连接（焊接、丝接、法兰及承插连接等）就位、固定等。铜（氧乙炔焊）管道安装还包括焊前预热，不锈钢管包括了焊后焊缝钝化。

（2）本定额内管道安装（衬里钢管、卡套式连接铜管、玻璃管和法兰铸铁管除外）不包括管件连接内容，其工程量可按设计用量执行本册第二章管件连接项目。

（3）玻璃管、法兰铸铁管及衬里钢管包括直管、管件、法兰含量的全部安装工序内容。不包括衬里管道的衬里，应另行计算。

3. 工程量的计算

（1）管道安装按设计压力等级、材质、规格、连接形式分别列项，以"10m"为计量单位。

（2）各种管道安装工程量，均按设计管道中心线长度，以延长米计算，不扣除阀门及各种管件所占长度；材料应按定额用量计算，定额用量已含损耗量。

（3）定额的管道壁厚是考虑了压力等级所涉及的壁厚范围综合取定的。执行定额时不区分管道壁厚，均按工作介质的设计压力及材质、规格执行定额。

（4）管道规格与实际不符时，按接近规格，中间值按大者计算。

（5）衬里钢管预制安装，管件按成品，弯头两端按接短管焊法兰考虑，定额中包括了直管、管件、法兰全部安装工作内容（二次安装、一次拆除），但不包括衬里。

（6）有缝钢管螺纹连接项目已包括丝堵、补芯安装内容。

（7）伴热管项目已包括煨弯工作内容。

（8）加热套管安装按内、外管分别计算工程量，执行相应项目。

4. 定额使用时应注意的问题

（1）管道安装定额中除另有说明外不包括以下工作内容，应执行本册有关章节相应项目：

1）管件连接；

2）阀门安装；

3）法兰安装；

4）管道压力试验、吹扫与清洗；

5）焊口无损探伤与热处理；

6）管道支架制作与安装；

7）管口焊接管内、外充氢保护；

8）管件制作、煨弯；

9）穿墙套管制作与安装。

（2）使用本定额不但要了解管道的材质及其规格，也一定弄清管道连接或焊接方式。

管道安装时，管道壁厚超出正常范围，也不再调整，均按管道设计压力使用定额。

（3）不锈钢管（焊接）定额中已包括焊后焊缝的钝化工作内容及其材料。

（4）卡套式连接铜管、玻璃管和法兰铸铁管定额项目中未列出管件及螺栓数量，应按设计用量进行计算；衬里钢管定额中已列有管件、法兰、螺栓数量，如实际与此不同，可按实调整。

（5）方型补偿器安装，直管部分可按延长米计算，套用定额第一章"管道安装"相应定额；弯头可套用定额第二章"管件连接"定额相应项目。

（6）加热套管的内外套管的旁通管、弯头组成的方形补偿器，其管道和管件应分别计算工程量。

（7）加热套管的内、外套管应分别计算，执行相应管道定额。例如内管直径为76mm，外套管直径为108mm，两种规格的管道应分别计算。

（8）凡需预安装（衬里钢管除外）的管道工程，其人工乘以系数2，其余不变。

（9）超低碳不锈钢管执行不锈钢管项目，其人工和机械乘以系数1.15，焊条消耗量不变。

（10）高合金钢管执行合金钢管项目，其人工和机械乘以系数1.15，焊条消耗量不变。

（11）钢板卷管在计算工程量时，不扣除管件、阀门所占的长度，按定额标注计算直管主材用量。

在计算板卷管的主材数量时，对于挖眼三通、抽条大小头，不扣除所占长度，但在套用管件连接定额时，不再计算其主材用量；对于成品三通、焊制弯头、异径管等也不扣除所占长度，在套用管件连接定额时要根据工程实际情况计入管件成品价，或另套定额第五章管件制作定额。

二、管件连接

1. 定额项目设置及其工作内容

（1）管件安装定额与定额第一章管道安装配套使用，适用范围与管道安装相对应。

（2）管件安装包括弯头（含冲压、垠制、焊接弯头）、三通（四通）、异径管、管接截翔管帽、仪表凸台、焊接盲板等。

（3）管件安装的工作内容包括管子切口、套丝、坡口、管口组对、连接或焊接、不锈钢管件焊缝钝化，铝管件焊缝酸洗，铜管件（氧乙炔焊）的焊前预热。

2. 工程量的计算

（1）各种管件连接均按压力等级、材质、规格、连接形式，不分种类，以"10个"为计量单位。

（2）管件连接中已综合考虑了弯头、三通、异径管、管帽、管接头等管口含量的差异，应按设计图纸用量，执行相应项目。

（3）现场捧制异径管，应按不同压力、材质、规格，以大口管径执行管件连接相应项目，不另计制作工程量和主材用量。

（4）在管道上挖眼焊接管接头、凸台等配件，按配件管径计算管件工程量；挖眼接管三通支管径小于等于主管径1/2时，按支管径计算管件工程量（山东省规定）；支管径大于主管径1/2时，按主管径计算管件工程量。

3. 管件安装定额应用时注意事项

（1）本定额只适用于管件安装，管件制作、管子煨弯等均按本册第五章相应项目执行。

（2）在安装现场直接在主管上挖眼接管三通和捧制异径管时，其工程量计算写成品管件的计算方法相同，但此类管件只套用连接定额，不得另计制作费和主材费。

（3）对于焊接管帽、焊接盲板（死盲板），均按管件连接定额执行。螺纹连接的管道中，丝堵、补芯已含在管道安装内，不得再套用螺纹管件定额，但其本身价值应计入材料费内。

（4）成品四通的安装，可按相应管件连接定额乘以 1.40 的系数计算。

（5）管件采用法兰连接时，除另有说明外，执行定额第四章法兰安装相应项目，管件本身安装不再计算。

（6）全加热套管的外套管件安装，定额是按两半管件考虑的，包括二道纵缝和 2 个环缝。

（7）半加热外套管捧口后退在内套管上，每个焊口按 1 个管件计算。外套碳钢管如焊在不锈钢管内套管上时，焊口间需加不锈钢短管衬垫，每处焊口按 2 个管件计算，衬垫短管按设计长度计算，如设计无规定时，可按 50mm 长度计算。

（8）仪表的温度计扩大管制作安装，执行管件连接项目乘以系数 1.5，工程量按大口径计算。

三、阀门安装

1. 定额项目划分及其工作内容

（1）阀门安装包括低中高压管道上的各种阀门安装，也适用于螺纹连接、焊接（对焊、承插焊）或法兰连接形式的减压阀、疏水阀、除污器、阻火器、窥视镜、水表等阀件、配件的安装。

（2）阀门安装工作内容均包括阀门（除高压对焊阀门外）壳体压力试验，阀门解体检查研磨，管口切坡口组对、连接或焊接安装等。

（3）阀门解体检查及研磨定额中是按实际测算的比例综合考虑的，使用时不论实际发生多少，均不再另计。

2. 工程量的计算

（1）各种阀门按不同压力、规格、连接形式，分型号、类型以"个"为计量单位，执行相应定额项目。压力等级以设计规定为准。

（2）各种法兰阀门安装与配套法兰的安装，应分别计算工程量，但塑料阀门安装定额中已包括配套的法兰安装，不要另计。

（3）减压阀直径按高压侧计算。

3. 定额使用中应注意的问题

（1）高压对焊阀门除另有说明外是按碳钢焊接考虑的，如设计要求其他材质，其电焊条材质可以换算，消耗量不变。本项目未包括壳体压力试验、解体研磨工序，发生时应另行计算。

（2）安全阀门包括壳体压力试验及调试内容。

（3）电动阀门安装包括电动机的安装，但检查接线及电气调试应按第二册《电气设备安装工程》项目计算。

（4）调节阀门安装仅包括安装工序内容，配合安装工作内容由仪表专业考虑。

（5）各种法兰阀门安装，定额中只包括一个垫片（或透镜垫）和一副法兰用的螺栓。公称直径 600mm 以上的中压阀门和公称直径 300mm 以上的高压阀门安装定额项目中，未列螺栓数量，发生时按实另计。定额内垫片材质与实际不符时，可按实调整。

（6）阀门安装综合考虑了壳体压力试验（包括强度试验和严密性试验）、解体研磨工序内容，执行本章项目时不得因现场情况不同而调整。

（7）阀门壳体液压试验介质是按普通水考虑的，如设计要求用其他介质时，可作调整。

（8）阀门安装不包括阀体磁粉探伤、密封、做气密性试验、阀杆密封填料的更换等特殊要求的工作内容。

（9）直接安装在管道上的仪表流量计，执行阀门安装相应项目乘以系数 0.7，螺栓数量不变。

（10）阀门安装如采用翻边活动法兰连接时，应套用本定额法兰阀门安装和定额第八章翻边短管加工制作和第四章翻边活动法兰安装三项计算。

（11）阀门安装定额不包括阀门延长杆的制作安装费用、如设计要求安装延长杆时，应另行计算。

（12）焊接法兰或焊接阀门项目中所用焊条如与实际不符时可以调整，但耗用量不得改变。

四、法兰安装

1. 定额项目设置及工作内容

（1）本定额法兰安装包括低、中、高压管道、管件、法兰阀门上使用的各种材质的法兰安装。法兰种类有螺纹法兰、平焊法兰、对焊法兰、翻边活动法兰等。

（2）法兰安装工作内容包括切管套丝、坡口、焊接、制垫、加垫、组对、紧螺栓；另外，还包括不锈钢法兰焊接后的焊缝钝化，铝管的焊前预热、焊后酸洗，高压法兰螺栓涂二硫化铝等工作内容。

2. 工程量的计算

（1）低、中、高压管道、管件、阀门上的各种法兰安装，应按不同压力、材质、规格和种类，分别以"副"为计量单位，执行相应定额项目。压力等级以设计图纸规定为准。

（2）不锈钢、有色金属的焊环活动法兰安装，可执行翻边活动法兰安装相应项目，但应将定额中的翻边短管换为焊环，并另行计算其价值。

3. 定额使用中应注意的事项

（1）各种法兰安装，消耗量中只包括一个垫片（或透镜垫）和一副法兰用的螺栓。公称直径 300m 以上的高压法兰安装定额中未列螺栓数量，应按实际发生另计。

（2）中、低压法兰安装的垫片是按石棉橡胶板考虑的，如设计有特殊要求时可作调整。

（3）法兰安装不包括安装后系统调试运转中的冷、热态紧固内容，发生时可另行计算。

（4）高压对焊法兰包括了密封面涂机油工作内容。硬度检查应按设计要求另行计算。

（5）中压螺纹、平焊法兰安装，按相应低压螺纹、平焊法兰项目乘以系数 1.2，螺栓规格数量按实调整。

（6）用法兰连接的管道安装，管道与法兰分别计算工程量，执行相应项目。

（7）在管道上安装的节流装置执行法兰安装相应项目乘以系数 0.8，螺栓规格数量按实调整，定额已包括了短管装拆工作内容。

（8）焊接盲板（平盖封头）执行定额第二章管件连接相应项目乘以系数 0.6。

（9）配法兰的盲板只计算主材，安装已包括在单片法兰安装工作内容中。

（10）与设备相连接的法兰或管路末端盲板封闭的法兰安装，以"片"为单位计算时，执行相应项目乘以系数 0.61，螺栓数量不变。

（11）全加热套管法兰安装，按内套管法兰直径执行相应项目乘以系数 2，螺栓规格数量按实调整。

（12）翻边活动法兰安装所用的翻边短管加工制作，可按照定额第八章相应项目计算。

五、板卷管制作与管件制作

1. 定额项目设置及其工作内容

（1）本定额适用于各种板卷管及管件制作。

板卷管制作适用于碳钢板、不锈钢板、铝板直管制作，管件制作适用于各种材质用成品板或成品管制作的弯头，三通、异径管以及管子煨弯等。定额还编列了三通补强圈、塑料法兰的制作安装。中频煨弯、钢板卷管（埋弧自动焊）属于新增项目，不适用螺旋卷管的制作。

（2）卷板管及管件制作工作内容包括划线、切割、坡口、卷制、组对、焊口处理、焊接、检验等。

另外，不锈钢板卷管与管件制作还包括焊后焊缝钝化，铝板管与管件制作包括焊缝酸洗。

煨制弯头（管）包括更换胎具，加热、煨弯成型。中频煨弯不包括垦制时胎具更换内容。

（3）三通补强圈制作安装工作内容包括划线、切割、坡口、板弧液压、钻孔、锥丝、组对、安装。

（4）塑料法兰制作安装工作内容包括：塑料板划线、切割、钻孔、组对、安装。

（5）三通补强圈和塑料法兰制作安装只适用于现场制作的管件上需用的三通补强圈和塑料法兰。

2. 工程量的计算

（1）板卷管制作，按不同材质、规格以"t"为计量单位，主材用量包括规定的损耗量。钢板卷管的制作长度取定：$\phi \leqslant 100mm$ 时长度为 3.6m，$\phi \leqslant 1800mm$ 时长度为 4.8m，$\phi \leqslant 4000mm$ 长度为 6.4m。

（2）板卷管件制作，按不同材质、规格、种类以"t"为计量单位，主材用量包括规定的损耗量。

（3）成品管材制作管件，按不同材质、规格、种类以"10 个"为计量单位，主材用量包括规定的损耗量。

（4）三通不分同径或异径，均按主管径计算，异径管不分同心或偏心，按大管径计算。

3. 定额应用中的注意事项

（1）成品管材加工的管件，按标准管件考虑，符合现行规范质量标准。

（2）各种板卷管与管件制作，其焊缝均按透油试漏考虑，不包括单件压力试验和无损探伤。发生时按本册相关项目计算。

（3）用管材制作管件项目，其焊缝均不包括试漏或无损探伤工作内容，应按相应管道焊缝等级和设计要求计算探伤工程量。

（4）煨弯按 90°考虑，煨 180°时，定额乘以系数 1.5。

（5）各种板卷管与板卷管件制作，是按在结构（加工）厂制作考虑的，不包括原材料（板材）及成品的水平运输、卷筒钢板展开平直工作内容，发生时应按相应项目另行计算，并计入技术措施费用中。

（6）直管上挖眼三通及用管材摔制异径管均按定额第二章管件安装计算。

六、管道压力试验、吹扫与清洗

1. 定额项目划分及工作内容

（1）本定额适用于高中低压管道压力试验，管道系统吹扫、清洗、脱脂等项目。不适用于设备的清洗脱脂。

（2）本定额根据现行规范规定取消了原定额中的气密性试验，增设泄漏性试验。泄漏性试验适用于剧毒、易燃易爆介质的管道。

（3）管道压力试验工作内容包括临时试压泵或压缩机临时管线安装拆除、制堵盲板、灌水或充气加压、强度试验、严密性试验、检查处理、现场清理。

（4）管道系统吹扫工作内容包括临时管线安装拆除、通水冲洗或充气（汽）吹洗、检查、管线复位及场地清理。

（5）管道清洗脱脂工作内容包括临时管线设施的安装拆除、配制清洗剂、清洗、中和处理、检查、料剂回收及场地清理等。

2. 工程量计算规则

（1）管道压力试验、吹扫与清洗按不同的压力、规格、不分材质以"100mm"为计量单位。

（2）泄漏性试验适用于输送剧毒、有毒及可燃介质的管道，按压力、规格，不分材质以"100mm"为计量单位。

3. 定额应用中注意事项

（1）管道液压试验是按普通水考虑的，如试压介质有特殊要求，介质可按实调整。

（2）定额内均已包括用空压机和水泵作动力进行试压、吹扫、清洗管道时连接的临时管线、盲板、阀门、螺栓等材料摊销；不包括管道之间的串通临时管线及管道排放点的临时管线，其工程量应按施工方案另行计算，计入措施项目费内。

（3）液压试验和气压试验都已分别包括强度试验和严密性试验工作内容。

（4）管道油清洗项目适用于传动设备输送油管道的油冲洗，按系统循环法考虑，包括油冲洗、系统连接和滤油机用橡胶管的摊销，但不包括管内除锈，发生时另行计算。

七、无损探伤与焊口热处理

本定额包括金属管道的无损探伤及焊口热处理两部分。原定额规定管道无损探伤使用板材无损探伤定额乘以系数的办法。本定额则新增列了管道无损探伤项目，焊口热处理也增加了焊口焊缝预热及后热项目。下面将分别介绍应用中的有关问题。

1. 无损探伤

(1) 无损探伤定额适用于金属管材表面及管道焊缝的无损探伤，包括磁粉、超声波、X射线、γ射线及渗透探伤。

(2) 无损探伤的工作内容包括：

1) 焊口及检验部位的清理。

2) 材料的配制、涂抹，片子固定，拆装。

3) 探伤设备仪器等搬运、固定、拆除，开机检查。

4) 无损检验、技术分析、鉴定报告。

(3) 无损探伤定额中不包括固定射线探伤仪器的各种支架的制作和超声波探伤所需的各种对比试块的制作，发生时可根据现场实际情况另行计算。

(4) 工程量计算规则

1) 管材表面磁粉探伤和超声波探伤，不分材质、壁厚以"10m"为计量单位。

2) 焊缝X射线、γ射线探伤，按管壁厚不分规格、材质以"10张"（胶片）为计量单位。

3) 焊缝超声波、磁粉及渗透探伤，按管道规格不分材质、壁厚以"10口"为计量单位。

4) 计算X光、γ射线探伤工程量时，按管材的双壁厚执行相应定额项目。

例如：无缝钢管 $\phi 630 \times 10$，需进行X射线无损检验，采用胶片规格为80mm×300mm。选用定额时应按厚度 $2 \times 10 = 20$（mm）厚，选定额子目C6-2493，切记不可按壁厚10mm，选定额子目C6-2492。

(5) 应用中应注意的问题

1) 管材对接焊接过程中的渗透探伤检验，执行管材焊缝渗透探伤项目。

2) 无损探伤定额已综合考虑了高空作业降效因素。不论现场操作高度多高，均不再计超高费。

3) 管道焊缝应按照设计要求的检验方法和数量进行无损探伤。当设计无规定时，管道焊缝的射线探伤检验比例应符合规范规定。管口射线探伤胶片的数量按现场实际拍摄张数计算。计算拍片数量应考虑胶片的搭接长度，设计没有明确规定时，一般按每边预留25mm计。

例如：按前一例子计算拍片工程量，应为：$(630 \times 3.14) \div (300 - 2 \times 25) = 7.91$（张），应采取收尾法，取8张。

注意：一定要以每个焊口计算，不要以全部焊缝的总长度计。

2. 预热与热处理

(1) 本定额适用于碳钢、低合金钢和中高合金钢各种施工方法的焊前预热或焊后热处理。本定额选用了电感应及电加热片以及氧乙炔焰加热的方法，取消了原定额中的电阻丝加热处理方法。

（2）预热与热处理工作内容包括现场工机具材料准备，热电偶、电加热片或感应加热线的装拆、包扎、连线、通电升温或恒温，材料回收、清理现场等。

（3）工程量计算规则：焊前预热和焊后热处理，按管道不同材质、规格及施工方法以"10口"为计量单位。

（4）定额应用中需要注意的问题：

1）热处理的有效时间是依据 GB 50235－1997《工业管道工程施工及验收规范》规定的加热速率、恒温时间及冷却速率公式计算的，并考虑了必要的辅助时间、拆除和回收材料等工作内容。

2）执行焊前预热及后热定额时，如施焊后立即进行焊口局部热处理，人工乘以系数 0.87。

3）用电加热片加热进行焊前预热或焊后局部热处理时，如要求增加一层石棉布保温，石棉布的消耗量与高硅（氧）布相同，人工不再增加。

4）用电加热片或电感应法加热进行焊前预热或焊后局部热处理的项目中，除石棉布和高硅（氧）布为一次性消耗材料外，其他各种材料均按摊销量计入定额。

（5）电加热片是按履带式考虑的，如与实际不符时可按实调整。

（6）预热及热处理项目中不包括硬度测定。

3. 硬度测定

（1）硬度测定适用于金属管材测定硬度值，包括硬度测定和技术报告等内容。

（2）硬度测定是以测定点的多少，以"10个点"为计量单位。

八、其他

本定额适用于管道系统中有关附件及部件的安装，包括管道支架制作安装，管口焊接充氩保护及冷排管、蒸发分汽缸、集气罐、空气分气筒、排水漏斗、套管制作安装，空气调节器喷雾管、金属软管、水位计、阀门操纵装置安装以及翻边短管加工等项目。

1. 管道支架制作安装

（1）本定额适用于单件重量 100kg 以内的管架制作安装，单件重量大于 100t 的管架制作安装，套用第五册《静置设备与工艺金属结构制作安装工程》相应定额项目。

（2）工程量计算规则：一般管架制作安装以"t"为计量单位。

（3）管道支架制作安装已包括了除锈与刷防锈漆，如发生刷面漆应按设计要求套用定额第十一册《刷油、防腐蚀、绝热工程》。

（4）管架制作安装定额按重量列项，已包括所需螺栓、螺母耗用量。

（5）除木垫式、弹簧式管架外，其他类型管架均执行一般管架项目。

（6）木垫块及弹簧盒的安装已包括在相应定额内，但其主材应另行计算。木垫式管架工程量不包括木垫重量。

（7）有色金属管、非金属管的管架制作安装，定额乘以系数 1.10。设计需要增加隔垫时，其垫板另计材料费。

（8）采用成型钢管焊接的管架制作安装，定额乘以系数 1.30。

2. 管口焊接充氩保护

（1）管口焊接充氢保护项目包括管内局部充氢保护和管外充氢保护两部分。适用于各种材质管道氢弧焊接或氢电联焊的项目。

（2）管口焊接充氢保护以"10口"为计量单位。

（3）在执行定额时，应根据设计及规范要求，按不同的规格分管内、管外选用不同项目。

3. 冷排管制作安装

（1）冷排管制作安装项目包括翅片墙排管、顶排管、光滑顶排管、蛇形墙排管、立式墙排管、搁架式排管等项目。定额内包括准备、切管、挖眼、爆弯、组对、焊接、钢带的轧绞、绕片固定、试压等工作内容，不包括钢带退火和冲套翅片，其消耗量应另行计算。

（2）冷排管制作与安装按排管每排根数及长度以"100m"为计量单位。

（3）冷排管的刷油及支架制作安装刷油应按相应定额规定另行计算。

4. 蒸汽分汽缸制作安装

（1）本定额项目适用于随工艺管道进行现场制作安装、试压落、检查、验收的小型分汽缸（通常情况下缸体直径不超过 $DN400$，容积不超过 $0.2m^3$），包括采用钢管制作及采用钢板制作两种情况，不同于压力容器设备制作安装。

（2）钢管制作是缸体采用无缝钢管制作，钢板制作是缸体采用钢板进行卷制，封头均采用钢板制作。定额不包括其附件制作安装，可按相应定额另行计算。

（3）分汽缸制作根据选用的材料及重量，以"100kg"为计量单位，安装按重量以"个"为计量单位。

（4）分汽缸及其附件的刷漆，应按相关定额另行计算。

5. 集气罐制作安装

（1）集气罐制作与安装合并为一项，其工作内容包括下料、切割、坡口、组对、焊接、安装、试压、刷防锈漆等，但不包括附件制作安装，可按相应定额另行计算。

（2）集气罐按公称直径以"个"为计量单位。

（3）集气罐的支架、面漆等内容，应按有关定额另行计算。

6. 空气分气筒制作安装

（1）空气分气筒均按采用无缝钢管制作考虑的，其长度为 400mm，直径分 $\phi100$、$\phi150$、$\phi200$ 三种规格，以"个"为计量单位。

（2）空气分气筒除筒体制作安装以外的内容如刷漆、支架、附件等应另行计算。

7. 空气调节器喷雾管安装

空气调节器喷雾管安装，按 T704-12《全国通用采暖通风标准图集》以六种形式分列，可按不同形式以"组"为计量单位分别选用。

8. 钢制排水漏斗制作安装

钢制排水漏斗按公称直径以"个"为计量单位。

9. 套管制作安装

（1）套管制作与安装合为一项，分一般穿墙套管和柔性、刚性防水套管。根据介质管径的规格以"个"为计量单位。制作所需的钢管和钢板用量已包括在定额内，应按设计及规范要求选用相应项目。套管的除锈和刷防锈漆已包括在定额内。

（2）套用本定额时特别注意：套管的规格是以套管内穿过的介质管道直径确定的，而不是指现场制作的套管实际直径。

（3）一般穿墙套管适用于各种管道穿墙或穿楼板需用的碳钢保护管。

10. 金属软管安装

（1）金属软管适用于连接设备、器具、附件或管道等的挠性短管，包括螺纹连接和法兰连接两种形式。

（2）金属软管不分长短，均按不同管径、分连接方式以"个"为计量单位。

11. 水位计安装

水位计安装仅适用管式和板式两种型式的水位计，其计量单位为"组"，包括全套组件的安装。

12. 调节阀临时短管装拆

（1）调节阀临时短管制作装拆项目，适用于管道系统试压、吹扫时需要拆除阀件而以临时短管代替连通管道，其工作内容包括完工后短管拆除和原阀件复位等。

（2）工程量的计算是按调节阀公称直径，以"个"为计量单位。

（3）本项目也适用于同类情况的其他阀件临时短管的装拆。

13. 翻边短管加工制作

（1）本定额设置了不锈钢管、铝管、铜管三种管材的翻边短管加工制作。

（2）定额工作内容包括设备机具拆装、管子切断、翻胀管口等内容。消耗量中已考虑胀翻管口的模具材料摊销。

（3）翻边短管加工制作，按不同的管道外径，以"个"为计量单位。

（4）本定额中只编制了管径 $\phi \leqslant 219$ 的活动法兰用翻边短管，超出规格的翻边短管，可根据实际情况另行计算。

第三节　工业管道安装工程量清单编制

一、工程量清单项目设置

工业管道工程的工程量清单分为十七节，共一百二十四个清单项目。工程量清单项目设置及工程量计算规则如表 6-1～表 6-17：

低压管道（编码：030601）　　　　　　　　　　　　　　　　　　　　　**表 6-1**

项目编码	项目名称	项目特征	计量单位	工程量计算规则	工程内容
030601001	低压有缝钢管	1. 材质 2. 规格 3. 连接形式 4. 套管形式 5. 压力试验、吹扫、清洗设计要求 6. 除锈、刷油、防腐、绝热及保护层设计要求	m	按设计图示管道中心线长度以延长米计算，不扣除阀门、管件所占长度，遇弯管时，按内管交叉的中心线交点计算。方形补偿器以其所占长度按管道安装工程量计算	1. 安装 2. 套管制作、安装 3. 压力试验 4. 系统吹扫 5. 系统清洗 6. 脱脂 7. 除锈、刷油、防腐 8. 绝热及保护层安装、除锈、刷油

续表

项目编码	项目名称	项目特征	计量单位	工程量计算规则	工程内容
030601002	低压碳钢伴热管	1. 材质 2. 安装位置 3. 规格 4. 套管形式、材质、规格 5. 压力试验、吹扫设计要求 6. 除锈、刷油、防腐设计要求			1. 安装 2. 套管制作、安装 3. 压力试验 4. 系统吹扫 5. 除锈、刷油、防腐
030601003	低压不锈钢伴热管	1. 材质 2. 安装设置 3. 规格 4. 套管形式、材质、规格			1. 安装 2. 套管制作、安装 3. 压力试验 4. 系统吹扫
（以下略）					

中压管道（编码：030602）　　　　　　　　　　　　　　　　　　　表 6-2

项目编码	项目名称	项目特征	计量单位	工程量计算规则	工程内容
030602001	中压有缝钢管	1. 材质 2. 连接方式 3. 规格 4. 套管形式、材质、规格 5. 压力试验、吹扫、清洗设计要求 6. 除锈、刷油、防腐、绝热及保护层设计要求	m	按设计图示管道中心线长度以延长米计算。不扣除阀门、管道所占长度，遇弯管时，按两管交叉的中心线交叉点计算。方形补偿器以其所占长度按管道安装工程量计算	1. 安装 2. 套管制作、安装 3. 压力试验 4. 系统吹扫 5. 系统清洗 6. 脱脂 7. 除锈、刷油、防腐 8. 绝热及保护层安装、除锈、刷油
030602002	中压碳钢管				1. 安装 2. 焊口很热及后热 3. 焊口热处理 4. 焊口硬度测定 5. 套管制作、安装 6. 压力试验 7. 系统吹扫 8. 系统清洗 9. 油清洗 10. 脱脂 11. 除锈、刷油、防腐 12. 绝热及保护层安装、除锈、刷油
030602003	中压螺旋卷管				
（以下略）					

高压管道（编码：030603）　　　　　　　　　　　　　　　　　　　　　　　　　表 6-3

项目编码	项目名称	项目特征	计量单位	工程量计算规则	工程内容
030603001	高压碳钢管	1. 材质 2. 连接形式 3. 规格 4. 套管形式、材质、规格 5. 压力试验、吹扫、清洗设计要求 6. 除锈、刷油、防腐、绝热及保护层设计要求	m	按设计图示管道中心线长度以延长米计算，不扣除阀门、管件所占长度，遇弯管时，按两管交叉的中心线交点计算。方形补偿器以其所占长度按管道安装工程量计算	1. 安装 2. 焊口预热及后热 3. 焊口热处理 4. 焊口硬度检测 5. 套管制作、安装 6. 压力试验 7. 系统吹扫 8. 系统清洗 9. 油清洗 10. 脱脂 11. 除锈、刷油、防腐 12. 绝热及保护层安装、除锈
030603002	高压合金钢管				
030603003	高压不锈钢管	1. 材质 2. 连接形式 3. 规格 4. 套管形式、材质、规格 5. 压力试验、吹扫、清洗设计要求 6. 绝热及保护层设计要求			1. 安装 2. 焊口焊接管内、外充笼保护 3. 套管制作、安装 4. 压力试验 5. 系统吹扫 6. 系统清洗 7. 油清洗 8. 脱脂 9. 绝热及保护层安装、除锈、刷油
（以下略）					

低压管件（编码：030604）　　　　　　　　　　　　　　　　　　　　　　　　　表 6-4

项目编码	项目名称	项目特征	计量单位	工程量计算规则	工程内容
030604001	低压碳钢管件	1. 材质 2. 连接方式 3. 型号、规格 4. 补强圈材质、规格	个	按设计图示数量计算 注：1. 管件包括弯头、三通、四通、异径管、管接头、管上焊接管接头、管相、方形补偿器弯头、管道上仪表一次部件、仪表温度计扩大管制作安装等 2. 管件压力试验、吹扫、清洗、脱脂、除锈、刷油、防腐、保温及其补口均包括在管道安装中 3. 在主管上挖眼接管的三通和控制异径管，均以主管径按管件安装工程量计算，不另计制作费和主材费；挖眼接管的三通支线管径小于主管径$\frac{1}{2}$时，不计算管件安装工程量；在主管上挖眼接管的焊接接头、凸台等配件，按配件管径计算管件工程量。 4. 三通、四通、异径管均按大管径计算。 5. 管件用法兰连接时按法兰安装，管件本身安装不再计算安装 6. 半加热外套管摔口后焊接在内套管上，每处焊口按一个管件计算外套碳钢管如焊接不锈钢内套管上时、焊间需加不锈钢短管衬垫，每处焊口按两个管件计算	1. 安装 2. 三通补强圈制作、安装
030604002	低压碳钢板卷管件				
030604003	低压不锈钢管件				1. 安装 2. 三通补强圈制作、安装 3. 管焊口焊接内、外充氩保护
030604004	低压不锈钢板卷管件				
030604005	低压合金钢管件				
030604006	低压加热外套碳钢管件（两半）	1. 材质 2. 型号、规格			安装
030604007	低压加热外套不锈钢管件（两半）				
（以下略）					

中压管件（编码：030605）　　　　　　　　　　表 6-5

项目编码	项目名称	项目特征	计量单位	工程量计算规则	工程内容
030605001	中压碳钢管件	1. 材质 2. 连接形式 3. 型号、规格 4. 补强圈材质、规格	个	按设计图示数量计算： 注：1. 管件包括弯头、三通、四通、异径管、管接头、管上焊接管接头、管帽、方形补偿器弯头、管道上仪表一次部件、仪表温度计扩大管制作安装等 2. 管件压力试验、吹扫、清洗、脱脂、除锈、刷油防腐、保温及其补口均包括在管道装中 3. 在主管上挖眼接管的三通和摔制异径管，均以主管径按管件安装工程量计算，不另计制作费和主材费；挖眼接管的三通支线管径小于主管径 1/2，不计算管件安装工程量；在主管上挖眼接管的焊接接头、凸台等配件，按配件管径计算管件工程量 4. 三通、四通、异径管均按大管径计算 5. 管件用法兰连接时按法兰安装，管件本身安装不再计算安装 6. 半加热外套管摔口后焊搂在内套管上，每处焊口按一个管件计算；外套碳钢管如焊接不锈钢内套管上时，焊口间需加不锈钢短管衬垫，每处焊口按两个管件计算	1. 安装 2. 三通补强圈制作、安装 3. 焊口预热及后热 4. 焊口热处理 5. 焊口硬度检测
030605002	中压螺旋卷管件				
030605003	中压不锈钢管件				1. 安装 2. 管道焊口焊内、外充氩保护
030605004	中压合金钢管件				1. 安装 2. 三通补强圈制作、安装 3. 焊口预热及后热 4. 焊口热处理 5. 焊口硬度检测 6. 管焊口充氩保护
030605005	中压铜管件	1. 材质 2. 规格、型号			1. 安装 2. 焊口预热及后热
（以下略）					

高压管件（编码：030606）　　　　　　　　　　表 6-6

项目编码	项目名称	项目特征	计量单位	工程量计算规则	工程内容
030606001	高压碳钢管件	1. 材质 2. 连接形式 3. 型号、规格	个	按设计图示数量计算： 注：1. 管件包括弯头、三通、四通、异径管、管接头、管上焊接管接头、管帽、方形补偿器弯头、管道上仪表一次部件、仪表温度计扩大管制作安装等 2. 管件压力试验、吹扫、清洗、脱脂、除锈、刷油、防腐、保温及其补口均包括在管道装中 3. 在主管上挖眼接管的三通和摔制异径管，均以主管径按管件安装工程量计算，不另计制作费和主材费；挖眼接管的三通支线管径小于主管径 1/2 时，不计算管件安装工程盘；在主管上挖眼接管的焊接接头、凸台等配件，按配件管径计算管件工程量 4. 三通、四通、异径管均按大管径计算。 5. 管件用法兰连接时按法兰安装，管件本身安装不再计算安装 6. 半加热外套管摔口后焊接在内套管上，每处焊口按一个管件计算；外套碳钢管如焊接不锈钢内套管上时，焊口间需加不锈钢短管衬垫，每处焊口按两个管件计算	1. 安装 2. 焊口预热及后热 3. 焊口热处理 4. 焊口硬度检测
030606002	高压不锈钢管件				1. 安装 2. 管焊口充氩保护
030606003	高压合金钢管件				1. 安装 2. 焊口预热及后热 3. 焊口热处理 4. 焊口硬度检测 5. 管焊口充氩保护
（以下略）					

低压阀门（编码：030607）　　　　　　　　　　　　表 6-7

项目编码	项目名称	项目特征	计量单位	工程量计算规则	工程内容
030607001	低压螺纹阀门	1. 名称 2. 材质 3. 连接形式 4. 焊接方式 5. 型号、规格 6. 绝热及保护层设计要求	个	按设计图示数量计算 注：1. 各种形式补偿器（除方形补偿器外）、仪表流量计均按阀门安装工程量计算 2. 减压阀直径按高压侧计算 3. 电动阀门包括电动机安装	1. 安装 2. 操纵装置安装 3. 绝热 4. 保温盒制作、安装、除锈、刷油 5. 压力试验、解体检查及研磨 6. 调试
030607002	低压焊接阀门				
030607003	低压法兰阀门				
030607004	低压齿轮、液压传动、电动阀门				
030607005	低压塑料阀门				
030607006	低压玻璃阀门				
（以下略）					

中压阀门（编码：030608）　　　　　　　　　　　　表 6-8

项目编码	项目名称	项目特征	计量单位	工程量计算规则	工程内容
030608001	中压螺纹阀门	1. 名称 2. 材质 3. 连接形式 4. 焊接方式一 5. 型号、规格 6. 绝热及保护层设计要求	个	按设计图示数量计算 注：1. 各种形式补偿器（除方形补偿器外）、仪表流量计均按阀门安装 2. 减压阀直径按高压侧计算 3. 电动阀门包括电动机安装	1. 安装 2. 操纵装置安装 3. 绝热 4. 保温盒制作、安装、除锈、刷油 5. 压力试验、解体检查及研磨 6. 调试
030608002	中压法兰阀门				
030608003	中压齿轮、液压传动、电动阀门				
030608004	中压安全阀门				1. 安装 2. 操纵装置安装 3. 绝热 4. 保温盒制作、安装、除锈、刷油 5. 压力试验 6. 调试
（以下略）					

高压阀门（编码：030609）　　　　　　　　　　　　表 6-9

项目编码	项目名称	项目特征	计量单位	工程量计算规则	工程内容
030609001	高压螺纹阀门	1. 名称 2. 材质 3. 连接形式 4. 焊接方式 5. 型号、规格 6. 绝热及保护层设计要求	个	按设计图示数量计算 注：1. 各种形式补偿器（除方形补偿器外）、仪表流量计均按阀门安装 2. 减压阀直径按高压侧计算	1. 安装 2. 操纵装置安装 3. 绝热 4. 保温盒制作、安装、除锈、刷油 5. 压力试验、解体检查及研磨
030609002	高压法兰阀门				
030609003	高压焊接阀门				1. 安装 2. 操纵装置安装 3. 焊口预热及后热 4. 焊口热处理 5. 焊口硬度测定 6. 焊口焊接内、外充氢保护 7. 阀门绝热 8. 保温盒制作、安装、除锈、刷油 9. 压力试验、解体检查及研磨

低压法兰（编码：030610）　　　　　　　　　　　表 6-10

项目编码	项目名称	项目特征	计量单位	工程量计算规则	工程内容
030610001	低压碳钢螺纹法兰	1. 材质 2. 结构形式 3. 型号、规格 4. 绝热及保护层设计要求	副	按设计图示数量计算 注：1. 单片法兰、焊接盲板和封头按法兰安装计算，但法兰盲板不计安装工程量 2. 不锈钢，有色金属材质的焊环活动法兰按翻边活动法兰安装计算	1. 安装 2. 绝热及保温盒制作、安装、除锈、刷油
030610002	低压碳钢平焊法兰				
030610003	低压碳钢对焊法兰				
（以下略）					

中压法兰（编码：030611）　　　　　　　　　　　表 6-11

项目编码	项目名称	项目特征	计量单位	工程量计算规则	工程内容
030611001	中压碳钢螺纹法兰	1. 材质 2. 结构形式 3. 型号、规格 4. 绝热及保护层设计要求	副	按设计图示数量计算 注：1. 单片法兰、焊接盲板和封头按法兰安装计算，但法兰盲板不计安装工程量 2. 不锈钢、有色金属材料的焊环活动法兰按翻边活动法兰安装计算	1. 安装 2. 绝热及保温盒制作、安装、除锈、刷油
030611002	中压碳钢平焊法兰				1. 安装 2. 焊口预热及后热 3. 焊口热处理 4. 焊口硬度检测 5. 绝热及保温盒制作、安装、除锈、刷油
030611003	中压碳钢对焊法兰				
（以下略）					

高压法兰（编码：030612）　　　　　　　　　　　表 6-12

项目编码	项目名称	项目特征	计量单位	工程量计算规则	工程内容
030612001	高压碳钢螺纹法兰	1. 材质 2. 结构形式 3. 型号、规格 4. 绝热及保护层设计要求	副	按设计图示数量计算 注：1. 单片法兰，焊接盲板和封头法兰安装计算，但法兰盲板不计安装工程量 2. 不锈钢、有色金属材质的焊环活动法兰按翻边活动法兰安装计算	1. 安装 2. 绝热及保温盒制作、安装、除锈、刷油
030612002	高压碳钢对焊法兰				1. 安装 2. 焊口预热及后热 3. 焊口热处理 4. 焊口硬度检测 5. 绝热及保温盒制作、安装、除锈、刷油
030612003	高压不锈钢对焊法兰				1. 安装 2. 绝热及保温盒制作、安装、除锈、刷油 3. 硬度测试 4. 焊口充氩保护
030612004	高压合金钢对焊法兰				1. 安装 2. 绝热及保温盒制作、安装、除锈、刷油 3. 高压对焊法兰硬度检测 4. 焊口预热及后热 5. 焊口热处理 6. 焊口充氩保护

板卷管制作（编码：030613） 表 6-13

项目编码	项目名称	项目特征	计量单位	工程量计算规则	工程内容
030613001	碳钢板直管制作	1. 材质 2. 规格	t	按设计制作直管段长度计算	1. 制作 2. 卷筒式板材开卷及平直
030613002	不锈钢板直管制作				1. 制作 2. 焊口充氩保护
030613003	铝板直管制作				1. 制作 2. 焊口充氩保护 3. 焊口预热及后热

管件制作（编码：030614） 表 6-14

项目编码	项目名称	项目特征	计量单位	工程量计算规则	工程内容
030614001	碳钢板管件制作	1. 材质 2. 规格	t	按设计图示数量计算 注：管件包括弯头、三通、异径管；异径管按大头口径计算，三通按主管口径计算	1. 制作 2. 卷筒式板材开卷及平直
030614002	不锈钢板管件制作				1. 制作 2. 焊口充氩保护
030614003	铝板管件制作				1. 制作 2. 焊口充氩保护 3. 焊口预热及后热
030614004	碳钢管虾体弯制作	1. 材质 2. 规格	个	按设计图示数量计算	制作
030614005	中压螺旋卷管虾体弯制作				
030614006	不锈钢管虾体弯制作				1. 制作 2. 焊口充氩保护
（以下略）					

管架件制作（编码：030615） 表 6-15

项目编码	项目名称	项目特征	计量单位	工程量计算规则	工程内容
030615001	管架制作安装	1. 材质 2. 管架形式 3. 除锈、刷油、防腐设计要求	kg	按设计图示质量计算 注：单件支架质量100kg 以内的管支架	1. 制作、安装 2. 除锈及刷油 3. 弹簧管架全压缩变形试验 4. 弹簧管架工作荷载试验

管材表面及焊缝无损探伤（编码：030616） 表 6-16

项目编码	项目名称	项目特征	计量单位	工程量计算规则	工程内容
030616001	管材表面超声波探伤	规格	m	按规范或设计技术要求计算	超声波探伤
030616002	管材表面磁粉探伤				磁粉探伤
030616003	焊缝 X 光射线探伤	1. 底片规格 2. 管壁厚度	张		X 光射线探伤
030616004	焊缝 γ 射线探伤				γ 射线探伤
（以下略）					

其他项目制作安装（编码：030617）　　　　　　　表 6-17

项目编码	项目名称	项目特征	计量单位	工程量计算规则	工程内容
030617001	塑料法兰制作安装	1. 材质 2. 规格	副	按设计图示数量计算	制作、安装
030617002	冷排管制作安装	1. 排管形式 2. 组合长度 3. 除锈、刷油、防腐设计要求	M		1. 制作、安装 2. 钢带退火 3. 加氢 4. 冲套翅片 5. 除锈、刷油
030617003	蒸汽气缸制作安装	1. 质量 2. 分气缸及支架除锈、刷油 3. 除锈标准、刷油、防腐设计要求	个	按设计图示数量计算。若蒸汽分气缸为成品安装，则不综合分气缸制作	1. 制作、安装 2. 支架制作、安装 3. 分气缸及支架除锈及刷油 4. 分气缸绝热、保护层安装、除锈刷油
030617004	集气罐制作安装	1. 规格 2. 集气罐及支架除锈、刷油		按设计图示数量计算。若集气罐安装为成品安装，则不综合集气罐制作	1. 制作、安装 2. 支架制作、安装 3. 集气罐及支架除锈及刷油
（以下略）					

二、工程量清单的编制

1. 清单项目工程量的计算

（1）管道和管件安装工程（编码：030601，030602，030603，030604，030605，030606）

管道工程量按设计图示管道中心线长度延长米计算，以"m"为计量单位，不扣除阀门、管件所占长度，遇弯管时，按两管交叉的中心线交点计算。方形补偿器以其所占长度按管道安装工程量计算。

管件均以"个"为计量单位，按设计图示数量计算。

在编制时应注意：

1）管道在计算压力试验、吹扫、清洗、脱脂、防腐蚀、绝热、保护层等工程量时，应将管件所占长度的工程量一并计入管道长度中去。

2）管道安装在计算焊缝无损探伤时，应将管道焊口、管件焊口、焊接的阀门、对焊法兰、平焊法兰、翻边法兰短管等焊口一并计入管道焊缝无损探伤工程量内。管件、阀门、法兰不再列焊缝无损探伤项目。

3）法兰连接的管道（管材本身带有法兰的除外、如法兰铸铁管）与法兰分别列项。

4）套管的形式为一般钢套管、刚性防水套管、柔性防水套管。

5）管件安装需要做的压力试验、吹扫、清洗、脱脂、防锈、防腐蚀、绝热、保护层等工程内容已包括在管道安装中，管件安装不再计算。

6）管件为法兰连接时，按法兰安装列项，管件安装不再列项。

7）管件包括弯头、三通、四通、异经管、管接头、管上焊接管接头、管帽、方形补偿器弯头、管道上仪表一次部件、仪表温度计扩大管制作安装等。

8）在主管上挖眼接管的三通和摔制异径管，均以主管径按管件安装工程量计算，不另计制作费和主材费；挖眼接管的三通支线管径小于主管径 1/2 时，不计算管件安装工程量；在主管上挖眼接管的焊接接头、凸台等配件，自按配件管径计算管件工程量。

9）三通、四通、异径管均按大管径计算。

10）半加热外套管捧口后焊接在内套管上，每处焊口按一个管件计算；外套碳钢管如焊接不锈钢内套管上时，焊口间需加不锈钢短管衬垫，每处焊口按两个管件计算。

（2）阀门和法兰安装工程（编码：030607，030608，030609，030610，030611，030612）。

阀门工程量按设计图示数量计算，以"个"为计量单位。

法兰工程量按设计图示数量计算，以"副"为计量单位。

在编制时应注意：

1）各种形式补偿器（除方形补偿器外）、仪表流量计均按阀门安装工程量计算。

2）减压阀直径按高压侧计算。

3）电动阀门包括电动机安装。

4）单片法兰、焊接盲板和封头按法兰安装计算，但法兰盲板不计安装工程量。

5）不锈钢、有色金属材料的焊环活动法兰按翻边活动法兰安装计算。

6）用法兰连接的管道（管材本身带有法兰的除外，如法兰铸铁管）应按管道安装与法兰安装分别编制清单列项。

（3）板卷管与管件制作（编码：030613，030614）。

各种板卷管按设计制作直管段长度计算，板卷管件制作按设计图示数量计算，均以"t"为计量单位；用管子制作的虾体弯按设计图示数量计算，以"个"为计量单位。

板卷管和板卷管件的工程量计算，均按直管和管件的净重计算，板卷直管每米重量按下式计算：

$$W=\pi\ (D_外-t)\ tC$$

式中　　W——每米管道重量（kg/m）

　　　　$D_外$——管外径（m）

　　　　t——管壁厚度（m）

　　　　C——管材参数：碳钢　　　$C=7850$

　　　　　　　　　　　　不锈钢　　$C=7900$

　　　　　　　　　　　　铝　　　　$C=2700$

　　　　　　　　　　　　铝合金　　$C=2800$

【例 6-1】　某碳钢焊接钢管 $D630\times8$，试计算该钢管每米的重量。

【解】　　参数 $D=0.63$m，$t=0.008$m，$C=7850$，则该管道的每米重量为：

$$W=\pi\times\ (0.63-0.008)\ \times0.008\times7850=122.65\ (kg/m)$$

（4）管架件制作（编码：030615）。

管架制作安装清单项目设置见表 3.35，需要注意的是，此处的管架只限于管架单重在 100kg 以内的项目，如单件重超过 100kg 时，可按工艺金属结构制作安装的桁架或管廊项目编制工程量清单。

管架制作清单项目描述应明确：管架的材质、形式（固定支架、活动支架、吊架等）、除锈方式和等级（如中锈、重锈）、油漆品种等。

管道支架工程量计算是按设计的位置，按所需的型号查阅标准图或大样图，根据管架的结构形式和钢材的规格尺寸，计算出单个管道支架的重量。当设计没有给出具体的位置时，应查阅管道支架允许的最大间距（不同管道直径的最大间距不同），计算出管道支架的数量，进而计算出管道支架的总重量。

（5）管材表面及焊缝无损探伤（编码：030616）。

管材表面及焊缝无损探伤工程量清单编制，应按探伤的种类（X 射线、γ 射线、超声波、普通磁粉、荧光磁粉、渗透）、探伤的管材规格（公称直径）或底片规格及壁厚等不同特征分别列项设置工程量清单。管材表面及焊缝无损探伤按规范设计技术要求进行。

（6）其他项目制作安装（编码：030617）。

其他项目制作安装工程量清单，按各自的项目特征列项设置清单项目。按各自的工程量计算规则确定清单工程量。

若蒸汽分气缸、集气罐为成品，确定蒸汽分气缸、集气罐制作安装清单综合单价时，则不综合蒸汽分气缸、集气罐制作费用。钢制排水漏斗制作安装，其口径规格应按下口公称直径计算。

2. 清单项目编制应注意的问题

（1）工业管道安装，应按压力等级（低、中、高）、管径、材质（碳钢、铸铁、不锈钢、合金钢、铝、铜、非金属）、连接形式（丝接、焊接、法兰连接、承插连接、胶圈接口）及管道压力检验、吹扫、吹洗方式等不同特征而设置清单项目，编制工程量清单时应明确描述以下各项特征。

1）压力等级。管道安装的压力划分范围如下：

低压：$0 < P \leqslant 1.6\text{MPa}$

中压：$1.6\text{MPa} < P \leqslant 10\text{MPa}$

高压：$10\text{MPa} < P \leqslant 42\text{MPa}$

蒸汽管道：$P \geqslant 9\text{MPa}$、工作温度 $\geqslant 500\text{℃}$ 时为高压。

2）材质

工程量清单项目必须明确描述材质的种类、型号。如焊接钢管应标出一般管或加厚管；无缝钢管应标出冷拔、热轧、一般石油裂化管、化肥钢管、A3、10#、20#；合金钢管应标出 16Mn、15Mnv、Cr5Mo、Cr20Mo；不锈耐热钢管应标出 1Cr13、1Cr18Ni9、Cr18Ni13Mo3Ti、Cr18NiMo2Ti；铸铁管应标出一般铸铁、球墨铸铁、硅铸铁；纯铜管应标出 T1、T2、T3；黄铜管应标出 H59～H96；一般铝管应标出 L1～L6；防锈铝管应标出 LF2～LF12；塑料管应标出 PVC、UPVC、PPC、PPR、PE 等，以便投标人正确确定主材价格。

3）管径

焊接钢管、铸铁管、玻璃管、玻璃钢管、预应力混凝土管按公称直径表示；无缝钢管（碳素钢、合金钢、不锈钢、铝、铜）、塑料管应以外径表示。用外径表示的应标出管材的壁厚：如 $\phi108 \times 4$、$\phi133 \times 5$、$\phi219 \times 8$、$\phi377 \times 10$ 等。

4）连接形式

应按图纸或规范要求明确指出管道安装时的连接形式。连接形式包括丝接、焊接、承插连接（膨胀水泥、石棉水泥、青铅）、法兰连接等。焊接的还应标出氧乙炔焊、手工电弧焊、埋弧自动焊、氩弧焊、氩电联焊、热风焊等。

5）管道压力试验、吹扫、清洗方式

工程量清单项目管道安装的压力试验、吹扫、清洗方式应作出明确确定。如压力采用液压、气压、泄漏性试验或真空试验；吹扫采用水冲洗、空气吹扫、蒸汽吹扫；清洗采用碱洗、酸洗、油清洗等。

6）除锈标准、刷油、防腐、绝热及保护层设计要求

应按图纸或规范要求标出锈蚀等级、防腐采用的防腐材料种类、绝热方式及材料种类，如岩棉瓦块、矿棉瓦块、超细玻璃棉毡缠裹绝热、硅酸盐类材料涂抹等。

7）套管形式

安装套管时要求采用一般穿墙套管、刚性套管或柔性套管。

（2）管件安装

按压力等级、材质、规格、口径、连接形式及焊接方式不同分别列项编制管件安装工程工程量清单；在编制管件安装工程工程量清单时，应明确确定该项目的特征，具体包括：

1）压力等级：低压、中压、高压。压力等级划分方法同管道。

2）材质：低压碳钢管件（包括焊接钢管管件、无缝钢管管件）、不锈钢管件、合金钢管件、铸铁管件（一般铸铁、球墨铸铁、硅铸铁等）、铜管管件、铝管管件、塑料管件（如 PVC、UPVC、PPC、PPR、PE）等。

3）连接方式：丝接、焊接（氧乙炔焊、电弧焊、氩弧焊、氩电联焊）、承插连接（膨胀水泥、石棉水泥、青铅）等。

4）型号及规格：碳钢管件、不锈钢管件、合金钢管件、预应力管件、玻璃钢管件、玻璃管件、铸铁管件按公称直径；铝管件、铜管件、塑料管件按管外径。

5）管件名称：弯头、三通、四通、异径管等。

（3）阀门安装

按压力、材质、规格、型号、连接形式及绝热、保护层等不同分别列项设置清单项目。在编制阀门安装工程工程量清单项目时，应明确描述出下列特征。

1）压力等级。阀门芯等级划分同管道。

2）材质：碳钢、不锈钢、合金钢、铜等。

3）连接形式：丝接、焊接、法兰等。

4）型号及规格：阀门规格按公称直径。阀门型号必须明确描述，如 Z15T—10 等。

（4）法兰安装

按压力、材质、规格、型号、连接形式及绝热、保护层等不同分别列项编制清单项目，并明确标出下列特征：

1）压力等级。阀门压力等级划分同管道。

2）材质：碳钢、不锈钢、合金钢、铜、铝等。

3）连接形式：丝接、焊接（如氧乙炔焊、电弧焊、氩弧焊、氩电联焊等）。

4）型号及规格：法兰安装清单项目应明确标出规格、型号。碳钢法兰、不锈钢法兰、不锈钢翻边法兰、合金钢法兰均按公称直径表示；铝法兰、铝翻边法兰、铜法兰、铜翻边法兰按外径表示；法兰型号应按平焊法兰、对焊法兰、翻边活动法兰

表示。

　　5）绝热及保护层的材料种类、厚度等。

　　（5）管件制作

　　按管件压力、材质、焊接形式、规格、制作方式等不同分别列项设置清单项目，并明确描述下列特征。

　　1）压力等级：划分方法同管道；

　　2）材质：碳钢、不锈钢、铝、铜等；

　　3）焊接形式：手工电弧焊、氩弧焊、氩电联焊等；

　　4）规格：碳钢管、不锈钢管按公称直径表示，铝、铜、塑料管等按管外径表示；

　　5）制作方式：用板卷制和用成品管材焊接或爆制等；

　　6）管件名称：弯头、三通、四通、异径管等。

　　3. 工程量清单编制的有关说明

　　（1）关于工程内容

　　管道安装、阀门安装、管件安装、法兰安装、板卷管制作与管件制作等清单项目，除了要安装本体项目外，还要完成附属于主体项目外的其他项目，即组合项目。这些组合项目对管道安装主项而言，不是每个主项都要完成工程量清单计价规范中所列的全部工程内容（组合项目），这些组合项目是否需要，基本上取决于管道性质、设计、规范和招标文件的规定。例如，若管道为低压有缝管螺纹连接，则螺纹连接的管道不可能发生管道焊口探伤项目；"管材表面无损探伤"主要是对高压碳钢管在安装前对管材进行检查应用，一般的管道安装工程不会发生这项工作；不锈钢管、有色金属管在一般的情况下不要求防腐。

　　（2）关于清单项目的特征描述

　　在编制管道安装工程量清单时，对于实际工程中所发生的工程内容必须在工程量清单中描述清楚，如焊口探伤用什么方法、刷什么油、刷几遍、用什么材料绝热、绝热厚度是多少、用什么材料作保护层等，凡是需要做的一定要列入清单项目的特征描述中。例如管道及管件安装清单项目，一定要描述是什么材质及连接方式、除锈等级、试压、吹扫方式等。

　　（3）关于不确定的工作内容

　　在编制清单项目时对于还不能确定的工作内容，这些工作内容要在设备到货或在施工过程中才能确定（如管道除锈的等级），投标人确定综合单价时一律以招标人提供的清单项目描述为准，而对于招标人来说可列入也可不列入，招标人应对此结算问题在招标文件写明处理办法。

　　（4）关于套管

　　管道安装工程量清单项目，套管制作安装是一项组合的工程内容。在工业管道中的套管有三种，一般穿墙套管、刚性防水套管、柔性防水套管，其中一般穿墙套管结构简单，就是一节钢管（长约 300mm）。在工程中具体应用哪一种套管，应按设计要求确定。

　　（5）关于特殊条件下的施工增加费

　　下列各项费用应根据工程实际情况有选择的计价，并入综合单价、特殊条件下的施工增加费（安装与生产同时进行、有害身体健康环境中施工、封闭式地沟施工、厂区范围以外施工是增加的运输费）、特殊材质施工增加费（超低碳不锈钢材、高合金钢材）、管道系统单体运转所需的水电、蒸汽、燃气、气体、油及油脂等材料费等。

第四节　工业管道安装工程量清单计价

一、工程量清单计价的有关说明

根据招标文件提供的工程量清单及其对项目的特征描述，明确清单内的每一个项目所包括的工程内容。对清单的综合单价可以采用企业定额分析计算，也可以采用分析计算。如采用全国统一或地区定额进行单价分析时，应注意以下几点：

1. 不同规格的同一材质和压力等级的管道，常常具有相同的工程内容（组合项目），要按不同规格的管径分别计算其工程内容相应的工程量，例如应分别计算 $DN25$ 和 $DN32$ 管道的刷油工程量。

2. 管件安装需要做的压力试验、吹扫、清洗、脱脂、防锈、防腐蚀、绝热、保护层等工程内容已包括在管道安装中，管件安装不再计算。

3. 阀门的压力试验、解体检查和研磨项目，如采用全国统一或地区定额做单价分析，已包括在定额各阀门安装的工料机消耗量中，单价分析时不应再另行计算。当采用企业定额做单价分析时应按企业定额子目所包括的内容决定。

4. 盲板（法兰盖）安装只计算本身材料费，不计算安装费。

5. 法兰与阀门连接时，连接用的螺栓应计入阀门安装材料费中，除法兰与法兰连接外，法兰安装不再计算螺栓的材料费。

6. 碳钢卷板直管、碳钢板制管件制作如使用卷筒式板材时，卷筒板材的开卷、平直等另行计算。

7. 管道压力试验、吹扫与清洗项目在工程量清单项目中属于组合项目，不属于实体清单项目，其工程量是按不同的管径以长度计算的。在工程量清单项目中，试压、吹洗工程量等同于相应的管道长度。

二、工程量清单计价方法

【例 6-2】　某车间工业管道安装工程采用清单计价模式。经计算工程量后，编制的分部分项工程量清单见表 6-18。试确定综合单价。

【解】　本例的清单项目有七个：

（1）低压碳钢 $D219×8$ 无缝钢管电弧焊接，清单编码为 030601004001。工程内容包括：安装一般钢套管、水压试验、水冲洗、刷防锈漆二遍。

（2）低压碳钢 $DN200$ 管件安装，其中弯头电弧焊接清单编码为 030604002001；三通电弧焊接清单编码为 030604002002。

（3）低压碳钢 $DN200$ 法兰阀门安装，清单编码为：030607003001。

（4）低压碳钢 $DN200$ 平焊法兰安装，清单编码为：030610002001。

（5）焊缝 X 射线探伤（80×300）清单编码为：030616003001。

（6）管道支架制作安装，清单编码为：030615001001。工程内容包括：一般支架制作安装，工除锈，刷二遍防锈漆，二遍银粉漆。

1. 清单工程量（业主根据施工图计算）

分部分项工程量清单　　　　　　　　　　　　　　　表 6-18

工程名称：某车间工业管道工程　　　　　　　　　　　　　　　　　第 1 页共 1 页

序号	清单编号	项目名称	单位	工程量
1	030601004001	低压碳钢 $D219×8$ 无缝钢管（热轧 20 号钢，手工电弧焊、安装一般钢管、水压试验、水冲洗、刷防锈漆二遍）	m	420
2	030604002001	低压碳钢 $DN200$ 管件安装（电弧焊、弯头）	个	30
3	030604002002	低压碳钢 $DN200$ 管件安装（电弧焊、三通）	个	10
4	030607003001	低压碳钢 $DN200$ 法兰阀门安装（J41H-25-200）	个	5
5	030607002001	低压碳钢 $DN200$ 平焊法兰安装（电弧焊 2.5MPa）	副	5
6	030616003001	焊缝 X 射线探伤（$80×300$）	张	68
7	030615001001	管道支架制作安装（一般支架，人工除锈，刷二遍防锈漆，二遍银粉漆）	kg	235

2. 标底价的计算

（1）计价工程量计量单位的确定。

编制工程量清单时，应按《计价规范》附录相应工程量计算规则进行计算。而编制清单投标报价或预算控制价时，应按定额计价的工程量计算规则计算工程量，并套用相应的《消耗量定额》。在计量单位上，工程量清单计价工程量以基本单位为准，而《单位估价表》的计量单位则可能将基本单位扩大 10 倍、100 倍，故在套用《单位估价表》时应注意计量单位的变化。

注意到：本例低压碳钢 $D219×8$ 无缝钢管电弧焊接对应的《单位估价表》是 C6-41 其计量单位为 10m；低压碳钢 $DN200$ 管件安装对应综合定额子目是 C6-712，其计量单位为 10 个，低压碳钢 $DN200$。法兰阀门安装对应综合定额子目是 C6-1416，其计量单位为个；低压碳钢 $DN200$ 平焊法兰安装对应综合定额子目是 C6-1647，其计量单位为副；焊缝 X 射线探伤（80mm×300mm）对应综合定额子目是 C6-2492，其计量单位为 10 张；管道支架制作安装对应综合定额子目是 C6-3146，其计量单位为 100kg。在进行综合单价计算时，可先按各子目计算规则计算相应工程量，取费后，再折算为清单项目计量单位的综合单价。

（2）综合单价计算。

1）综合单价计算方法：工程量清单计价采用综合单价模式，即综合了人工费、材料费、施工机械使用费、管理费和利润，并考虑一定风险因素。编制标底应按招标文件的要求以人工费、材料费、机械费之和乘以风险系数或造价管理部门发布的风险计算办法计算风险费，投标人可以自主确定投标报价的风险系数。施工管理费安装工程以人工费为基数，乘以相应费率。建筑工程中的安装工程利润以直接工程费为基数，乘以相应费率．其他安装工程以人工费为基数，乘以相应费率。

2）关于综合单价的几个具体规定：

① 综合单价的调整。根据湖北省鄂建［2003］45 号文件精神，分别按以下情况处理：由于漏项或设计变更，原工程量清单中没有，工程施工中实际发生了新的工程量清单项目，其综合单价和工程数量由承包人提出，经发包人认可后进行结算。由于设计变更，使原工程量清单中的工程量发生了增减变化，除合同另有约定外，增减幅度为 15% 以内时（含 15%），应按原综合单价结算。若增减幅度为 15% 以上时，在原工程量清单数量的基础上，新增加部分的工程量或减少后剩余部分的工程量的数量及综合单价，由

承包人提出，经发包人认可后进行结算。

② 甲供材的处理。按《计价规范》规定，由甲方自行采购材料所发生的材料购置费应列入其他项目的招标人部分，并计入单位工程费汇总表。因此，在计算实体项目的分部分项工程量清单计价时，其综合单价的材料费组成中，应扣除甲供材。甲供材可以计取管理费、利润和组织措施项目直接工程费。

③ 由于工程量的变更，且实际发生了分部分项工程费以外的费用损失，如措施项目费损失或其他项目费损失时，承包人可提出索赔要求，与发包人协商确认以后，给予补偿。

（3）例题解析。

本例的人工、材料、机械台班消耗量采用《消耗量定额》中相应项目的消耗量。综合单价中的人工单价、计价材料单价、机械台班单价根据《单位估价表》中取定的单价确定，并按照定额计价的方式给予人工、计价材料、机械费调差。综合单价中的未计价材料费由市场信息价确定，未计价材料单价与计价材料单价之和计为材料单价。本例普工单价取 42元/工日，技工单价取 48 元/工日。该工程中因焊缝需 X 射线探伤（80×300）属一类工程，根据《费用定额》（2008 年）有关规定，取定企业管理费率为人工费与机械费之和的 20%，利润率为直接工程费的 5.35%。（本例中暂不考虑风险因素费用的计取）。

1）低压碳钢 D219×8 无缝管安装综合单价的确定：

① 低压碳钢 D219×8 无缝管电弧焊接（C6-42）

人工费：（0.521 工日/10m×42 元/工日＋1.217 工日/10m×48 元/工日）×420m＝4300.80 元

计价材料费：24.65 元/10m×420m＝1035.30 元

未计价材料费：由公式 $W = \pi (D_外 - t) tC$ 可计算出钢管每米的重量 W

$$W = \pi \times (0.219 - 0.008) \times 0.008 \times 7850 = 41.61 \ (kg/m)$$

主材耗用量：420÷10×9.410＝395.22m

主材价：395.22m×41.61kg/m×7.44 元/kg＝122351.58 元

材料费合计：6468.00＋122322.17＝128790.17 元

机械费：186.41 元/10m×420m＝7829.22 元

② 一般钢制套管制作安装（C6-2672）

人工费：（0.505 工日/10m×42 元/工日＋1.179×工日/10m×48 元/工日）×7 个＝544.60 元

计价材料费：13.03 元/个×7 个＝91.21 元

未计价材料费：（设每个套管长为 0.3m，共 2.1m）

由式 3.1 可计算出钢管每米的重量 W

$$W = \pi \times (0.266 - 0.008) \times 0.008 \times 7850 = 50.88 \ (kg/m)$$

主材价：2.1m×50.88kg/m×5.04 元/kg＝538.51 元

材料费合计：91.21＋538.51＝629.72 元

机械费：1.45 元/个×7 个＝10.15 元

③ 水压试验：（C6-2679）

人工费：（1.562 工日/100m×42 元/工日＋3.645 工日/100m×48 元/工日）×420m＝1010.35 元

材料费：81.60 元/100m×420m＝342.72 元

机械费：38.01 元/100m×420m－159.64 元

④ 水冲洗：（C6-2726）

人工费：（0.938 工日/100m×42 元/工日＋2.190 工日/100m×48 元/工日）×420m＝606.98 元

材料费：97.69 元/100m×420m＝410.30 元

机械费：44.10 元/100m×420m＝185.22 元

⑤ 管道刷防锈漆两遍（红丹防锈漆）（C14-51＋C14-52）

管道表面积：π×0.219×420÷10＝28.882（10m²）

人工费：（0.071 工日/10m²×42 元/工日＋0.167 工日/10m²×48 元/工日）×2×28.882（10m²）＝635.40 元

材料费：（21.22＋18.78）元/10m²×28.882（10m²）＝1155.28 元

机械费：0 元

⑥ 综合：人工费：4300.80＋544.60＋1010.35＋606.98＋635.40＝7089.14 元

材料费：1035.30＋122351.58＋91.21＋538.51＋342.72＋410.30＋1155.28＝125924.90 元

机械费：789.22＋10.15＋159.64＋185.22＋0＝8184.23 元

管理费：（人工费＋机械费）×20.0％＝（7098.14＋8184.23）元×20.0％＝3056.47 元

利　润：（人工费＋材料费＋机械费）×5.35％
　　　　＝（7098.14＋125924.90＋8184.23）×5.35％＝7554.59 元

总　计：7098.14＋125924.90＋8184.23＋3056.47＋7554.59＝151818.33 元

⑦ 综合单价：151818.33 元÷420m＝361.47 元/m

2）低压碳钢 DN200 管件安装（弯头）综合单价的确定：

低压碳钢 DN200 弯头电弧焊接：（C6-712）

人工费：（1.602 工日/10 个×41 元/工日＋6.406 工日/10 个×48 元/工日）×30 个＝1124.31 元

计价材料费：133.55 元/10 个×30 个＝400.65 元

未计价材料纲：市场信息价为 216.00 元/个

主材费：216.00 元/个×30 个＝6480.00 元

材料费合计：400.65＋6480.00＝6880.65 元

机械费：669.80 元/10 个×30 个＝2009.40 元

管理费：（人工费＋机械费）×20.0％＝（1124.31＋2009.40）×20.0％＝626.74 元

利　润：（人工费＋材料费＋机械费）×5.35％
　　　　＝（1124.31＋6880.65＋2009.40）×5.35％＝535.77 元

总　计：1124.31＋6880.65＋2009.40＋626.74＋535.77
　　　　＝11176.87 元

综合单价：11176.87÷30＝372.56 元/个

3）低压碳钢 DN200 管件安装（三通）综合单价的确定：

低压碳钢 DN200 三通电弧焊接：（C6-712）

人工费：（1.602 工日/10 个×41 元/工日＋6.406 工日/10 个×48 元/工日）×10 个＝374.77 元

材料费：133.55 元/10 个×10 个＝133.55 元

机械费：669.80 元/10 个×10 个＝669.80 元

管理费：（人工费＋机械费）×20.0％＝1044.57 元×20.0％＝208.91 元

利　润：（人工费＋材料费＋机械费）×5.35％
　　　　＝（374.77＋133.55＋669.80）×5.35％＝63.03 元

总　计：374.77＋133.55＋669.80＋208.91＋63.03
　　　　＝1450.06 元

综合单价：1450.06÷10＝145.01 元/个

4）低压碳钢 DN200 法兰阀门安装综合单价的确定：

低压碳钢 DN200 法兰阀门安装（J41H-25-200）（C6-1416）

人工费：（0.532 工日/个×42 元/工日＋1.241 工日/个×48 元/工日）×05 个＝409.55 元

计价材料费：15.43 元/个×5 个＝77.15 元

未计价材料费：市场信息价为 3480.00 元/个

主材费：3480.00 元/个×5 个＝17400.00 元

材料费合计：77.15＋17400.00＝17477.15 元

机械费：57.03 元/个×5 个＝285.15 元

管理费：（人工费＋机械费）×020.0％＝694.70 元×20.0％＝138.94 元

利　润：（人工费＋材料费＋机械费）×05.35％
　　　　＝（409.55＋17477.15＋285.15）×05.35％＝972.19 元

总　计：409.55＋17477.15＋285.15＋138.94＋972.19
　　　　＝19282.98 元

综合单价：19282.98÷5＝3856.60 元/个

5）低压碳钢 DN200 平焊法兰安装综合单价的确定：

低压碳钢 DN200 平焊法兰安装（电弧焊）（C6-1647）

人工费：（0.214 元工日/副×42 元/工日＋0.499 元工日/副×48 元/工日）×05 副＝164.70 元

计价材料费：21.98 元/副×5 副＝109.90 元

未计价材料费：市场信息价：298.80 元/片

主材费：298.80 元/片×2 片/副×5 副＝2988.00 元

材料费合计：109.90＋2988.00＝3097.90 元

机械费：61.83 元/副×5 副＝309.15 元

管理费：（人工费＋机械费）×020.0％＝（164.70＋309.15）×020.0％＝94.77 元

利润：（人工费＋材料费＋机械费）×05.35％
　　　＝（164.70＋3097.90＋309.15）×05.35％＝191.09 元

总计：164.70＋3097.90＋309.15＋94.77＋191.09
　　　＝3857.61 元

综合单价：3857.61÷5＝771.52 元/副

6）焊缝 X 射线探伤（80mm×300mm）综合单价的确定

焊缝 X 射线探伤（80mm×300mm）（C6-2492）

人工费：（0.846 工日/10 张×42 元/工日＋3.386 工日/10 张×48 元/工日）×068 张＝1346.81 元

材料费：193.12 元/10 张×68 张＝1313.22 元

机械费：219.27 元/张×68 张＝1491.04 元

管理费：（人工费＋机械费）×020.0％＝（1346.81＋1491.04）×020.0％＝576.57 元

利　润：（人工费＋材料费＋机械费）×05.35％

　　　　＝（1346.81＋1313.22＋1491.04）×05.35％＝222.08 元

总　计：1346.81＋1313.22＋1491.04＋576.57＋222.08

　　　　＝4940.71 元

综合单价：4949.72÷68＝726.58 元/张

7）管道支架制作安装综合单价的确定：

① 管道支架制作安装（一般支架）（C6-3146）

人工费：（2.556 工日/100kg×42 元/工日＋5.963 工日/100kg×48 元/工日）×0235kg＝942.91 元

计价材料费：132.18 元/100kg×235kg＝310.62 元

未计价材料费：主材耗用量：235kg/100kg×106kg＝249.10kg

主材费：249.10kg×5.04 元/kg＝1255.46 元

材料费合计：310.62＋1255.46＝1566.08 元

机械费：248.26 元/100kg×235kg＝583.41 元

② 人工除锈（轻锈）（C14-7）

人工费：（0.056 工日/100kg×42 元/工日＋0.130 工日/100kg×48 元/工日）×0235kg＝20.19 元

材料费：1.95 元/100kg×235kg＝4.58 元

机械费：10.17 元/100kg×235kg＝23.90 元

③ 刷二遍防锈漆（C14-119＋C14-120）

人工费：（0.037 工日/100kg×42 元/工日＋0.086 工日/100kg×48 元/工日）×02×235kg＝26.70 元

材料费：（13.60＋11.61）元/100kg×235kg＝59.24 元

机械费：（10.17＋10.17）元/100kg×235kg＝47.80 元

④ 刷银粉漆二遍（C14-122＋C14-123）

人工费：（5.87＋5.68）元/100kg×235kg＝27.14 元

材料费：（8.86＋7.66）元/100kg×235kg＝38.82 元

机械费：（10.17＋10.17）元/100kg×235kg＝47.80 元

⑤ 综合：人工费：942.91＋20.19＋26.70＋27.14＝998.51 元

材料费：1566.08＋4.58＋59.24＋38.82＝1668.72 元

机械费：583.41＋23.90＋47.80＋47.80＝702.91 元

管理费：（人工费＋机械费）×020.0％＝（998.51 元＋702.91 元）×020.0％＝340.28 元

利　润：（人工费＋材料费＋机械费）×05.35％

$$= （998.51＋1668.72＋702.91）×05.35\%＝180.30 元$$

总　　计：$998.51＋1668.72＋702.91＋340.28＋1180.30$

$$＝3890.73 元$$

综合单价：$3890.73÷235＝16.56 元/kg$

某车间工业管道工程综合单价计算见表 6-19～表 6-25。

分部分项工程量清单综合单价计算表　　　　　　　表 6-19

工程名称：某车间工业管道工程　　　　　　　　　　　　　　　计量单位：m

项目编码：030601004001　　　　　　　　　　　　　　　　　工程数量：420

项目名称：低压碳钢无缝钢管安装 DN200　　　　　　　　　　综合单价：361.47 元

序号	定额编号	工程内容	单位	数量	综合单价（元）					小计
					人工费	材料费	机械费	管理费	利润	
1	C6-42	无缝钢管热轧 D219×8 安装（20 号钢，手工电弧焊、安装一般钢套管、水压试验、水冲洗、刷防锈漆二遍）	10m	42	4300.80	1035.30	7829.22	2426.00	704.34	16295.67
2		无缝钢管 DN200	m	395.22		122351.58			6545.81	128897.38
3	C6-2672	一般钢制套管制作安装	个	7	544.60	91.21	10.15	110.95	34.56	791.47
4		钢管 DN250	m	2.1		538.51			28.81	567.32
5	C6-2679	水压试验	100m	4.2	1010.35	342.72	159.64	234.00	80.93	1827.64
6	C6-2726	水冲洗	100m	4.2	606.98	410.30	185.22	158.44	64.33	1425.28
7	C14-51 C14-52	管道刷防锈漆二遍（红丹防锈漆）	10m²	28.882	635.40	1155.28		127.08	95.80	2013.57
		合计			7098.14	125924.90	8184.23	3056.47	7554.59	151818.33
		单价			16.90	299.82	19.49	7.28	17.99	361.47

分部分项工程量清单综合单价计算表　　　　　　　表 6-20

工程名称：某车间工业管道工程　　　　　　　　　　　　　　　计量单位：个

项目编码：030604002001　　　　　　　　　　　　　　　　　工程数量：30

项目名称：低压碳钢 DN200 弯头安装　　　　　　　　　　　　综合单价：372.56 元

序号	定额编号	工程内容	单位	数量	综合单价（元）					小计
					人工费	材料费	机械费	管理费	利润	
1	C6-712	低压碳钢 DN200 弯头安装	10 个	3	1124.31	400.65	2009.40	626.74	189.09	4350.19
2		钢制机压弯 DN200	个	30		6480.00			346.68	6826.68
		合计			1124.31	6880.65	2009.40	626.74	535.77	11176.87
		单价			37.48	229.36	66.98	20.89	17.86	372.56

分部分项工程量清单综合单价计算表　　　　　　　　表 6-21

工程名称：某车间工业管道工程　　　　　　　　　　　　　　　　计量单位：个

项目编码：030604002002　　　　　　　　　　　　　　　　　　　工程数量：10

项目名称：低压碳钢 DN200 三通安装　　　　　　　　　　　　　综合单价：145.01 元

| 序号 | 定额编号 | 工程内容 | 单位 | 数量 | 综合单价（元） | | | | | 小计 |
					人工费	材料费	机械费	管理费	利润	
1	C6-712	低压碳钢 DN200 三通安装	10 个	1	374.77	133.55	669.80	208.91	63.03	1450.06
		合计			374.77	133.55	669.80	208.91	63.03	1450.06
		单价			37.48	13.36	66.98	20.89	6.30	145.01

分部分项工程量清单综合单价计算表　　　　　　　　表 6-22

工程名称：某车间工业管道工程　　　　　　　　　　　　　　　　计量单位：个

项目编码：030607003001　　　　　　　　　　　　　　　　　　　工程数量：5

项目名称：低压碳钢 DN200 法兰阀门安装　　　　　　　　　　　综合单价：3856.60 元

| 序号 | 定额编号 | 工程内容 | 单位 | 数量 | 综合单价（元） | | | | | 小计 |
					人工费	材料费	机械费	管理费	利润	
1	C6-1416	低压碳钢 DN200 法兰阀门安装（J41-25-200）	个	5	409.55	77.15	285.15	138.94	41.29	952.08
2		DN200 法兰阀门（J41-25-200）	个	5		17400.00			930.90	18330.90
		合计			409.55	17477.15	285.15	138.94	972.19	19282.98
		单价			81.91	3495.43	57.03	27.79	194.44	3856.60

分部分项工程量清单综合单价计算表　　　　　　　　表 6-23

工程名称：某车间工业管道工程　　　　　　　　　　　　　　　　计量单位：副

项目编码：030610002001　　　　　　　　　　　　　　　　　　　工程数量：5

项目名称：低压碳钢平焊法兰安装 DN200　　　　　　　　　　　综合单价：771.52 元

| 序号 | 定额编号 | 工程内容 | 单位 | 数量 | 综合单价（元） | | | | | 小计 |
					人工费	材料费	机械费	管理费	利润	
1	C6-1647	低压碳钢 DN200 平焊法兰安装	副	5	164.70	109.90	309.15	94.77	31.23	709.75
2		DN200 平焊法兰	片	10		2988.00			159.86	3147.86
		合计			164.70	3097.90	309.15	94.77	191.09	3857.61
		单价			32.94	619.58	61.83	18.95	38.22	771.52

分部分项工程量清单综合单价计算表

表6-24

工程名称：某车间工业管道工程　　　　　　　　　　　　　　计量单位：张

项目编码：030616003001　　　　　　　　　　　　　　　　　工程数量：68

项目名称：焊缝X射线探伤　　　　　　　　　　　　　　　　综合单价：726.58元

序号	定额编号	工程内容	单位	数量	综合单价（元）					小计
					人工费	材料费	机械费	管理费	利润	
1	C6-2492	焊缝X射线探伤（80×300）	10张	6.8	1346.81	1313.22	1491.04	567.57	222.08	4940.71
		合计			1346.81	1313.22	1491.04	567.57	222.08	4940.71
		单价			198.06	193.12	219.27	83.47	32.66	726.58

分部分项工程量清单综合单价计算表

表6-25

工程名称：某车间工业管道工程　　　　　　　　　　　　　　计量单位：kg

项目编码：030615001001　　　　　　　　　　　　　　　　　工程数量：235

项目名称：管道支架制作安装　　　　　　　　　　　　　　　综合单价：16.56元

序号	定额编号	工程内容	单位	数量	综合单价（元）					小计
					人工费	材料费	机械费	管理费	利润	
1	C6-3146	管道支架制作安装（一般支架）	100kg	2.35	924.91	310.62	583.41	301.66	97.31	2217.93
2		型钢	kg	249.10		1255.46		0.00	67.17	1322.63
3	C14-7	人工除锈（轻锈）	100kg	2.35	20.19	4.58	23.90	8.82	2.60	60.09
4	C14-119 C14-120	刷防锈漆二遍	100kg	2.35	26.27	59.24	47.80	14.81	7.13	155.26
5	C14-122 C14-123	刷银粉漆二遍	100kg	2.35	27.14	38.82	47.80	14.99	6.09	134.83
		合计			998.51	1668.72	702.91	340.28	180.30	3890.73
		单价			4.25	7.10	2.99	1.45	0.77	16.56

分部分项工程量清单综合单价计算结果及计算表作为招标人确定综合单价的资料，并不作为工程量清单报价表中的内容，标底价编制人在工程量清单报价表仅填列分部分项工程综合单价分析表。

填列分部分项工程综合单价分析表见表6-26。

分部分项工程综合单价分析表

表6-26

序号	项目编码	项目名称	工程内容	综合单价组成（元）					综合单价
				人工费	材料费	机械费	管理费	利润	
1	030601004001	低压碳钢无缝钢管安装DN200	低压碳钢DN200弯头安装	32.94	619.58	61.83	18.95	38.22	771.52
2	030604002001	低压碳钢DN200弯头安装	低压碳钢DN200弯头安装	37.48	229.36	66.98	20.89	17.86	372.56
3	030604002002	低压碳钢DN200三通安装	低压碳钢DN200三通安装	37.48	13.36	66.98	20.89	6.30	145.01
4	030607003001	低压碳钢DN200法兰阀门安装	低压碳钢DN200法兰阀门安装（J41-25-200）	81.91	3495.43	57.03	27.79	194.44	3856.60

续表

序号	项目编码	项目名称	工程内容	综合单价组成（元）					综合单价
				人工费	材料费	机械费	管理费	利润	
5	030610002001	低压碳钢 DN200 平焊法兰安装	低压碳钢 DN200 平焊法兰安装	32.94	619.58	61.83	18.95	38.22	771.52
6	030616003001	焊缝 X 射线探伤	焊缝 X 射线探伤 (80×300)	198.06	193.12	219.27	83.47	32.66	726.58
7	030615001001	管道支架制作安装	管道支架制作安装（一般支架，人工除锈，刷防锈漆二遍，刷银粉漆二遍）	4.25	7.10	2.99	1.45	0.77	16.56

本 章 小 结

工业管道，除强度试验和严密性试验以外，有些管道还要做特殊试验，如真空管道要做真空度试验；输送剧毒及有火灾危险的介质，要进行泄漏量试验。这些试验都要按设计规定进行，如设计无明确规定，可按管道施工及验收规范的规定进行。

看生产装置的工艺管道施工图纸时，首先要按图纸目录核对图纸是否齐全，然后看首页图和设计说明书，以对这套施工图和施工技术要求有所了解。对于多层生产装置，首页图往往也是底层平面图，另外还要有二层、三层等平面图。每层平面图上都标有楼层平面的高度，一般建筑结构以楼板高度划分，钢结构以钢平台高度划分。识图时要把平面图、剖面图和流程图等各种图结合起来看，要搞清楚每条管线从哪里开始，到哪里结束。

管道安装包括碳钢管、不锈钢管、合金钢管及有色金属管、非金属管、生产用铸铁管安装。

各种阀门按不同压力、规格、连接形式，分型号、类型以"个"为计量单位，执行相应定额项目。压力等级以设计规定为准。

管道项目清单工程量按设计图示管道中心线长度延长米计算，以"m"为计量单位，不扣除阀门、管件所占长度，遇弯管时，按两管交叉的中心线交点计算。方形补偿器以其所占长度按管道安装工程量计算。

管道在计算压力试验、吹扫、清洗、脱脂、防腐蚀、绝热、保护层等工程量时，应将管件所占长度的工程量一并计入管道长度中去。

思 考 题

1. 简述工业管道的施工工序和方法。
2. 简述对管道进行水压试验的程序。
3. 管道的吹扫和清洗的方法有哪些？
4. 工业管道安装工程识图要点有哪些？
5. 简述管道工程清单工程量与预算工程量的计算对比。

第七章　给水排水、采暖、燃气工程

第一节　给水排水、采暖、燃气工程基本知识及施工识图

一、给水排水工程基本知识及施工识图

1. 给水排水工程基本知识

给水排水工程由给水工程和排水工程两个系统组成。给水就是供给生活或生产用的水；排水就是将建筑物内生活或生产废水排除出去。

建筑工程给水排水一般分室内和室外两部分。室外部分主要是由给水干管和阀门井以及排水检查井组成；室内部分是由建筑物本身的给水、排水管道以及卫生器具和零配件组成。

（1）室外给水工程

室外给水管道一般为埋地敷设，也有管沟敷设和沿地面敷设。在引入用户之前一般须安装紧随阀及水表，以便控制和计量所消耗的水量。阀门和水表需砌井保护，通常采用的砖砌阀门井由基础、井身和井盖三部分组成。

（2）室外排水工程

室外排水管道大多采用承插连接。出户管与室外排水管道连接处应设排水检查井。检查井由井底、井身和井盖三部分组成。

（3）室内给水工程

室内给水系统一般由进户管、水表、水箱、消火栓、水管、水龙头及各种配水设备组成。水管可分为水平干管、立管和支管。配水设备主要指各种卫生设备，如洗脸盆、浴盆、大（小）便器等。

（4）室内排水工程

室内排水系统一般由室内各种卫生设备的下水排出口排向室内的排水管道。室内排水管道可分为横支管、竖管、出户管和透气管。出户管通向室外的排水检查井。

2. 给水排水工程常用的材料及设备

（1）给水管道常用材料和配件

给水管道根据不同压力　流量要求及铺设安装方法选择管材，常用管材有焊接钢管、镀锌钢管、铸铁管、钢筋混凝土管和塑料管等。一般生活给水管径小于和等于 70mm 时，应采用镀锌钢管；管径大于 70mm 时，也可采用非镀锌管或给水铸铁管。室内生活用水管道应采用镀锌钢管螺纹连接，且一般情况下采用沿墙明装敷设；焊接钢管常用于暗装敷设。常用的管件有弯头、三通四通、大小头、套管等。管件的作用是连接管路、改变管线方向、改变管线口径，其材质一般与管子配套。阀门是控制或截断水流的装置，常见的阀门有闸阀、截止阀和止回阀等。配水龙头有旋压式或旋塞式两种。配水设备主要有浴盆，洗脸盆，

洗手盆，化验盆，大便器，小便器，淋浴器，拖布槽，冲洗水箱等卫生设备。

（2）排水管道常用材料及配件

排水管道一般对材质要求较低，常用的管材有铸铁管，钢筋混凝土管，石棉水泥管和陶土管。当通过管道内的水质有腐蚀性时，应采用耐腐蚀性管材，如玻璃管，塑料管，尼龙管等。排水管道常用管件形式与给水管道相同。

3. 给水排水工程施工图的组成与识图

给水排水施工图主要包括平面图和系统图，如图7-1和图7-2所示。平面图是表示给水排水管道、设备、构筑物的平面位置布置，如图7-1表示给水排水管道的平面布置位置。平面图所表示的内容一般有用水设备（如拖布槽、大便器、小便器、地漏等）的类型、位置及安置方式；各干管、立管、支管的平面位置、管径尺寸及各管段编号；各管道上阀门等零件的平面位置；近户给水管与污水排出管的平面位置及与室外排水管网的关系。

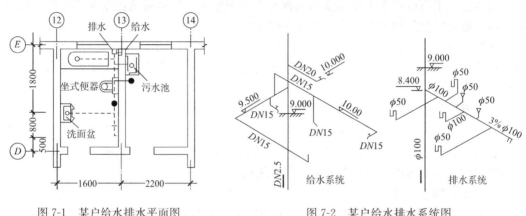

图 7-1 某户给水排水平面图　　　　图 7-2 某户给水排水系统图

系统图有给水系统图和排水系统图两部分，用轴侧图分别说明给排水管道系统上下楼层之间和左右前后之间的空间位置关系。在系统图上注有每根管的管径尺寸、立管的编号、管道的标高以及管道的坡度。通过对系统图和平面图的对照，了解整个给排水管道系统的全貌。

阅读施工图的顺序，首先看图纸目录、施工说明、图例符号、代号以及必要的文字说明等，常见的图例符号见表7-1。常用的符号见下表。阅读施工图时，一般以平面图为主，同时以有关的系统图和剖面图进行补充对照。在阅读给排水系统图时，一般的阅读顺序可以从进户管开始，按水流方向经干管、支管到用水设备；阅读排水系统图时，可从排水设备开始，沿水流方向经支管、主管、干管到总排出管。给水平面图主要表示供水管线在室内的平面走向，管子规格等。平面图上一般用粗实线表示上水管线。用圆圈表示竖向位置。

排水平面图只要表示室内排水管的走向，管径以及污水排出的位置。平面图上一般用点划线表示排水管道，用双圆圈表示竖向立管的位置。

给水排水的透视图是把管道变成线条，绘成立体形式的图纸。在透视图上标出轴线、管径、标高、阀门位置、排水管的检查口位置以及排水出口处的位置等。在透视图上为了看得清楚，往往将给水系统和排水系统分层绘出。将平面图和系统图结合看，就可以清楚地看出给水管和排水管。

给水排水施工工程常用图例 表 7-1

名称	图例	名称	图例
生活给水管	—— J ——	混合水龙头	
热水给水管	—— RJ ——		
循环给水管	—— XJ ——	浴盆带喷头 混合水龙头	
消火栓给水管	—— XH ——		
污水管	—— W ——	室内消火栓（单口）	平面 系统
废水管	—— F ——		
雨淋灭火给水管	—— YL ——	水泵接合器	
管道立管	XL-1 平面 / XL-1 系统	自动喷洒头（闭式）	平面 系统
立管检查口		蒸汽管	—— Z ——
清扫口	平面 系统	凝结水管	—— N ——
		中水给水管	—— ZJ ——
通气帽	成品 铅丝球	自动喷水灭火给水管	—— ZP ——
		通气管	—— T ——
雨水斗	YD— 平面 / YD— 系统	雨水管	—— Y ——
		水幕灭火给水管	—— SM ——
放水龙头		保温管	
洒水（栓）龙头		圆形地漏	
化验龙头		方形地漏	
排水漏斗	平面 系统	挂式洗脸盆	
自动冲洗水箱		化验盆、洗涤盆	
皮带龙头		洗槽	
肘式龙头		妇女卫生盆	
脚踏开关		壁挂式小便器	

续表

名称	图例	名称	图例
旋转水龙头		立式小便器	
室外消火栓		淋浴喷头	
室内消火栓（双口）	平面　　系统	圆形化粪池	HC
自动喷洒头（开式）	平面　　系统	水表井	
干式报警阀	平面　　系统	水泵	平面　系统
		阀门井、检查井	
湿式报警阀	平面　　系统	预作用报警器	平面　　系统
立式洗脸盆		台式洗脸盆	
		浴盆	

二、采暖工程基本知识及施工识图

1. 采暖工程基本知识

（1）采暖系统及其分类

在冬季，室外温度低于室内温度，因而房间里的热量会不断地传给室外。为了使室内保持所需要的温度，就必须向室内补充相应的热量。这种向室内补充热量的工程设备，称为采暖系统或供热系统。

采暖系统主要由热源、供（输）热管道和散热设备三部分所组成。

如热源和散热设备都同在一个房间内，称为"局部采暖系统"。这类采暖系统包括火炉采暖、燃气采暖及电热采暖。如果热源远离采暖房间，利用一个热源产生的热量去补充很多房间散失的热量，称为"集中采暖系统"。

在集中采暖系统中，热量从热源输送到散热器的物质叫做"热媒"。按照所用的热媒不同，集中采暖系统分为三类：热水采暖系统、蒸汽采暖系统和热风采暖系统。

1）热水采暖系统

在热水采暖系统中，热媒是水。热源中的热水经输热管道流到采暖房间的散热器中，放出热量后经管道流回热源。系统中热水的循环是靠水泵来实现的，称为"机械循环热水采暖系统"；当系统不大时，也可不用水泵而仅靠供水与回水的容重差所产生的作用压力使热水进行循环，称为"自然循环热水采暖系统"。

2）蒸汽采暖系统

在蒸汽采暖系统中，热媒是蒸汽。蒸汽含有的热量由两部分组成：一部分是水沸腾时含有的热量；另一部分是从沸腾的水变为饱和的蒸汽的汽化潜热。在这两部分热量中，后者远大于前者（在 1 个绝对大气压下，两部分热量分别为 418.68kJ/kg 及 2260.87kJ/kg）。在蒸汽采暖系统中所利用的是蒸汽的汽化潜热。蒸汽进入散热器后，充满散热器，通过散热器将热量散发到房间内，与此同时蒸汽冷凝成同温度凝结水。

蒸汽采暖系统按系统起始压力的大小可分为：高压蒸汽采暖系统（系统起始压大于 1.7 个绝对大气压）；低压蒸汽采暖系统（系统起始压等于或低于 1.7 个绝对大气压）；以及真空蒸汽采暖系统（系统起始压小于 1 个绝对大气压）。

3）热风采暖系统

热采暖系统是以空气作为热媒。在这种系统中，首先将空气加热，然后将高于室温的空气送入室内，热空气在室内降低温度，放出热量，从而达到采暖的目的。

加热空气可以用蒸汽、热水或烟气来实现。利用蒸汽或热水通过金属传热而将空气加热的设备称为空气加热器；利用蒸汽、热水或烟气加热空气的设备称为热风炉。

（2）采暖热负荷

在设计采暖系统之前，必须确定采暖系统的热负荷，即采暖系统应当向建筑物供给的热量。在不考虑建筑物热量的情况下，这个热量等于寒冷季节内把室内温度维持在要求的温度时，建筑的耗热量。如考虑建筑物得热量，则热负荷就是建筑物的耗热量与得热量之差值。

对于一般民用建筑和产生热量很少的车间，在计算采暖热负荷时，不考虑得热量仅只计算建筑物的耗热量。

建筑物的耗热量是由围护结构的耗热量和加热由门窗缝隙渗入室内的室外空气的耗热量所组成。

（3）集中采暖系统的散热器

散热器是安装在采暖房间内的一种散热设备，它把热媒的部分热量传给室内空气，用来补充房间的热损失，使室内保持所需要的温度，从而达到采暖的目的。

热水或蒸汽流过散热器，使散热器内部的温度高于室内温度，因此热水或蒸汽的热量便通过散热器以对流和辐射两种方式不断地传给室内空气。

1）散热器类型

散热器按材质分主要有铸铁散热器和钢制散热器两大类。

2）散热器的布置与选择

散热器设置在外墙窗口下最为合理。这样就使经散热器加热的空气沿外窗上升，能阻止渗入的冷空气沿墙、窗下降，因而防止了冷空气直接进入室内工作地区。对于要求不高的房间，散热器也可靠内墙设置。

在一般情况下，散热器在房间内明露装设，这样散热效果好，且易清除灰尘。当有特殊要求时，就要将散热器加以围挡。例如为了建筑美观或防止蒸汽烫伤人体，可装在窗下壁龛内或用装饰面板将散热器遮住。

（4）采暖管网的布置和敷设

采暖管网布置的合理与否直接影响着系统造价和使用效果。布置前，首先要根据建筑物的使用特点和要求，确定采暖系统的种类及形式。然后根据所选用的采暖系统及热源情况去进行采暖管道的布置。在布置采暖管道时，应力求管路最短，便于维护管理且不影响房间美观。

采暖系统的引入口宜设置在建筑物热负荷的对称分配的位置，一般在建筑物中部，这样可缩短系统的作用半径。

采暖系统应合理地分成若干个支路，而且要尽量使他们的阻力损失平衡。图 7-3 是两个支路的同程式系统，一般将供水干管始端设在朝北侧，而末端设在朝南侧。图 7-4 是四个支路的异程式系统，其特点是南北分环，容易调节。图 7-5 是无分支环路的同程式系统，它适于小型系统，或引入口位置不易分成对称热负荷时，系统才较经济。图 7-6 为支状异程式系统，它适于小系统，散热设备在内墙侧进，系统才较经济。

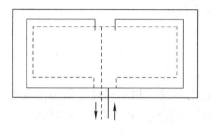

图 7-3　两个支环路的同程系统

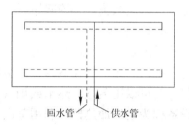

图 7-4　四个支环路的异程系统平面布置

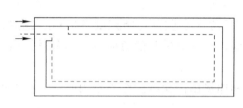

图 7-5　无分支环路的同程系统

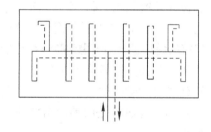

图 7-6　支状异程式系统

室内热水采暖系统的管路，除在建筑美观要求较高的房间暗装外，一般采用明装。这样可便于安装和检修。立管应尽可能布置在墙角，尤其在有两面外墙相接处。在每根立管上、下端应装阀门，便于局部检修放水。对于立管数较少的小系统，也可仅在供、回水干管上装设阀门。

楼梯间除与厕所、厨房等辅助房间可合共一根立管外，一般宜单独设立管。

对于上供下回式采暖系统，只有在美观要求较高的民用建筑中或过梁底标高过低妨碍供水干管敷设时，才将干管布置在顶棚内。一般常常设在顶层顶棚下，这时，过梁底至窗顶的距离应满足供水干管的坡度、集气罐的设置要求。

2. 采暖工程常用图例

采暖工程常用图例　　　　　　　　　　　　　　　　　表 7-2

序号	名　称	图　例	附　注
1	阀门（通用） 截止阀		1. 没有说明时，表示螺纹连接 法兰连接时 焊接时 2. 轴测图画法 阀杆为垂直
2	闸阀		阀杆为水平
3	手动调节阀		

序号	名　称	图　例	附　注
4	球阀、转心阀		
5	蝶阀	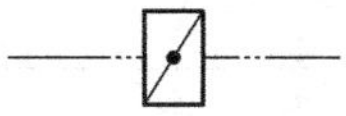	
6	角阀	 或	
7	平衡阀		
8	三通阀	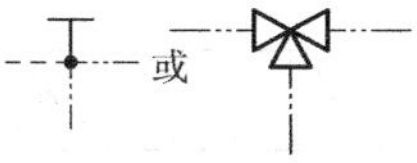 或	
9	四通阀	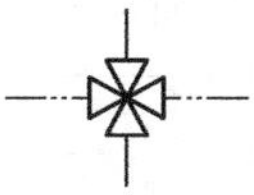	
10	节流阀		
11	膨胀阀	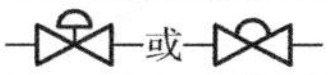 或	也称"隔膜阀"
12	旋塞		
13	快放阀		也称快速排污阀
14	止回阀	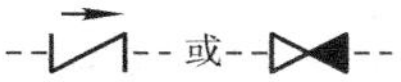 或	左图为通用，右图为升降式止回阀，流向同左。其余同阀门类推
15	减压阀	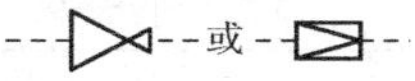 或	左图小三角为高压端，右图右侧为高压端。其余同阀门类推
16	安全阀		左图为通用，中为弹簧安全阀，右为重锤安全阀
17	疏水阀	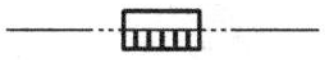	在不致引起误解时，也可用  ———表示　也称"疏水器"
18	浮球阀	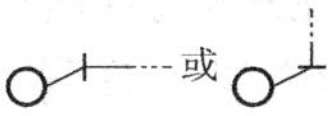 或	
19	集气罐、排气装置	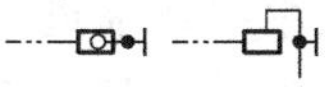	左图为平面图
20	自动排气阀		
21	除污器（过滤器）	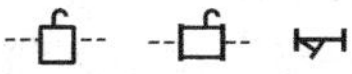	左为立式除污器，中为卧式除污器，右为Y形过滤器
22	节流孔板、减压孔板	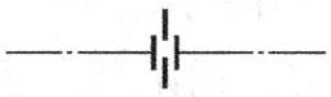	在不致引起误解时，也可用  ———表示
23	补偿器		也称"伸缩器"
24	矩形补偿器	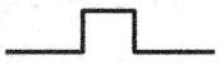	
25	套管补偿器	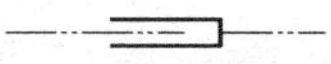	

序号	名　称	图　例	附　注
26	波纹管补偿器		
27	弧形补偿器		
28	球形补偿器		
29	变径管异径管		左图为同心异径管，右图为偏心异径管
30	活接头		
31	法兰		
32	法兰盖		
33	丝堵		也可表示为：
34	可屈挠橡胶软接头		
35	金属软管		也可表示为：
36	绝热管		
37	保护套管		
38	伴热管		
39	固定支架		
40	介质流向	→　或	在管道断开处时，流向符号宜标注在管道中心线上，其余可同管径标注位置
41	坡度及坡向	$i=0.003$ 或 $\longrightarrow i=0.003$	坡度数值不宜与管道起、止点标高同时标注。标注位置同管径标注位置

三、燃气工程基本知识及施工识图

1. 燃气工程基本知识

城市燃气管网通常包括街道燃气管网和庭院燃气管网两部分。庭院燃气管网是指燃气总阀门井以后至各建筑物前的户外管路。街道燃气管网（高压或中压）经过区域调压站后，进入街道低压管网，再经庭院管网进入用户，临近街道的建筑物也可直接由街道管网引入。室内燃气管道是指引入管进入房屋以后，到燃气用具前的管路，由用户引入管、干管、立管、用户支管、燃气计量表、燃气用具连接管组成，参见图7-7。

从庭院燃气管道上接引入管，应当从管顶接出，引入管应当有 0.005 的坡度坡向室外管网。引入管连接多根立管时，应设水平干管。在引入管垂直段顶部用三通管件接横向管段，以利于排除燃气中的杂质和凝结水，并便于清通，见图7-8。进户干管应设不带手轮的旋塞式阀门，以免随意开关。立管是将燃气由引入管（或水平千管）分送到各层的管道，立管在第一层应设阀门。由立管引向各单独用户计量表及燃气用具的管道称为用户支管。用户支管在每层的上部接出，在厨房内的安装高度不低于 1.7m，敷设坡度应不小于 0.002，并由燃气计量表分别坡向立管和燃气用具。燃气表上伸出支管，再接橡皮胶管通向燃气用具。

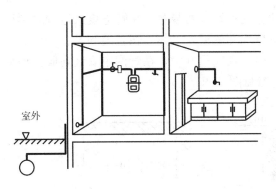

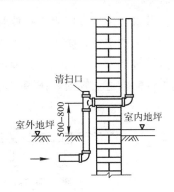

图 7-7 引入管及室内煤气燃气管示意图　　　图 7-8 燃气引入管道接点

为管网的安全运行，并考虑到检修、接线的需要，必须依据具体情况及有关规定，在管道的适当地点设置必要的附属设备。这些设备由阀门、补偿器、抽水缸（又称凝水器）、放散管及检漏管等组成。

燃气管道上常用的阀门有闸阀、截止阀、旋塞和球阀等。闸阀和截止阀如前所述。旋塞是一种动作灵活的阀门，阀杆打到 90°即可达到启闭要求，杂质沉积造成的影响比闸阀小，所以广泛用于燃气管道上。球阀体积小，流通断面与管径相等，这种阀门动作灵活，阻力损失小，特别是能满足通过清管球的需要。室外管道一般选用闸阀、球阀、油密封旋塞阀或蝶阀，室内管道一般选用旋塞阀或球阀。

抽水缸为排除燃气管道中的冷凝水和燃气管道中的轻质油，管道敷设时应有一定的坡度，并在低处设抽水缸，将汇集的水或油排除。抽水缸按材质分为铸铁抽水缸和碳钢抽水缸，按压力分为高压、中压和低压抽水缸，图 7-9 为低压碳钢抽水缸，图 7-10 为低压铸铁抽水缸。

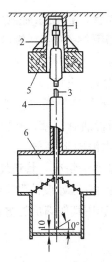

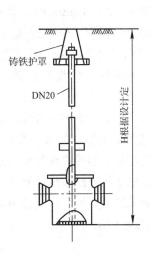

图 7-9 低压碳钢抽水缸　　　　　图 7-10 为低压铸铁抽水缸
1-丝堵；2-防护罩；3-抽水管；
4-套管；5-集水器；6-底座

放散管是一种专门用来排放管中的空气和燃气的装置。在管道投入运行时利用放散管排走管内的空气，防止在管道内形成爆炸性的混合气体。在管道和设备检修时，可利用放散管排空管道内的燃气。放散管一般设在阀门井中，在管网中安装在阀门前后，在单向供气的管道上则安装在阀门之前，参见图7-11。

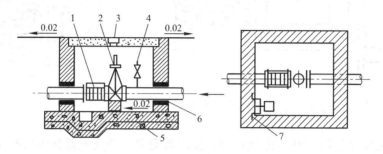

图 7-11　阀井安装图
1-伸缩器；2-阀门；3-阀门井盖；4-放散阀；5-阀井底座；6-石棉水泥等填料；7-排水阀

为保证管网的安全与操作方便，地下燃气管道上的阀门一般都设在阀门井中。阀门井中一般在气体流动方向阀门后设置伸缩器，阀门前后是否装放散管由设计定。

适用于输送燃气的管材种类很多，应根据燃气的性质、系统压力及施工要求选用。常用的管材有无缝钢管、卷焊钢管、水煤气管和铸铁管。$DN>70mm$ 的钢管采用焊接连接和法兰连接。当输送焦炉煤气时，法兰盘应衬以石棉橡胶垫圈；输送液化石油气或天然气时，常衬以耐油橡胶垫圈，以防止介质侵蚀垫圈破坏管道的气密性。承插铸铁管有刚性接口和柔性接口，低压管道的刚性接口用油麻和石棉水泥捻口连接，其中 1/10 接口用青铅捻口。目前推广使用铸铁管机械式柔性接口，这种接口具有接口严密、施工简单、能抵抗弯曲和震动的优点。

燃气引入管径大于 75mm 时，管材采用给水铸铁管，石棉水泥接口；管径小于 75mm 时，采用镀锌钢管，螺纹连接。室内管道全部采用镀锌钢管，螺纹连接，以聚四氟乙烯生料带或白厚漆为填料，不得使用麻丝做填料。

管道穿墙或楼板时，应设置钢制套管，穿楼板上部应高出楼板 30～50mm，下部与楼板平齐；穿墙套管的长度应与墙的两侧平齐。套管内的管道不得有接头，套管比燃气管道的直径大 1～2 号。穿外墙和地面的套管，其间用沥青油麻填塞，热沥青封口；穿内墙和楼板的套管用纸筋石灰填塞；套管与墙、板之间用水泥砂浆填塞。

室外燃气管道的防腐等级应根据管道敷设地点的土壤腐蚀情况，管道使用的重要程度而选用不同的防腐等级或按照设计要求进行防腐。一般钢制管道如设计没有特殊防腐要求，可采用石油沥青及环氧煤沥青，或选用防腐胶粘带，也可选用其他满足防腐要求的做法。

2. 燃气工程常用图例

燃气工程常用图例　　　　　　　　　　　　　　　　　　　　　　表 7-3

名称	图例	名称	图例
法兰连接管道	———┤├———	压力表	⦶

名称	图例	名称	图例
螺丝连接管道	——	灶具	⊡⊡　⊡
焊接连接管道	⟋	罗茨表	⌀↗
丝堵	——▷	皮膜表	▱↗
管堵	⌐	放散管口	↑
闸门	——▷◁	叶轮表	—○→
截止阀	—▶●	针形阀	▽

第二节　给水排水、采暖、燃气工程施工图预算的编制

一、给水排水安装工程预算工程量的计算

给水排水工程量的计算依据是给水排水工程施工图、给水排水标准图集以及给水排水工程预算定额的有关说明等。对于有些超出定额规定的特殊情况，可按照建设主管单位审批同意的施工技术方案、施工组织设计要求进行计算。

1. 给水工程计算规则

(1) 室内外管道的分界是以建筑物外墙皮 1.5m 为界，入口处设阀门者以阀门为界。住宅小区管道与市政管道的界线以水表井为界，无水表井者，以与市政管道碰头点为界。

(2) 给水管道的安装，其长度按不同材质、规格和接口方式，分别以施工图所示管道中心线长度以 "m" 为计量单位计算，不扣除阀门及管件（包括水表等成组安装件）所占的长度。

(3) 各种阀门安装，按不同直径和连接方式，均以 "个" 为计量单位计算。法兰阀门安装如仅为一侧法兰连接时，定额所列法兰、带帽螺栓及垫圈数量减半，其余不变。

(4) 消火栓安装，分室内室外、地上地下，按不同形式、直径以 "组" 为计量单位计算；室外消火栓所配套的水枪、水龙带长度以 20m 为准，超过 20m 时，可按设计规定调整，其他不变。

(5) 消防水泵接合器安装分地上地下及不同直径按成套产品以 "组" 为计量单位计算，如设计要求用短管时，可另行计算其本身价值，并列入材料费。

(6) 水龙头安装按不同规格以 "个" 为计量单位计算。

(7) 水表安装按不同形式、接管直径和连接方式以 "组" 为计量单位计算，法兰水表安装定额中的旁通管及止回阀，如与设计规定的安装形式不同时，阀门与止回阀可按设计规定调整，其余不变。

(8) 卫生器具成组安装中，洗脸盆、洗手盆、洗涤盆、化验盆等应区分冷热水和不同材质、规格的附件及开启方式以 "组" 为计量单位计算；浴盆应区分冷热水和有无喷

头，淋浴器应区分冷热水及不同材质，大便器按不同水箱形式及其安装和冲洗方式，小便器按不同形式和冲洗方式等均以"组"为计量单位计算。以上各项定额内已按标准图综合了卫生器具与给水管、排水管连接的人工与材料用量，不得另行计算。

（9）浴盆安装，不包括支座和四周侧面的砖砌及镶贴瓷砖。

（10）脚踏开关安装，定额内已包括弯管与喷头的安装，不得另行计算。

（11）小便器冲洗接管制作与安装，定额内不包括阀门安装，应另行计算。

（12）钢板水箱制作，按施工图所示尺寸，不扣除接管口和人孔、手孔，包括接口短管和法兰的重量，以"kg"为计量单位计算；法兰和短管按成品价另计材料费。

（13）水箱安装，以"个"为计量单位计算，并按水箱容量"m³"套用相应子母。

（14）法兰安装按不同连接方式和直径以"副"为单位计算。

（15）管道消毒、冲洗，不扣除阀门、管件所占长度，按不同管径以"米"为计量单位计算。

（16）管道支架制作安装，室内管道公称直径 32mm 以下的安装工程已包括在内，不另计工程量；公称直径 32mm 以上的管道支架制作安装，按图示尺寸以"t"为计量单位计算。

（17）管道刷油防腐应按所采用定额的相应规定来确定工程量。

给水工程构筑物如给水检查井、阀门井等工程量均按地区建筑工程现行预算定额规定计算。一般均按不同材料、形状和几何尺寸，分别以"座"为计量单位计算。

2. 排水工程量计算规则

（1）室内外管道分界是以出户第一个检查井为界，住宅区域管道与市政管道的划分，以室外管道与市政管道碰头井为界。

（2）排水管道安装按不同材质、规格和接口方式，分别以其中心线延长米为单位计算，各种管件的长度均不从管道延长米中扣除，管道坡道影响已综合考虑在定额内，不另计算；混凝土、钢筋混凝土的安装工程量计算，基本上同铸铁管计算方法，但在具体计算时，还须根据有关规定进行计算。

（3）各种排水配件的工程量计算中，排水栓需区分带存水弯和不带存水弯，按不同直径以组为单位计算；地漏及地面扫除口按不同直径以"个"为单位计算。

3. 埋地管道土方工程量计算规则

埋地管道沟槽土方工程量计算应按各地区建筑工程预算定额执行。沟槽挖土方一般应区分不同的土方类别和沟槽深度，按分段管沟间的平均切断面积（即平均设计地面标高减去管底或基础、垫层底的平均标高乘以管沟底宽所得的面积）乘管沟中心线延长米，所得的结果以 m³ 为单位计算。

当管沟全深超过一定深度时，应计算挖土放坡工程量。一、二类土管沟全深超过1.2m 时，放坡系数为 0.5；三类土管沟全深超过 1.5m 时，放坡系数为 0.33；四类土管沟全深超过 2m 时，放坡系数为 0.25。放坡起点均自槽底开始。

管沟回填土方工程量一般等于挖方量减去埋地管道及管道基础（包括垫层）所占的土方体积以立方米为单位计算；但在实际计算回填土工程量时，如果埋地管道直径小于500mm 的可不减去管道所占的土方体积；直径大于 500mm 以上的管道则应减去管道所占的土方体积。

管道地沟沟底宽度计算表 表 7-4

管径（mm）	铸铁管、钢管、石棉水泥管	混凝土、钢筋混凝土、预应力混凝土管	陶土管	塑料管
50～70	0.60	0.80	0.70	
100～200	0.70	0.90	0.80	0.90
250～350	0.80	1.00	0.90	1.00
400～450	1.00	1.30	1.10	1.30
500～600	1.30	1.50	1.40	
700～800	1.60	1.80		
900～1000	1.80	2.00		
1100～1200	2.00	2.30		
1300～1400	2.20	2.60		

二、采暖安装工程预算工程量的计算

1. 采暖工程定额计算说明

采暖工程主要执行安装定额第八册（给水排水、采暖、煤气工程）。其主要规定如下：

（1）采暖工程一般由锅炉房、室外采暖管道（热力管道）、进户装置、室内采暖管道、采暖器具等组成。采暖管道没有专用定额，可分别执行第八册室内及室外管道安装有关定额项目。

（2）室内采暖管道的划分是：

1）采暖管道进口装置在室外时，以进口装置（阀门）为界；

2）采暖管道进口装置在室内时，以建筑物外墙皮 1.5m 为界；

3）工厂车间内采暖管道，以采暖系统与热力管道碰头处为界。

室外采暖管道（热力管道）的划分，以室内采暖管道划分点至锅炉房外墙皮为界。高层建筑内加压泵间管道（工业管道）以泵间外墙皮为界。

（3）定额套价几项规定：

1）暖气片安装定额中，不包括两端阀门，应按其规格另套阀门安装定额；

2）安全阀安装（包括调试定压），可按阀门安装相应定额项目基价乘以系数 2.00 计算；

3）由于目前国内散热器产品发展较快，凡定额中不包括的散热器品种，可按类似产品套价，如各种类型的钢串片散热器，可套用闭式散热器定额；

4）各种散热器组成安装，均包括水压试验；

5）方形补偿器制作，定额内不含管材，管材列入管道安装内计算；

6）减压器组成安装、疏水器组成安装等定额子目中，已包括配套的法兰盘、带帽螺栓等，不可重复套价；减压器、疏水器的单体安装，可执行相应阀门安装项目的定额；

7）集气罐、分气筒制作安装执行第六册（工业管道）定额；除污器安装可套第六册（工业管道）的相同口径阀门安装定额；

8）刷油、绝热项目执行第十一册（刷油、防腐蚀、绝热工程）定额；

9）压力表、温度计执行第十册（仪表安装）定额；

10）埋地管道的土石方及砌筑工程，执行当地"土建"定额。

（4）几项费用的计算规定：

1）管道间和管廊内的管道、阀门、法兰、支架安装增加费，为其定额人工费的 30%，全部为工资增加；主体结构为现场浇筑采用大块钢模施工的工程，内外浇筑的定额人工费乘以 1.05、内浇外砌的定额人工乘以 1.03；高层建筑增加费、超高增加费、脚手架搭拆费等与给排水工程计算标准相同。这些均为定额子目系数，纳入直接费；

2）采暖工程系统调整费为综合系数，按采暖工程人工费的 15% 计取，其中：工资 20%、材料 80%；普通热水供应的管道安装工程不属于采暖工程，不能计以系统调整费。

2. 采暖安装工程量计算

（1）采暖管道安装按材质、管径、接口方式的不同，分别以 10m 轴线长度计量。计算中不扣管件、阀门、减压器、疏水器、伸缩器等所占长度，但应扣除大型附件长度。管道长度以图示尺寸为准，无图注可用比例尺量取。

（2）采暖管道支架的计算与套价，与给水管道相同。

（3）散热器安装不分明装和暗装，按类型分别以"片"为单位计算。圆翼型以"节"计量；光排管散热器制作安装，按管径大小以"10m"为单位计算（含联管）。钢制的板式、壁式、柱式散热器安装，以"组"为单位计算。套价应注意：

1）柱型和 M132 型铸铁散热器安装用拉条时，拉条另计；

2）管道中接口密封材料为橡胶石棉板，改用其他材料不得换算；

3）闭式或板式散热器，在定额中的规格表示为：高度×长度（如 500mm×2000mm），对于军事计划尺寸没有要求；

4）壁板散热器：单板 416mm×1000mm 执行 15kg 以内定额，其他规格均执行 15kg 以外的项目；

5）各类散热器安装所用的托钩，均包括在定额内，不得另计；

6）各类散热器的刷油工程量，按散热器面积计算，执行第十一册安装定额；

（4）减压器、疏水器、除污器等器具安装，以组为单位计算。管道工程量中，成组器具所占长度可不扣除。

（5）采暖器具安装系参照 1993 年国家标准图集 T9N112 编制的，如实际组成与定额不符，阀门、压力表、温度表可按实调整，其余不变。

（6）开水炉、电热水器、容积式水加热器、消毒锅、消毒器、饮水器的安装，以"台"为单位计算。蒸汽——水加热器、冷热水混合器安装，以"10 套"为单位计算。

（7）各类锅炉、各种泵类、暖风机、热空气幕等属于设备，以"台"计量。

1）施工图中热空气幕型号与定额型号不符时，可按其重量与型号之间的关系进行套用：重量 150kg 以内，套用 RML/W-1×8/4 定额；200kg 以内，套用 RML/W-1×12/4 定额；超过 200kg，套用 RML/W-1×15/4 定额；

2）热空气幕的支架，另列单项计算；

3）太阳能集热器安装，以"个单元"计量（1986 年定额可参照）。

（8）钢板水箱制作，按成品重量"100kg"为计量单位计算工程量，不扣人孔、手孔重量，法兰、水位计另列单项套价。补水箱、膨胀水箱、矩形钢板水箱的安装，以"个"

计量。各种水箱连接管，可按室内管道安装定额套价。水箱支架制作安装另列单项计算，型钢支架执行管道支架定额；混凝土、钢筋混凝土、砖结构，执行土建定额。

三、燃气安装工程预算工程量的计算

1. 燃气管道及附件、器具安装

（1）定额《给水排水、采暖、燃气工程》中管道、附件、器具安装包括低压镀锌钢管、铸铁管、管道附件、器具安装。

（2）室内外管道分界：

1）地下引入室内的管道以室内第一个阀门为界。

2）地上引入室内的管道以墙外三通为界。

（3）室外管道与市政管道以两者的碰头点为界。

（4）各种管道安装定额包括下列工作内容：

1）场内搬运，检查清扫，分段试压。

2）管件制作（包括机械煨弯、三通）。

3）管内托钩角钢卡制作与安装。

（5）钢管焊接安装项目适用于无缝钢管和焊接钢管。

（6）编制预算时，下列项目应另行计算：

1）阀门安装，按定额相应项目另行计算。

2）法兰安装，按定额相应项目另行计算（调长器安装、调长器与阀门联装、燃气计量表安装除外）。

3）穿墙套管：铁皮管按定额相应项目计算；内墙用钢套管按室外钢管焊接定额相应项目计算；外墙钢套管按全统定额第六册《工业管道工程》定额相应项目计算。

4）埋地管道的土方工程及排水工程，执行本地区相应预算定额。

5）非同步施工的室内管道安装的打、堵洞眼，执行相应定额。

6）到外管道所有带气碰头。

7）燃气计量表安装，不包括表托、支架、表底基础。

8）燃气中热器具只包括器具与燃气管终端阀门连接，其他执行相应定额。

9）铸铁管安装，定额内未包括接头零件，可按设计数量另行计算，但人工、机械不变。

（7）承插煤气铸铁管以 N1 和 X 形接口形式编制的，如果采用 N 型和 SMJ 型接口时，其人工乘系数 1.05，当安装 X 形，$\phi400$ 铸铁管接口时，每个口增加螺栓 2.06 套，人工乘系数 1.08。

（8）燃气输送压力（表 7-5）大于 0.2MPa 时，承插煤气铸铁管安装定额中人工乘以系数 1.3。

燃气输送压力（表压）分级　　　　　　　　表 7-5

名称	低压燃气管道	中压燃气管道		高压燃气管道	
		B	A	B	A
压力 P/MPa	$P\leqslant0.005$	$0.005<P\leqslant0.2$	$0.2<P\leqslant0.4$	$0.4<P\leqslant0.8$	$0.8<P\leqslant1.6$

2. 燃气管道附件、器具安装工程量计算规则

（1）各种管道安装，均按设计管道中心线长度，以"m"为计量单位，不扣除各种管件和阀门所占长度。

（2）除铸铁件外，管道安装中已包括管件安装和管件本身价值。

（3）承插铸铁管安装定额中未列出接头零件，其本身价值应按设计用量另行计算，其余不变。

（4）钢管焊接挖眼接管工作，均在定额中综合取定，不得另行计算。

（5）调长器及调长器与阀门连接，包括一副法兰安装螺栓规格和数量以压力为0.6MPa的法兰装配，如压力不同可按设计要求的数量、规格进行调整，其他不变。

（6）燃气表安装按不同规格、型号分别以"块"为计量单位，不包括表托、支架、表底垫层基础，其工程量可根据设计要求另行计算。

（7）燃气加热设备、灶具等按不同用途规定型号，分别以"台"为计量单位。

（8）气嘴安装按规格型号连接方式，分别以"个"为计量单位。

第三节　给水排水、采暖、燃气工程工程量清单的编制

一、给水排水工程工程量清单编制

1. 管道工程量清单编制

（1）清单项目设置

管道安装工程量清单项目设置见表7-6，管道支架工程量清单项目设置见表7-7，室外管沟土石方工程量清单项目设置见表7-8。

管道安装工程量清单项目设置　　　　表7-6

项目编码	项目名称	项目特征	计量单位	工程内容
030801001	镀锌钢管	1. 安装部位（室内、室外） 2. 输送介质（给水、排水、热媒体、燃气、雨水） 3. 材质 4. 型号、规格 5. 连接方式 6. 套管形式、材质、规格 7. 接口材料 8. 除锈、刷油、防腐、绝热及保护层设计要求	m	1. 管道、管件及弯管的制作安装 2. 管件安装（指铜管管件、不锈钢管件） 3. 套管（包括防水套管制作、安装） 4. 管道除锈、刷油、防腐 5. 管道绝热及保护层安装、除锈、刷油 6. 给水管道消毒、冲洗 7. 水压及泄漏试验
030801002	钢管			
030801003	承插铸铁管			
030801004	柔性抗震铸铁管			
030801005	塑料管（UPVC、PVC、PP-C、PP-R、PE 管等）			
030801007	塑料复合管			

管道支架工程量清单项目设置　　　　表7-7

项目编码	项目名称	项目特征	计量单位	工程内容
030802001	管道支架制作安装	形式；除锈、刷油设计要求	kg	制作、安装；除锈、刷油

给水排水、燃气管道安装，是按安装部位、输送介质、管径、材质、连接形式、接口材料、除锈标准、刷油、防腐、绝热、保护层等不同特征设置清单项目。编制工程量清单时，应明确描述这些特征，以便计价。

管沟土石方工程量清单项目设置 表 7-8

项目编码	项目名称	项目特征	计量单位	工程内容
010101006	管沟土方	土壤类别；管外径；挖沟平均深度；弃土运距；回填要求	m	排地表水；土方开挖；挡土支挂；运输；回填
010102003	管沟石方	岩石类别；管外径；开挖深度；弃碴运距；基底摊座要求；爆破石块直径要求	m	石方开凿；爆破处理；渗水；积水；解小；摊座；清理、运输、回填；安全防护、警卫

1）安装部位应明确是室内还是室外。

2）输送介质指给水管道、排水管道、采暖管道、雨水管道、燃气管道。

3）材质应指明给焊接钢管（镀锌、不镀锌）还是无缝钢管、钢管（T2、T3 等）、不锈钢管（1Cr18Ni9 等）、非金属管（如 PVC、PPR）等。

4）连接方式应说明接口形式，如螺纹连接、焊接（电弧焊、气焊等）。

5）接口材料指承插铸铁管道连接的接口材料，如石棉水泥、膨胀水泥、铅等。

6）除锈要求指轻锈、中锈、重锈。

7）套管指铁皮套管、一般钢套管、防水套管等。

8）防腐、绝热及保护层的要求指管道刷油种类和遍数、绝热材料及其厚度、保护层材料等。

9）室外管道应指明土壤种类（如一类土、四类土）、管沟深度、是否有弃土外运及其运距，土方回填的压实要求等。

（2）清单项目工程量计算

1）管道安装清单项目工程量按设计图示管道中心线长度以延长来计算，不扣除阀门、管件（包括减压器、疏水器、水表、伸缩器等组成安装）及各种井类所占长度；方形补偿器以其所占长度按管道安装工程量计算。

2）管道支架工程量按设计图示质量计算。

3）室外给水排水管沟土石方清单工程量按设计图示以管道中心线长度计算。

【例 7-1】 某 D400 的室外钢筋混凝土排水管道 40m，180°混凝土基础，选用 $\phi1000$ 的检查井，管沟深度。由设计得知，该管道基础的宽度为 0.63m，$\phi1000$ 检查井基础直径为 1.58m，土质为四类土，无地下水。试编制该管段的土方工程量清单。

【解】 管沟土方清单工程量按管道长度计算，故其工程量为 40m，工程量清单见表 7-9。

工程量清单表 表 7-9

序号	项目编码	项目名称	计量单位	工程数量
1	010101006001	管沟土方，四类土，无地下水，沟平均深度 1.8m，管道外径 470mm，管道基础宽度 0.63m。原土开挖和回填，回填后上部做路面，路面结构厚 460mm，由路面算起的沟深仍为 1.8m。弃土地点距离施工场地的平均距离为 1.8km	m	40

【例 7-2】 某 9 层建筑的卫生间排水管道布置如图 7-12 和图 7-13 所示。首层为架空层，层高为 3.3m，其余层高为 2.8m。自 2 层至 9 层设有此卫生间。管材为铸铁排水管，石棉水泥接口。图中所示地漏为 DN75，连接地漏的横管标高为楼板面下 0.2m，立管至室外第一个检查井的水平距离为 5.2m。请计算该排水管道系统的工程量。明露排水铸铁

管刷防锈底漆一遍、银粉漆二遍，埋地部分刷沥青漆二遍，不考虑套管。试确定该管道工程的工程量清单。

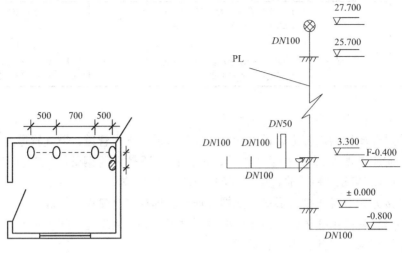

图 7-12　管道布置平面图　　　　　图 7-13　排水管道系统图

【解】　管道安装工程量由器具排水管开始算起，由于器具排水管是垂直管段，故应根据系统图计算。

（1）器具排水管：

铸铁排水管 $DN50$：$0.40 \times 8 = 3.2m$

铸铁排水管 $DN75$：$0.20 \times 8 = 1.6m$

铸铁排水管 $DN100$：$0.40 \times 2 \times 8 = 6.4m$

（2）排水横管：

铸铁排水管 $DN75$：$0.3 \times 8 = 2.4m$

铸铁排水管 $DN100$：$(0.5 + 0.7 + 0.5) \times 08 = 13.6m$

（3）排水立管和排出管：$27.7 + 0.8 + 5.2 = 33.7m$

（4）汇总后得：

铸铁排水管 $DN50$：$3.2m$

铸铁排水管 $DN75$：$4.0m$

铸铁排水管 $DN100$：$53.7m$

其中埋地部分 $DN100$：$6m$

编制工程量清单时，$DN100$ 的明装管道和埋地管道应分别列清单项目，因为他们具有不同的特征（防腐不同）。分部分项工程量清单见表 7-10。

分部分项工程量清单

表 7-10

序号	项目编码	项目名称	计量单位	工程数量
1	030801003001	承插铸铁排水管安装 $DN50$，一遍防锈底漆，二遍银粉漆	m	3.2
2	030801003002	承插铸铁排水管安装 $DN75$，一遍防锈底漆，二遍银粉漆	m	4.0
3	030801003003	承插铸铁排水管安装 $DN100$，一遍防锈底漆，二遍银粉漆	m	47.7
4	030801003004	承插铸铁排水管安装 $DN100$，（埋地）二遍沥青漆	m	6.0

2. 管道附件安装工程量清单编制

(1) 清单项目设置

阀门和水位标尺等列清单项目时，必须注明阀门的类型、口径规格、连接形式、保温要求等，对于减压器和疏水器，必须注明连接形式和规格，水表必须注明类型和规格。

由表7-11，阀门、减压器、水表等的安装，可组合的其他项目很少，清单项目基本上仅为本体安装项目。

在编制法兰阀门的工程量清单时，应明确描述阀门是否带法兰盘；当编制减压器、疏水器、水表安装的工程量清单时，如果是成组安装，必须明确描述其组成的工程内容和相应材质；保温阀门和不保温阀门应分别设置清单项目。

(2) 清单项目工程量计算

1) 阀门按设计图示数量计算（包括浮球阀、手动排气阀、液压式水位控制阀、不锈钢阀门、煤气减压阀、液相自动转换阀、过滤阀等）

2) 减压器、疏水器、法兰、水表、煤气表、塑料排水管消声器按设计图示数量计算。

部分管道附件安装工程量清单项目设置　　　　　　　表7-11

项目编码	项目名称	项目特征	计量单位	工程数量
030803001	螺纹阀门	1. 类型 2. 材质 3. 型号、规格	个	安装
030803002	螺纹法兰			
030803003	焊接法兰阀门			
030803004	带短管甲乙的法兰阀			
030803007	减压器	1. 材质 2. 型号规格 3. 连接方式	组	
030803008	疏水器		组	
030803009	法兰		副	
030803010	水表		组	

3) 伸缩器按设计图示数量计算，方形伸缩器的两臂、按臂长的两倍合并在管道安装长度内计算。

4) 浮标液面计、浮标水位标尺、抽水缸、燃气管道调长器、调长器与阀门连接按设计图示数量计算。

5) 法兰阀门（带短管甲乙）安装，用于承插铸铁管道上的阀门安装，包括阀门两端的短管甲和短管乙，短管甲和短管乙与阀门的连接法为法兰连接，与铸铁管的连接有石棉水泥接口、膨胀水泥接口、青铅接口，采用何种连接方式，取决于管道的连接方式。带短管甲乙的法兰阀门安装参见图7-14。

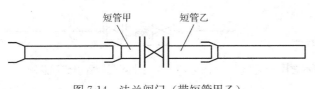

图7-14 法兰阀门（带短管甲乙）

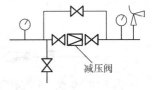

图7-15 减压器组成

6）减压器的安装是以阀组的形式出现的。阀组由减压阀、前后控制阀、压力表、安全阀、旁通阀等组成。阀组称为减压器。减压器的安装直径较小（$DN25 \sim DN40$）时，可采用螺纹连接。用于蒸汽系统或介质较高的其他系统的减压器多为焊接法兰连接，参见图 7-15。减压器清单项目应包括组内的各个阀门、压力表、安全阀，在清单项目描述和工程量计算中予以注意。

7）疏水器是在蒸汽管道系统中凝结水管段上装设的专用器具，其作用上排除凝结水，同时防止蒸汽漏失，有的可排出空气。疏水器本身如无过滤装置的，宜有前方设过滤器。为了便于管路冲洗时排污及放气，前方应设有冲洗管。为了检查疏水器是否正常工作，安的后边应设检查管。如疏水器本身不能起逆止作用时，在余压回水系统中疏水器后应设止回阀。在用气设备不允许中断供气的情况上，疏水器应设旁通管。

疏水器安装减压器类似，由疏水跑龙套和阀前后的控制阀、旁通装置、冲洗检查装置组合而成。疏水器的连接方式有螺纹连接和法兰连接。对 $DN < 32mm$、$PN \leqslant 0.3MPa$ 以及 $DN40 \sim DN50$、$PN \leqslant 0.2MPa$ 时，用螺纹连接，其余为法兰连接。一般疏水器要经常检修或更换，故它的前后应用可拆件管路相连。当为螺纹连接时，可拆件为活接头。

8）水表工程量按水表类型、规格、连接方式分别计算，以"组"为单位计量。水表按连接方式分为螺纹水表和法兰水表。如设计未明确连接方式，实际运用中确定水表连接方式的简单方法是与管道的连接方式相对应，即管道为螺纹连接时水表为螺纹连接，管道为焊接或法兰连接时水表为法兰连接。项目中水表安装是以组计算，它包括了与其相连接的阀门安装，组内的阀门不能再另计阀门安装工程量。水表组的安装形式通常有以下几种：

① 螺纹水表安装参见图 7-16。

② 法兰水表（带旁通管和止回阀）安装参见图 7-17。

③ 螺纹水表配驳喉组合安装适用于水表后配止回阀的项目，参见图 7-18。

④ 在承插铸铁管道上安装水表，常用法兰式水表配承插盘短管安装形式，如图 7-19 所示，组成包括承盘短管和插盘短管，不应另列管件安装清单项目。

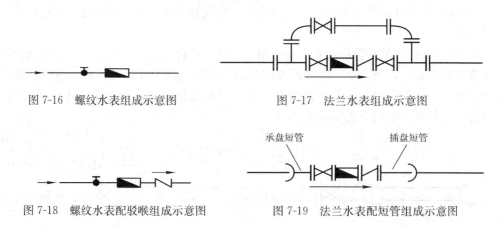

图 7-16　螺纹水表组成示意图　　　图 7-17　法兰水表组成示意图

图 7-18　螺纹水表配驳喉组成示意图　　图 7-19　法兰水表配短管组成示意图

【例 7-3】　某室内钢管工程阀门安装见表 7-12，试编制分部分项工程量清单。

阀门数量表　　　　　　　　　　　　　　　表 7-12

序号	名　　称	规格	单位	数量	备注
1	内螺纹截止阀 J11W—10	DN25	个	5	
2	内螺纹截止阀 J11W—10	DN32	个	3	
3	内螺纹铜截止阀 J11W—10	DN25	个	10	
4	内螺纹暗杆楔式闸阀 Z15T—10	DN32	个	4	
5	内螺纹暗杆楔式闸阀 Z15T—10	DN65	个	4	其中 2 个在管井内
6	楔式闸阀 Z41T—10	DN125	个	1	
7	旋启式单瓣止回阀 H44T—10	DN125	个	1	

【解】　编制工程量清单时，具有不同特征的工程应分别设置清单项目。本例中 DN25 和 DN32 的内螺纹阀门各有两种型号，应分别设置清单项目；DN65 的阀门有两个在管井内安装，具有不同特征，应分别列清单项目。分部分项工程量清单见表 7-13。

分部分项工程量清单　　　　　　　　　　　表 7-13

序号	项目编号	名　　称	计量单位	工程数量
1	030803001001	内螺纹截止阀 J11W—10DN25	个	5
2	030803001002	内螺纹截止阀 J11W—10DN32	个	3
3	030803001003	内螺纹铜截止阀 J11W—10DN25	个	10
4	030803001004	内螺纹暗杆楔式闸阀 Z15T—10DN32	个	4
5	030803001005	内螺纹暗杆楔式闸阀 Z15T—10DN65	个	2
6	030803001006	内螺纹暗杆楔式闸阀 Z15T—10DN65 管井内	个	2
7	030803003001	楔式闸阀 Z41T—10DN125	个	1
8	030803003002	旋启式单瓣止回阀 H44T—10DN125	个	1

3. 卫生器具工程量清单编制

(1) 卫生器具工程量清单项目设置

卫生器具工程量清单项目设置时，必须明确以下特征：

1) 浴盆：材质（搪瓷、铸铁、玻璃钢、塑料）、规格（1400、1650、1800）、组装形式（冷水、冷热水、冷热水带喷头）；

2) 洗脸盆：型号（立式、台式、普通式）、规格、组装形式（冷水、冷热水）、开关种类（肘式、脚踏式）、进水连接管的材质、角形阀的规格型号或品牌、水龙头的规格型号或品牌等；

3) 淋浴器有组成形式（钢管组成、铜管成品）；

4）大便器规格型号（蹲式、坐式、低水箱、高水箱）、开关及冲洗形式（手压冲洗、脚踏冲洗、自闭式冲洗）、材质、冲洗管的材质及规格等；

5）不便器的规格型号（如挂斗式、立式）、冲洗短管的材质的规格型号或品牌、存水弯的材质等；

6）水箱的形状（圆形、方形）、质量；

7）水龙头的材质、种类、直径规格等；

8）排水栓的类型、口径规格等；

9）地漏、地面扫除口、小便器冲洗管的材质、口径规格等；

10）开水炉、电热水器、电开水炉、容积式热交换器、蒸汽—水加热器、冷热水混合器、消毒锅、饮水器的类型等；

11）消毒器的类型、尺寸等。

卫生器具工程量清单项目设置见表7-14。

部分卫生器具工程量清单项目设置表 表7-14

项目编码	项目名称	项目特征	计量单位	工程内容
030804001	浴盆	1. 材质 2. 组装形式 3. 型号、开关	组	安装
030804003	洗脸盆			
030804005	洗涤盆（洗菜盆）			
030804007	淋浴器	1. 材质 2. 组装方式 3. 型号、规格	套	
0308040012	大便器			
0308040013	小便器			
0308040014	水箱制作安装	1. 材质；类型 2. 型号、规格		1. 制作、安装 2. 支架制作安装及除锈、刷油
0308040015	排水栓	1. 带（不带）存水弯 2. 材质；型号、规格	组	安装
0308040016	水龙头	1. 材质	个	
0308040017	地漏	2. 型号、规格		
0308040018	地面扫除口			

（2）清单项目工程量计算

各种卫生器具制作安装工程量按设计图示数量计算，由于其计量单位是自然计量单位，故工程量的计算较简单，只按设计数量统计即可，应注意卫生器具组内所包括的阀门、水龙头、冲洗管等不能再另行计算工程量。

二、采暖工程工程量清单编制

1. 清单项目的设置

采暖器具工程量清单项目设置见表7-15。

2. 工程量清单编制

编制工程量清单时需注意的问题：

（1）编制供暖器具的安装工程量清单要说明器具的型号规格，具体来说：

1）铸铁散热器的型号及规格（长翼、圆翼、M132、柱型），如图7-20所示；

采暖器具工程量清单项目设置 表 7-15

项目编号	项目名称	项目特征	计量单位	工程量计算规则	工程内容
030805001	铸铁散热器	1. 型号、规格 2. 除锈、刷油设计要求	片	按设计图示数量计算	1. 安装 2. 除锈、刷油
030805002	钢制闭式散热器				
030805003	钢制板式散热器		组		安装
030805004	光排管散热器制作安装	1. 型号、规格 2. 管径 3. 除锈、刷油设计要求	m		1. 制作、安装 2. 除锈、刷油
030805005	钢制壁板式散热器	1. 质量 2. 型号、规格	组		安装
030805006	钢制柱式散热器	1. 片数 2. 型号、规格			
030805007	暖风机	1. 质量 2. 型号、规格	台		
030805008	空气幕				

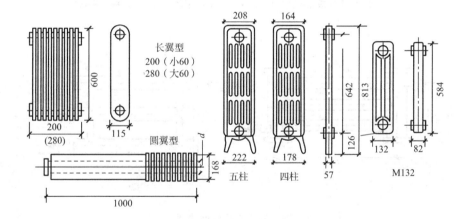

图 7-20 铸铁散热器安装

2）光排管散热器的型号（A、B 型）、长度、管径；

3）钢制柱式散热器的片数；

4）散热器的除锈标准、油漆种类；

5）其他各式散热器的具体型号规格。（图 7-21）

（2）光排管式散热器制作安装，清单工程量按光排管长度以 m 为单位计算。在计算工程量长度时，每组光排管之间的连接管长度不能计入光排管制作安装工程量。如图 7-22 所示。排管长 $L = nL_1$，n 为排管根数。

（3）所有散热器安装的工程内容都不包括两端阀门的安装，阀门安装应另外编制阀门安装清单项目。

（4）暖风机、空气幕支架制作安装需单独编制工程量清单项目。

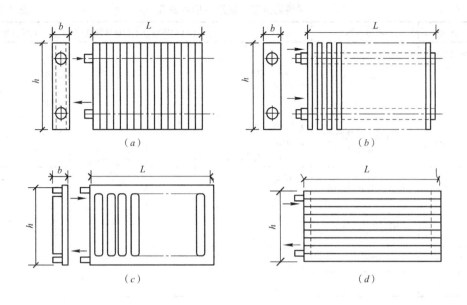

图 7-21　钢制散热器外形

（*a*）闭式钢串片散热器；（*b*）钢串片式；（*c*）钢制板式；（*d*）扁管单板式

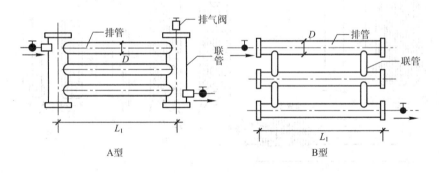

图 7-22　光排管散热器

3. 清单项目工程量计算

"采暖器具"安装工程量计算规则有：

（1）热空气幕安装以"台"为计量单位，其支架制作安装可按相应定额另行计算。

（2）长翼、柱型铸铁散热器组成安装以"片"为计量单位，其汽包垫不得换算；圆翼型铸铁散热器组成安装以"节"为计量单位。

（3）光排管散热器制作安装以"m"为计量单位，已包括联管长度，不得另行计算。

三、燃气工程工程量清单编制

1. 清单项目设置

燃气器具工程量清单项目设置见表 7-16。

燃气器具工程量清单项目设置　　　　表 7-16

项目编号	项目名称	项目特征	计量单位	工程量计算规则	工程内容
030806001	燃气开水炉	型号、规格	台	按设计图示数量计算	安装
030806002	燃气采暖炉				
030806003	沸水器	1. 容积式沸水器、自动沸水器、燃气消毒器 2. 型号、规格			
030806004	燃气快速热水器	型号、规格			
030806005	气灶具	1. 民用、公用 2. 人工煤气灶具、液化石油气灶具、天然气燃气灶具 3. 型号、规格			
030806006	气嘴	1. 单嘴、双嘴 2. 材质 3. 型号、规格 4. 连接方式	个		

2. 工程量清单编制

编制清单需详细说明燃气器具如开水炉的型号、采暖炉的型号、沸水器的型号、快速热水器的型号（直排、烟道、平衡）、灶具的型号（液化气、天然气，民用灶具、公用灶具，单眼、双眼、三眼），以便投标人报价。

采暖器具的集气罐制作安装可参照《计价规范》附录 C. 6. 17 编列工程量清单，燃气加热设备、灶具等按不同用途规定型号，分别以"台"为计量单位。

气嘴安装按规格型号连接方式，分别以"个"。

第四节　给水排水、采暖、燃气工程量清单计价

一、管道安装工程清单计价

根据《湖北省安装工程单位估价表》确定"给水排水、采暖、燃气"管道工程综合单价时应注意的问题，主要包括以下几个方面：

1. 安装工程量计算。按室内室外、管道材质、连接方法、接口材料、管道公称直径不同，均以施工图所示管道中心线长度计算；不扣除阀门、管件、成套器件（包括减压器组成、疏水器组成、水表组成、伸缩器组成等）及各种井所占的长度。计量单位：10m。管道安装工作内容包括：管道安装、管件连接、水压试验或灌水试验、气压试验等。

2. 管件的安装费用除不锈钢管和铜管外已包括在管道安装定额基价中；尽管《计价规范》工作内容中包括管件的安装，但管件的安装费用不需另套预算定额；管道安装套用定额时。下列管材的管件是未计价材料，需另计主材费。这些管材是：钢管（焊接）、承插铸铁给水管、给水塑料管、给水塑料复合管、燃气铸铁管、塑料排水管、承插铸铁雨水管。雨水斗作为未计价材料，其价格应计入综合单价内。

3. 不锈钢管和铜管的安装费用需另计管件的安装费用，根据施工图计算出管件的数量，套用《湖北省安装工程单位估价表》第六册《工业管道》低压管件安装的相应子目。

4. 套管制作、安装工程量，镀锌铁皮套管制作以"个"为计量单位，其安装费用已包括在管道安装基价内，不得另外计算；如为钢制套管，其制作安装费用按"室外钢管（焊接）"相应项目计算，套用《湖北省安装工程单位估价表》第八册 C8-30～42 相应子目；如为防水套管，根据管道规则计算套管的数量，套用《湖北省安装工程单位估价表》第六册《工业管道工程》套管制作与安装相应子目，子目号为 C6-2616～2667。

5. 管道消毒、冲洗、水压试验或灌水试验，均按管道长度以"m"为计量单位，不扣除阀门、管件所占的长度。需要注意两个问题：

（1）管道消毒、冲洗定额子目适用于设计、施工及验收规范中有要求的工程，并非所有管道都需进行；

（2）正常情况下，管道安装预算定额的基价内已包括水压试验或灌水试验的费用，由于非施工方原因需要再次进行管道水压试验时才可执行管道水压试验定额，不要重复计算，以免综合单价加大。

6. 安装管道的规格与定额子目规格不符时，应套用接近规格的项目；规格居中时，即处于两子目中间时，按大者（即上限）套用。

7. 给水管道绕房屋周围敷设，按室外管道计算。

8. 管道除锈、刷油、绝热不作为工程实体项目，不单独编制清单。但相关费用应组入管道清单项目的综合单价内。

9. 安装工程的实体往往是由多个工程综合而成的，因此对各清单可能发生的工程项目均作了提示并列在"工程内容"一栏内，它是报价人计算综合单价的主要依据。报价人在组价时，要搞清哪些工程内容按投标人的施工组织设计是必须或肯定发生的，报价人只对发生的工程内容计价，要有选择的计价。如以 C8 镀锌钢管安装为例，030801001 镀锌钢管安装，"工程内容"有：①管道、管件及弯管的制作、安装；②管件安装（指铜管管件、不锈钢管管件）；③套管（包括防水套管）制作、安装；④管道除锈、刷油、防腐；⑤管道绝热及保护层安装、刷油；⑥给水管道消毒、冲洗；⑦水压及泄漏试验。

如果是生活用给水镀锌钢管安装，按施工及验收规范只需完成工程内容中①安装管件及弯管的制作、安装；③套管制作、安装；⑥给水管道消毒、冲洗；⑦水压试验。所以清单项目描述工程内容中的①、③、⑥、⑦实际发生，报价人只需计算①、③、⑥、⑦费用，对工程内容中的②、④、⑤都不予考虑。若设计文件要求管道刷漆，则还需计算④管道除锈、刷油、防腐的费用。

【例 7-4】　某住宅（4 层）楼给水管道安装工程量清单综合单价的确定。经核算工程量后，知镀锌钢管 DN20mm（螺纹连接）1200m，钢制穿墙套管 230 个，刷银粉漆二遍。

【解】　本例的项目编码为 030801001001。人工、材料、机械台班消耗量采用《消耗量定额》中相应项目的消耗量。综合单价中的人工单价、计价材料单价、机械台班单价根据《单位估价表》中取定的单价确定，并按照定额计价的方式给予人工、计价材料、机械费调差。综合单价中的未计价材料费由市场信息价确定，未计价材料单价与计价材料单价之和计为材料单价。

本例人工单价取：普工 42 元/工日，技工 48 元/工日。该工程为一栋 4 层住宅楼，属三类工程。根据《湖北省建筑安装工程费用定额》（2008 年）有关规定，取定施工管理费率为人工费与机械费之和的 20%,利润率为直接工程费的 5.35%。

1. 镀锌钢管 $DN20$ 螺纹连接(C8-205)

人工费:(0.466 工日/10m×42 元/工日+1.088 工日/10m×48 元/工日)×1200m=8616.00 元

材料费:35.09 元/10m×1200m=4210.80 元

机械费:0 元

2. 钢制穿墙套管的制作安装(C8-553)

人工费:26.29 元/个×230 个=6046.70 元

材料费:14.98 元/个×230 个=3445.40 元

机械费:1.54 元/个×230 个=354.20 元

3. 镀锌钢管外刷银粉漆二遍(C14-56+C14-57)

管道表面积:$S=\pi×0.0245×1200=92.32$(m²)

人工费:(39.34+11.00)元工日/10m²×92.32m²=464.74 元

材料费:(11.77+10.78)元/10m²×9.232m²=208.18 元

机械费:0 元

4. 综合

人工费:8616.00 元+6046.70 元+464.74 元=15127.44 元

材料费:4210.80 元+3445.40 元+208.18 元=7864.38 元

机械费:0 元+354.20 元+0 元=354.20 元

管理费:(人工费+机械费)×20.0%=(15127.44 元+354.20 元)×20.0%=3096.33 元

利 润:(人工费+材料费+机械费)×5.35.0%
　　　=(15127.44 元+7864.38 元+354.20 元)×5.35%=1249.01 元

合 计:15127.44 元+7864.38 元+354.20 元+3096.33 元+1249.01 元=27691.36 元

综合单价:27691.36 元÷1200m=23.08 元/m

二、管道附件安装工程量清单计价

管道附件安装工程量清单计价时需注意以下几个问题:

1. 根据工程量清单项目描述,决定每一分部分项工程的计价内容。对于法兰阀门安装,清单仅指本体安装,与之相连的法兰盘应该另设清单项目,此时法兰盘不应组合进阀门的综合单价内。当减压器、疏水器项目为成组安装则应根据清单所描述的组成内容进行单价分析。

2.《湖北省安装单位估计表》计算规则规定,螺纹水表安装包括前阀门安装;法兰水表组成安装包括闸阀、止回阀及旁通管的安装,法兰、闸阀、止回阀为已计价材料。若图纸中设计组成与定额中规定的安装形式不同时,阀门及止回阀数量可按设计规定进行调整,其余不变。水表作为未计价材料,其价格计入综合单价。

3.《湖北省安装工程单价估价表》计算规则规定,减压器组成安装、疏水器组成安装基价中已包括法兰、闸阀、止回阀、安全阀及旁通管的安装费用,法兰闸阀、止回阀、安全阀已计价材料,若图纸中设计组成与定额中规定的安装形式不同时,阀门及止回阀数量可按设计规定进行调整，其余不变。减压器、疏水器作为未计价材料，其价格计入综合单价。疏水器组成如图 7-23 所示。

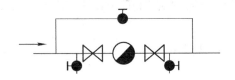

图 7-23 疏水器组成

4. 在法兰阀安装、减压器组成安装、疏水器组成安装、水表组成安装、调长器安装、调长器与阀门连接、法兰连接的燃气计量表（工业用罗茨表）的安装等定额子目中，已包括法兰盘、带帽螺栓的安装，法兰盘、带帽螺栓为计价材料，在综合单价组价时不能重复计算法兰带帽螺栓的价格。

5. 减压器、疏水器单体安装，可执行相应规格阀门安装子目。

三、卫生器具工程量清单计价方法

1.《计价规范》中"水箱制作安装"清单项目的工程内容提要包括了支架的制作安装公司及除锈、刷油，在确定"水箱制作安装"综合单价时，需将支架制安、除锈刷油的相应费用组长入综合单价内。除大、小便槽冲洗水箱外（大、小便槽冲洗水箱的制安定额基价含有托架制安费用），其他类型的水箱型钢支架制作安装套用"管道支架制作安装"子止，除锈、刷油套用《湖北省安装工程单位估价表》第十四册相应子目。

2. 水箱上配管、配件的安装费用不包括在水箱清单综合单价内，要另计。屋顶水箱上配管应归入室内管道。

3. 浴盆的安装适用于各种型号，浴盆支座和四周侧面砌砖、粘贴的瓷砖费用另计。

4. 在确定卫生器具安装清单综合单价时，需将"未计价材料"的价格组入到清单综合单价内，而卫生器具安装的配管等配件不要重复计价。

四、采暖、燃气工程量清单计价方法

在计算工程量清单综合单价时，需注意以下问题：

1. 按《计价规范》要求，铸铁散热器、光排管散热器安装工程内容包括除锈、刷油，组价时应计入除锈、刷油的相关费用，套用第十一册相关子目。

2. 光排管式散热器制作安装，每组光排管之间的连接管长度不能计入光排管制作安装工程量，联管为已计价材料，排管为未计价材料，排管材料费应计入综合单价。

3.《湖北省安装工程估价表》散热器制作安装子目基价中包括托钩制作安装费用，除闭式散热器外，其他类型的散热器安装都包括托钩的材料费。对闭式散热器托钩的材料费未计，在组价时，须将托钩的材料计入闭式散热器工程量清单的综合单价内。

4. 所有散热器两端阀门的安装费用不包括在散热器清单综合单价内，需另计。

5. 暖风机、空气幕钢支架制作安装费用不包括在暖风机、空气幕安装综合单价内，暖内机、空气幕钢支架制作安装费用套用第八册管道支架制作安装子目。

【例 7-5】 某大型商场需装设 10 台热空气幕（RML/W-1-12/4 型）重量为 175kg/

台，试确定该热空气幕的综合单价。

【解】 本例的项目编码为 030805008001。设该工程为一类工程，根据根据《湖北省建筑安装工程费用定额》（2008 年）有关规定，取人工单价为：普工 42 元/工日，技工 48 元/工日。取定施工管理费率为人工费与机械费之和的 20%，利润率为直接工程费的 5.35%。（本例中暂不考虑风险因素费用的计取）。热空气幕（RML/W-1-12/4）安装（C8-1281）。

人工费：（0.818 工日/台×42 元/工日＋1.910 工日/台×48 元/工日）×10 台＝1260.40 元

计价材料费：26.18 元/台×10 台＝261.80 元

未计价材料费：热空气幕（RML/W-1-12/4）市场信息价 2275.20 元/台

主材价：261.80 元元/台×10 台＝22572.00 元

材料费合计：1260.40 元＋22572.00 元＝22833.80 元

机械费：0 元

管理费：（人工费＋机械费）×20.0%＝1260.40 元×20.0%＝252.08 元

利　润：（人工费＋材料费＋机械费）×5.35%
　　　＝（1260.40 元＋22833.80 元＋0）×5.35%＝1289.04 元

合　计：1260.40 元＋22833.80 元＋252.08 元＋1289.04 元＝25635.32 元

综合单价：25635.32 元÷10 台＝2563.53 元/台

1. 以下费用可根据需要情况由投标人选择计入综合单价。

① 高层建筑施工增加费。

② 安装与生产同时进行增加费。

③ 在有害身体健康环境中施工增加费。

④ 安装物安装高度超高施工增加费。

⑤ 设置在管道间、管廊内管道施工增加费。

⑥ 现场浇筑的主体结构配合施工增加费。

2. 关于措施项目清单。措施项目清单为工程量清单的组成部分，措施项目可按《建设工程工程量清单计价规范》表 3.3.1 所列项目，根据工程需要情况选择列项。在本附录工程中可能发生的措施项目有：临时设施、文明施工、安全施工、二次搬运、已完工程及设备保护费、脚手架搭拆费。措施项目应单独编制，并应按措施项目清单编制要求计价。

五、工程量清单综合单价的确定

【例 7-6】 某住宅楼安装天然气灶具 56 台，灶具型号为 JZY2 双眼灶，试确定该灶具的综合单价。

【解】 本例的项目编码为 030806005001。设该工程为三类工程，根据《费用定额》（2008 年）有关规定，人工单价为普工 42 元/工日，技工 48 元/工日；施工管理费率为人工费与机械费之和的 20.0%，利润率为直接工程费的 5.35%。（本例中暂不考虑风险因素费用的计取）

天然气双眼灶（JZY2）安装（C8-1306）

人工费：（0.060 工日/台×42 元/工日＋0.140 工日/台×48 元/工日）×56 台＝

517.44 元

　　　计价材料费：2.80 元/台×56 台＝156.80 元

　　　未计价材料费：JZY2 型灶具市场信息价为 1042.80 元/台

　　　主材价：1042.80 元/台×56 台＝58396.80 元

　　　材料费合计：156.80 元＋58396.80 元＝58553.60 元

　　　机械费：0 元

　　　管理费：（人工费＋机械费）×20％＝517.44 元×20.0％＝103.49 元

　　　利　润：（人工费＋材料费＋机械费）×5.35％

　　　　　　　＝（517.44 元＋58553.60 元＋0）×5.35％＝3132.62 元

　　　合　计：517.44 元＋58553.60 元＋0 元＋103.49 元＋3132.62 元＝62307.15 元

　　　综合单价：62307.15 元÷56 台＝1112.63 元

本 章 小 结

建筑工程给水排水一般分室内和室外两部分。室外部分主要是由给水干管和阀门井以及排水检查井组成；室内部分是由建筑物本身的给水、排水管道以及卫生器具和零配件组成。

给水排水施工图主要包括平面图和系统图。平面图是表示给水排水管道、设备、构筑物的平面位置布置。系统图有给水系统图和排水系统图两部分，用轴测图分别说明给水排水管道系统上下楼层之间和左右前后之间的空间位置关系。在系统图上注有每根管的管径尺寸、立管的编号，管道的标高以及管道的坡度。通过对系统图和平面图的对照，了解整个给排水管道系统的全貌。

采暖系统主要由热源、供（输）热管道和散热设备三部分所组成。

城市燃气管网通常包括街道燃气管网和庭院燃气管网两部分。

给水工程室内外管道的分界是以建筑物外墙皮 1.5m 为界，入口处设阀门者以阀门为界。住宅小区管道与市政管道的界线以水表井为界，无水表井者，以与市政管道碰头点为界。

排水工程室内外管道分界是以出户第一个检查井为界，住宅区域管道与市政管道的划分，以室外管道与市政管道碰头井为界。

管道安装清单项目工程量按设计图示管道中心线长度以延长来计算，不扣除阀门、管件（包括减压器、疏水器、水表、伸缩器等组成安装）及各种井类所占长度；方形补偿器以其所占长度按管道安装工程量计算。

思 考 题

　　1. 如何分类计算给水排水工程的工程量？有哪些计量单位？试述计算步骤。

　　2. 试述给水工程和排水工程施工图的组成及其主要内容，怎样识读给排水施工图？

　　3. 图 7-24 为某房屋给水工程主要施工图（平面与系统），室内供水两侧对称，采用镀锌管（丝接）及常规器具。试编制该项给水工程工程量清单及计价表。

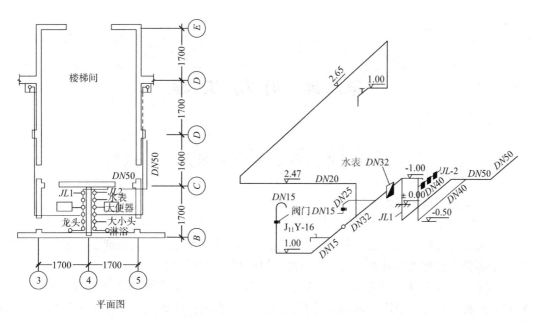

图 7-24　房屋给水工程平面图和系统图

第八章 消防工程

第一节 消防工程的基本知识及施工识图

一、消防工程的基本知识

1. 消防工程的概念

火灾是失去控制的燃烧。众所周知，燃烧必须具备可燃物、氧化剂、温度和链式反应4个条件。只要破坏其中任何一个条件，燃烧都会受到控制。

消防，从最浅显的意义讲，一是防止火灾发生，为此建筑物内尽量不用、少用可燃材料，或将可燃材料表面涂刷防火涂料；二是及时发现初起火灾，并根据火灾性质，采取适宜措施（破坏燃烧条件）消灭初起火灾。

消防工程即为了防止火灾发生和消灭初起火灾而建造和安装的工程设施、设备的总称。

2. 消防工程设施和设备

（1）防火分区和防火分隔物

防火分区　防火分区是采用具有一定耐火性能的分隔构件划分的，能在一定时间内防止火灾向同一建筑物的其他部分蔓延的局部区域。一旦火灾发生，在一定时间内，防火分区可有效地把火势控制在局部范围，为组织灭火和人员疏散赢得时间，减少火灾损失。

防火分区可分为两类，一是竖向防火分区，用以防止建筑物层与层之间发生火灾蔓延；二是水平防火分区，用以防止火灾在水平方向的扩大蔓延。

防火分隔物　防火分隔物是防火分区的边缘构件，一般有防火墙、耐火楼板、防火门、防火卷帘、防火水幕带、上下楼层之间的窗间墙、封闭和防烟楼梯间等。其中，防火墙、防火门、防火卷帘和防火水幕带是水平方向划分防火分区的分隔物，而耐火楼板、上下楼层之间的窗间墙、封闭和防烟楼梯间属于垂直方向划分防火分区的防火分隔物。

1）防火墙　根据防火墙在建筑中所处的位置和构造形式，分为横向防火墙（与建筑平面纵轴垂直）、纵向防火墙（与平面纵轴平行）、室内防火墙、室外防火墙和独立防火墙等。

防火墙应为不燃烧体，耐火极限不应低于4.0h。对高层民用建筑不应低于3.0h。

2）防火门　防火门除具备普通门的作用外，还具有防火、隔烟的功能，建筑物一旦发生火灾时，它能在一定程度上阻止或延缓火灾蔓延。

防火门按其耐火极限分为甲级防火门、乙级防火门和丙级防火门；按其所用的材料分为木质防火门、钢质防火门和复合材料防火门；按其开启方式分为平开防火门和推拉防火门；按门扇结构分为镶玻璃防火门和不镶玻璃防火门、带上亮窗和不带上亮窗的防火门。

各级防火门最低耐火极限分别为：甲级防火门1.20h，乙级防火门0.90h，丙级防火门0.60h。通常甲级防火门用于防火墙上；乙级防火门用于疏散楼梯间；丙级防火门用于管道井等检查门。

疏散通道上的防火门应为向疏散方向开启的平开门。

3）防火卷帘　防火卷帘是一种活动的防火分隔物，一般是用钢板等金属板材，以扣环或铰接的方法组成可以卷绕的链状平面，平时卷起放在门窗上口的转轴箱中，起火时将其展开放下，用以阻止火势从门窗洞口蔓延。

防火卷帘由帘板、滚筒、托架、导轨及控制机构组成。整个组合体包括封闭在滚筒内的运转平衡器、自动关闭机构、金属罩及帘板部分，由帘板阻挡烟火和热气流。

卷帘有电动式和手动式两种。手动式常采用拉链控制；电动式卷帘是在转轴处安装电动机，电动机由按钮控制，一个按钮可以控制一个或几个卷帘门，也可以对所有卷帘进行远距离控制。

防火卷帘按帘板的厚度分为轻型卷帘和重型卷帘。轻型卷帘钢板的厚度为 $0.5\sim$ 0.6mm；重型卷帘钢板的厚度为 $1.5\sim1.6$mm。重型卷帘一般适用于防火墙或防火分隔墙上。

防火卷帘按帘板构造可分为普通型钢质防火卷帘和复合型钢质防火卷帘。前者由单片钢板制成；后者由双片钢板制成，中间加隔热材料。代替防火墙时，如耐火极限达到 3.0h 以上，可省去水幕保护系统。

在一定条件下，当建筑物设置防火墙或防火窗有困难时，可用防火卷帘代替防火墙。常用在商场内部防火分区、多层建筑的共享空间及中庭等部位的防火分隔。作为替代防火墙的防火卷帘，一般应设水幕保护，以达到规定的耐火极限。若使用新型的复合防火卷帘，其耐火极限达到 3.0h 以上，则防火卷帘可不设水幕保护。

4）防火窗　防火窗是采用钢窗框、钢窗扇及防火玻璃（防火夹丝玻璃或防火复合玻璃）制成的，能起隔离和阻止火势蔓延的窗。

防火窗按照安装方法可分固定窗扇与活动窗扇两种。固定窗扇防火窗，不能开启，平时可以采光，遮挡风雨；发生火灾时可以阻止火势蔓延；活动窗扇防火窗，能够开启和关闭，起火时可以自动关闭，阻止火势蔓延，开启后可以排除烟气，平时还可以采光和遮挡风雨。为了使防火窗的窗扇能够开启和关闭，需要安装自动和手动开关装置。

防火窗分为甲、乙、丙三级：其耐火极限甲级为 1.2h；乙级为 0.9h；丙级为 0.6h。

5）防火水幕　防火水幕可以起到防火墙的作用，在某些需要设置防火墙或其他防火分隔物而无法设置的情况下，可采用防火水幕进行分隔。防火水幕采用喷雾型喷头或雨淋式水幕喷头。水幕喷头的排列不应少于 3 排，防火水幕形成的水幕宽度不宜小于 5m。应该指出的是，在设有防火水幕的部位的上部和下部，不应有可燃和易燃的结构或设备。

6）防火带　防火带即在有可燃构件的建筑物中间划出的一段区域。这个区域内的建筑构件全部用不燃性材料并采取能阻挡防火带一侧的烟火不窜到另一侧的措施，从而起到防火分隔的作用。

7）防火阀门　防火阀门即接到火灾信号后能自动或手动关闭，是使高温烟气不往相邻防火分区蔓延的阀门。防火阀门用于管道内部，且多设在防火分区的防火墙处。

（2）消防电梯

消防电梯是为了给消防员扑救高层建筑火灾创造条件，使其迅速到达高层起火部位，去扑救火灾和救援遇难人员，而设置的特有的消防设施。

（3）消火栓灭火系统

消火栓灭火系统是当前最基本的灭火设备系统,分为室内消火栓和室外消火栓。

1) 室外消火栓　室外消火栓是指设置在建筑物外消防给水管网的一种供水设备,由本体、进水弯管、阀塞、出水口和排水口等组成。它的作用是向消防车提供消防用水或直接接出水带、水枪进行灭火。按设置条件分为地上式消火栓和地下式消火栓;按压力分为低压消火栓和高压消火栓。

2) 室内消火栓　室内消火栓设置在建筑物内消火栓箱中,由水枪、水带、消火栓三部分组成。

3) 消防水泵接合器　消防水泵接合器是消防队使用消防车从室外水源取水,向室内管网供水的接口。

水泵接合器分地上式、地下式、墙壁式三类。

4) 消火栓给水系统

① 低层建筑室内消火栓给水系统根据设置水泵和水箱的情况,可分为 3 种类型:

a) 无加压泵和水箱的室内消火栓给水系统。

b) 设有水箱的室内消火栓给水系统。

c) 设有消防水泵和水箱的室内消火栓给水系统。

② 高层建筑室内消火栓给水系统

a) 按服务范围分　有独立的室内消火栓给水系统,即每幢高层建筑设置一个单独加压的室内消火栓给水系统;区域集中的室内消火栓给水系统,即数幢或数十幢高层建筑物共用一个加压泵房的室内消火栓给水系统。

b) 按建筑高度分　有不分区给水方式消防给水系统和分区给水方式消防给水系统。

c) 按消防给水压力分　有高压消防给水系统、准高压消防给水系统、临时高压消防给水系统。

5) 消防水箱　建筑室内消防水箱(包括水塔、气压水罐)是贮存扑救初期火灾消防用水的储水设备,它提供扑救初期火灾的水量和保证扑救初期火灾时灭火设备有必要的水压。消防水箱按使用情况分为专用消防水箱,生活、消防共用水箱,生产、消防共用水箱和生活、生产、消防共用水箱。

(4) 闭式自动喷水灭火系统

闭式自动喷水灭火系统是一种能够自动探测火灾并自动启动喷头灭火的固定灭火系统。由水源、管网、闭式喷头、报警控制装置等组成。适用于各种可以用水灭火的场所,尤其适用于高层民用建筑、公共建筑、普通工厂、仓库、船舱以及地下工程等场所。

闭式自动喷水灭火系统分为湿式自动喷水灭火系统、干式自动喷水灭火系统、干湿式自动喷水灭火系统和预作用自动喷水灭火系统 4 种形式。

(5) 雨淋喷水灭火系统

雨淋喷水灭火系统由开式喷头(无释放机构的洒水喷头,其喷头口是敞开的)、雨淋阀和管道等组成,并设有手动开启阀门装置。只要雨淋阀启动后,就在它的保护区内大面积地喷水灭火,降温和灭火效果均十分显著,但其自动控制部分须有很高的可靠性,不允许误动作或不动作。

雨淋喷水灭火系统按其淋水管网充水与否可分为空管式雨淋喷水灭火系统和充水式雨淋喷水灭火系统两类。有手动控制、手动水力控制、自动控制 3 种控制方式。

（6）水幕系统

水幕系统是由水幕喷头、管道和控制阀等组成的一种自动喷水系统。不直接用于扑灭火灾，而是与防火卷帘、防火水幕配合使用，用以阻火、隔火、冷却简易防火分隔物。也可以单独设置，用于保护建筑物门窗洞口等部位。在一些既不能用防火墙作防火分隔，又无法用防火幕或防火卷帘作分隔的大空间，也可用水幕系统作为防火分隔或防火分区，起防火隔断作用。

水幕系统按其作用可分为三种类型：冷却型水幕、阻火型水幕、防火型水幕。

（7）水喷雾灭火系统

水喷雾灭火系统是向保护对象喷射水雾灭火或防护冷却的灭火系统。由水源、供水设备、管道、雨淋阀组、过滤器和水雾喷头等组成。与雨淋喷水灭火系统、水幕系统有很多相同之处，区别主要在于喷头的结构和性能不同。

它是利用水雾喷头在较高的水压力作用下，将水流分离成细小水雾滴，喷向保护对象实现灭火和防护冷却作用的。用水量少，冷却和灭火效果好。

（8）二氧化碳灭火系统

二氧化碳灭火系统是由二氧化碳供应源、喷嘴和管路组成的灭火系统。二氧化碳灭火原理是通过向火灾发生处喷射二氧化碳，冲淡空气中氧的浓度，使其不能支持燃烧，从而达到灭火目的。二氧化碳在空气中含量达到 15％以上时能使人窒息死亡；达到 25％～30％时，能使一般可燃物质的燃烧逐渐窒息；达到 43.6％时，能抑制汽油蒸汽及其他易燃气体的爆炸。

二氧化碳灭火系统有全淹没系统、局部应用系统和移动式系统 3 种形式。

（9）卤代烷灭火系统

卤代烷灭火系统由卤代烷供应源、喷嘴和管路组成。通常应用的卤代烷灭火系统主要有 1301 灭火系统和 1211 灭火系统。

卤代烷灭火系统根据灭火技术方法和系统配置方式分为：全淹没系统、局部应用系统和无固定配管系统 3 类。

（10）泡沫灭火系统

由泡沫罐、比例混合器、泡沫产生器、喷头、泵、控制装置及管道组成。按发泡倍数高低分为低倍（≤20）、中倍（21～200）、高倍（201～1000）泡沫系统。

（11）火灾自动报警系统

火灾自动报警系统的发展目前可分为三个阶段：

1）多线制开关量式火灾探测报警系统。这是第一代产品，目前国内除极少数厂家生产外，它基本上已处于被淘汰状态。

2）总线制可寻址开关量式火灾探测报警系统。这是第二代产品，尤其是二总线制开关量式火灾探测报警系统目前正被大量采用。

3）模拟量传输式智能火灾报警系统。这是第三代产品，目前我国已开始从传统的开关量式的火灾探测报警技术，跨入具有先进水平的模拟量式智能火灾探测报警技术的新阶段，它使系统的误报率降低到最低限度，并大幅度地提高了报警的准确度和可靠性。

目前火灾自动报警系统有智能型、全总线型以及综合型等，这些系统不分区域报警系统或集中报警系统，可达到对整个火灾自动报警系统进行监视。但是在具体工程应用中，传统型的区域报警系统、集中报警系统、控制中心报警系统仍得到较为广泛的应用，其构成如图 8-1、图 8-2 所示。

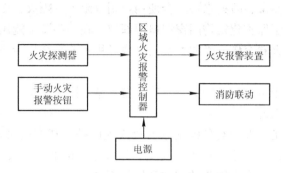

图 8-1　区域报警系统组成

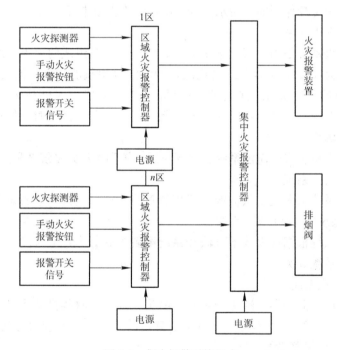

图 8-2　集中报警系统组成

　　火灾探测器的作用：它是火灾自动探测系统的传感部分，它能产生并在现场发出报警信号，或向控制和指示设备发出现场火灾状态信号的装置。

　　手动报警按钮的作用：用手动方式发出火灾报警信号且可确认火灾的发生以及启动灭火装置。

　　警报器的作用：当发生火灾时，能发出声或光报警。

　　火灾报警控制器：①向探测器供电；②能接收探测信号并转换成声、光报警信号，指示着火部位和记录报警信息；③可通过火灾发送装置启动火灾报警信号或通过自动消防灭火控制装置启动自动灭火设备和消防联动控制设备；④自动地监视系统的正确运行和对特定故障给出声光报警。

　　安装在保护区的探测器不断地向所监视的现场发出巡测信号，监视现场的烟雾浓度、温度等，并不断反馈给报警控制器。控制器将接收的信号与内存的正常整定值比较、判断是否发生火灾，当发生火灾时，发出声光报警，显示烟雾浓度，显示火灾区域或楼层房号的地址编码，并打印报警时间、地址等；同时向火灾现场发出警铃（电笛）报警，在火灾发生楼层的上下相邻层或次灾区域的相邻区域也同时发出报警信号，以显示火灾区域，各应急疏散指示灯亮，指明疏散方向。

　　点型感温探测器：对警戒范围中某一点周围的温度升高响应的探测器。根据其工作原理不同，可分为定温探测器和差温探测器。

　　点型感烟探测器：对警戒范围中某一点周围的烟密度升高响应的火灾探测器。根据其工作原理不同，可分为离子感烟探测器和光电感烟探测器。

　　红外光束探测器：将火灾的烟雾特征物理量对光束的影响转换成输出电信号的变化并立即发出报警信号的器件。由光束发生器和接收器两个独立部分组成。

　　火焰探测器：将火灾的辐射光特征物理量转换成电信号，并立即发出报警信号的器件。常用的有红外探测器和紫外探测器。

　　可燃气体探测器：对监视范围内泄漏的可燃气体达到一定浓度时发出报警信号的器件。常用的有催化型可燃气体探测器和半导体可燃气体探测器。

　　线型探测器：温度达到预定值时，利用两根载流导线间的热敏绝缘物融化使两根导线接触而动作的火灾探测器。线型探测器主要用于电缆隧道内的动力电缆及控制电缆的火警早期预报，可在电厂、钢厂、化工厂、古建筑物等场合使用。

　　火灾报警系统的线制是指探测器和控制器间的导线数量。更确切地说，线制是灭灾自动报警系统运行机制的体现。按线制分，火灾自动报警系统有多线制和总线制之分。多线制目前基本不用，但已运行的工程大部分为多线制系统。

　　① 多线制系统。

　　a）四线制：即 $n+4$ 线制，n 为探测器数，4 指公用线。为电源线（＋24V）、地线（G）、信号线（S）、自诊断线（T）。另外，每个探测器设一根选通线（ST）。仅当某选通线处于有效电平时，在信号线上传送的信息才是该探测部位的状态信号，如图 8-3 所示。这种方式的优点是探测器的电路比较简单，供电和取信息相当直观，但缺点是线多，配管直径大，穿线复杂，线路故障也多，故很少采用。

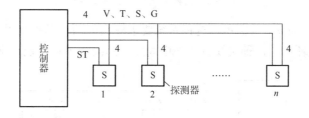

图 8-3　多线制（四线制）接线方式

　　b）两线制：也称 $n+1$ 线制，即一条公用地线，另一条则承担供电、选通信息与自检的功能，这种线制比四线制简化得多，但仍为多线制系统。探测器采用两线制时，可完成电源供电故障检查、火灾报警、断线报警（包括接触不良、探测器被取走）等功能。

② 总线制系统。

采用地址编码技术，整个系统只用几根总线，建筑物内布线极其简单，给设计、施工及维护带来了极大的方便，因此被广泛采用。值得注意的是：一旦总线回路中出现短路问题，则整个回路失效，甚至损坏部分控制器和探测器，因此为了保证系统正常运行和免受损失，必须采取短路隔离措施，如分段加装短路隔离器。

a) 四总线制：如图 8-4 所示。四条总线为：P 线给出探测器的电源、编码、选址信号；T 线给出自检信号以判断探测部位或传输线是否有故障；控制器从 S 线上获得探测部位的信息；G 为公共地线。P、T、S、O 均为并联方式连接，S 线上的信号对探测部位而言是分时的，从逻辑实现方式上看是"线或逻辑"。

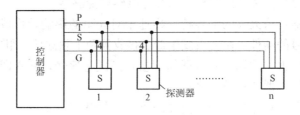

图 8-4　四总线制接线方式

b) 二总线制：这一种最简单的接线方法，用线量更少，但技术的复杂性和难度也提高了。二总线中的 G 为公共地线。P 线则完成供电、选址、自检、获取信息等功能。目前，二总线制应用最多，新型智能火灾报警系统也建立在二总线的运行机制上。二总线系统有树枝型和环型两种。

a) 树枝形接线：如图 8-5 所示，这种接线方式如果发生断线，可以报出断线故障点，但断点之后的探测器不能工作。

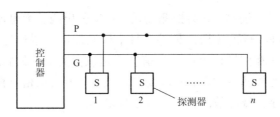

图 8-5　树枝形接线（二总线制）

b) 环形接线：如图 8-6 所示，这种系统要求输出的两根总线在返回控制器前均有两个输出端子，构成环形。这种接线方式如中间发生断线不影响系统正常工作。

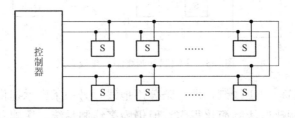

图 8-6　环形接线（二总线制）

火灾自动报警控制器可从多个角度来分类。

① 按控制范围分类。

a）区域火灾报警控制器：直接连接火灾探测器，处理各种报警信息。

b）集中火灾报警控制器：它一般不与火灾探测器相连，而与区域火灾报警控制器相连，处理区域级火灾报警控制器送来的报警信号，常使用在较大型系统中。

c）通用火灾报警控制器：它兼有区域、集中两级火灾报警控制器的双重特点。通过设置或修改某些参数（可以是硬件或者是软件方面），既可作区域级使用，连接控制器；又可作集中级使用，连接区域火灾报警控制器。

② 按结构形式分类。

a）壁挂式火灾报警控制器：连接探测器回路相应少一些，控制功能较简单，区域报警器多采用这种形式。

b）台式火灾报警控制器：连接探测器回路数较多，联动控制较复杂，使用操作方便，集中报警器常采用这种形式。

c）框式火灾报警控制器：可实现多回路连接，具有复杂的联动控制，集中报警控制器属此类型。

③ 按内部电路设计分类。

a）普通型火灾报警控制器：其内部电路设计采用逻辑组合形式，具有成本低廉、使用简单等特点，可采用以标准单元的插板组合方式进行功能扩展，其功能较简单。

b）微机型火灾报警控制器：内部电路设计采用微机结构，对软件及硬件程序均有相应要求，具有功能扩展方便、技术要求复杂、硬件可靠性高等特点，是火灾报警控制器的首选形式。

④ 按系统布线方式分类。

a）多线制火灾报警控制器：其探测器与控制器的连接采用一一对应方式。每个探测器至少有一根线与控制器连接，有五线制、四线制、三线制、两线制，连线较多，仅适用于小型火灾自动报警系统。

b）总线制火灾报警控制器：控制器与探测器采用总线方式连接，所有探测器均并联或串联在总线上，一般总线有二总线、三总线、四总线，连接导线大大减少，给安装、使用及调试带来了较大方便，适于大、中型火灾报警系统。

二、消防工程施工图

消防系统一般由管道、电缆电线及电气自控设备元件等组成，因此，从工程角度上看，消防工程实际上就是给排水工程和电气等工程的集合，其施工图的种类、内容、表达方式同给排水工程和电气设备安装工程基本相同，因此这里只介绍一些特殊的内容，相同部分不再介绍。

国家建设部于 2001 年发布，于 2002 年实施的《给水排水制图标准》GB/T 50106-2001 中，对消防设施图例符号做出了规定，详见表 8-1。

消防工程施工图图例符号 GB/T 50106-2001　　　　表 8-1

序号	名称	图例	备注
1	消火栓给水管	————XH————	

续表

序号	名称	图例	备注
2	自动喷水灭火给水管	——— ZP ———	
3	室外消火栓		
4	室内消火栓（单口）	平面　　系统	白色为开启面
5	室内消火栓（双口）	平面　　系统	
6	水泵接合器		
7	自动喷洒头（开式）	平面　　系统	
8	自动喷洒头（闭式）	平面　　系统	下喷
9	自动喷洒头（闭式）	平面　　系统	上喷
10	自动喷洒头（闭式）	平面　　系统	上下喷
11	侧墙式自动喷洒头	平面　　系统	
12	侧喷式喷洒头	平面　　系统	
13	雨淋灭火给水管	——— YL ———	
14	水幕灭火给水管	——— SM ———	
15	水炮灭火给水管	——— SP ———	
16	干式报警阀	平面　　系统	
17	水炮		
18	湿式报警阀	平面　　系统	
19	预作用报警阀	平面　　系统	
20	遥控信号阀		
21	水流指示器		
22	水力警铃		

续表

序号	名称	图例	备注
23	雨淋阀	平面　　　系统	
24	末端测试阀	平面　　　系统	
25	手提式灭火器	▲	
26	推车式灭火器	▲	

第二节　消防工程施工图预算的编制

一、水灭火系统

1. 管道安装按设计管道中心长度，以"m"为计量单位，不扣除阀门、管件及各种组件所占长度。主材数量应按定额用量计算，管件含量见表 8-2。

2. 镀锌钢管安装定额也适用于镀锌无缝钢管，其对应关系见表 8-3。

3. 镀锌钢管法兰连接定额，管件是按成品、弯头两端是按接短管焊法兰考虑的。定额中包括直管、管件、法兰等全部安装工作内容，但管件、法兰等安装工作内容和管件、法兰及螺栓的主材数量应按设计规定另行计算。

镀锌钢管（螺纹连接）管件含量表（计量单位：10m）　　　　　表 8-2

项目	名称	公称直径（mm 以内）						
		25	32	40	50	70	80	100
管件含量	四通	0.02	1.20	0.53	0.69	0.73	0.95	0.47
	三通	2.29	3.24	4.02	4.13	3.04	2.95	2.12
	弯头	4.92	0.98	1.69	1.78	1.87	1.47	1.16
	管箍		2.65	5.99	2.73	3.27	2.89	1.44
	小计	7.23	8.07	12.23	9.33	8.91	8.26	5.19

对应关系表（mm）　　　　　表 8-3

公称直径	15	20	25	32	40	50	70	80	100	150	200
无缝钢管外径	20	25	32	38	45	57	76	89	108	159	219

4. 喷头安装按有吊顶、无吊顶，分别以"个"为计量单位。

5. 报警装置安装按成套产品以"组"为计量单位。其他报警装置适用于雨淋、干湿两用及预作用报警装置，其安装执行湿式报警装置安装定额，人工乘以系数 1.2，其余不变。成套产品包括的内容详见表 8-4。

成套产品包括的内容　　　　　　　　　　　表 8-4

序号	项目名称	型号	包括内容
1	湿式报警装置	ZSS	湿式阀、蝶阀、装配管、供水压力表、装置压力表、试验阀、泄放试验阀、泄放试验管、试验管流量计、过滤器、延时器、水力警铃、报警截止阀、漏斗、压力开关等
2	干湿两用报警装置	ZSL	两用阀、蝶阀、装置截止阀、装配管、加速器、加速器压力表、供水压力表、试验阀、泄放试验阀（湿式）、泄放试验阀（干式）、挠性接头、泄放试验管、试验管流量计、排气阀、截止阀、漏斗、过滤器、延时器、水力警铃、压力开关等
3	电动雨淋报警装置	ZSY1	雨淋阀、蝶阀（2个）、装配管、压力表、泄放试验阀、流量表、截止闸、注水阀、止回阀、电磁阀、排水阀、手动应急球阀、报警试验阀、润斗、压力开关、过滤器、水力警铃等
4	预作用报警装置	ZSU	干式报警阀、控制蝶阀（2个）、压力表（2块）、流量表、截止阀、排放阀、注水阀、止回阀、泄放阀、报警试验阀、液压切断阀、装配管、供水检验管、气压开关（2个）、试电磁阀、应急手动试压器、漏斗、过滤器、水力警铃等
5	室内消火栓	SN	消火栓箱、消火栓、水枪、水龙带、水龙带接扣、挂架、消防按钮
6	室外消火栓	地上式 SS 地下式 SX	地上式消火栓、法兰接管、弯管底座；地下式消火栓、法兰接管、弯管底座或消火栓三通
7	消防水泵接合器	地上式 SQ 地下式 SQX 墙壁式 SQB	消防接口本体、止回阀、安全阀、闸阀、弯管底座、放水阀；消防接口本体、止回阀、安全阀、闸阀、弯管底座、放水阀；消防接口本体、止回阀、安全阀、闸阀、弯管底座、放水阀、标牌
8	室内消火栓组合卷盘	SN	消火栓箱、消火栓、水枪、水龙带、水龙带接扣、挂架、消防按钮、消防软管卷盘

6. 温感式水幕装置安装，按不同型号和规格以"组"为计量单位。但给水三通至喷头、阀门间管道的主材数量，按设计管道中心长度另加损耗计算，喷头数量按设计数量另加损耗计算。

7. 水流指示器、减压孔板安装，按不同规格均以"个"为计量单位。

8. 末端试水装置，按不同规格均以"组"为计量单位。

9. 集热板制作安装均以"个"为计量单位。

10. 室内消火栓安装，区分单栓和双栓，以"套"为计量单位，所带消防按钮的安装另行计算。成套产品包括的内容详见表 8-4。

11. 室内消火栓组合卷盘安装，执行室内消火栓安装定额乘以系数 1.2。成套产品包括的内容详见表 8-4。

12. 室外消火栓安装，区分不同规格、工作压力和覆土深度，以"套"为计量单位。

13. 消防水泵接合器安装，区分不同安装方式和规格，以"套"为计量单位。如设计要求用短管时，其本身价值可另行计算，其余不变。成套产品包括的内容详见表 8-4。

14. 隔膜式气压水罐安装，区分不同规格，以"台"为计量单位，出入口法兰和螺栓按设计规定另行计算。地脚螺栓是按设备带有考虑的，定额中包括指导二次灌浆用工，但二次灌浆费用应按相应定额另行计算。

15. 管道支吊架已综合支架、吊架及防晃支架的制作安装，均以"kg"为计量单位。

16. 自动喷水灭火系统管网水冲洗，区分不同规格，以"m"为计量单位。

17. 阀门、法兰安装，各种套管的制作安装，泵房间管道安装及管道系统强度试验、严密性试验，执行全统定额《工业管道工程》相应定额。

18. 消火栓管道、室外给水管道安装及水箱制作安装，执行全统定额《给排水、采暖、燃气工程》相应定额。

19. 各种消防泵、稳压泵等的安装及二次灌浆，执行全统定额《机械设备安装工程》相应定额。

20. 各种仪表的安装，带电讯信号的阀门、水流指示器、压力开关的接线、校线，执行全统定额《自动化控制装置及仪表安装工程》相应定额。

21. 各种设备支架的制作安装等，执行全统定额《静置设备与工艺金属结构制作安装工程》相应定额。

22. 管道、设备、支架、法兰焊口除锈刷油漆，执行全统定额《刷油漆、防腐蚀、绝热工程》相应定额。

23. 系统调试执行相应定额。

二、气体灭火系统

1. 管道安装包括无缝钢管的螺纹连接、法兰连接、气动驱动装置管道安装及钢制管件的螺纹连接。

2. 各种管道安装按设计管道中心长度，以"m"为计量单位，不扣除阀门、管件及各种组件所占长度，主材数量应按定额用量计算。

3. 钢制管件螺纹连接均按不同规格以"个"为计量单位。

4. 无缝钢管螺纹连接不包括钢制管件连接内容，其工程量应按设计用量执行钢制管件连接定额。

5. 无缝钢管法兰连接定额，管件是按成品、弯头两端是按接短管焊法兰考虑的，包括了直管、管件、法兰等预装和安装的全部工作内容。但管件、法兰及螺栓的主材数量应按设计规定另行计算。

6. 螺纹连接的不锈钢管、铜管及管件安装时，按无缝钢管和钢制管件安装相应定额乘以系数1.20。

7. 无缝钢管和钢制管件内外镀锌及场外运输费用另行计算。

8. 气动驱动装置管道安装定额包括卡套连接件的安装，其本身价值按设计用量另行计算。

9. 喷头安装均按不同规格以"个"为计量单位。

10. 选择阀安装按不同规格和连接方式分别以"个"为计量单位。

11. 贮存装置安装中，包括灭火剂贮存容器和驱动气瓶的安装固定，以及支框架、系统组件（集流管、容器阀、单向阀、高压软管）、安全阀等贮存装置和阀驱动装置的安装及氮气增压。

贮存装置安装按贮存容器和驱动气瓶的规格（L），以"套"为计量单位。

12. 二氧化碳贮存装置安装时，如不需增压，应扣除高纯氮气，其余不变。

13. 二氧化碳称重检漏装置包括泄漏报警开关、配重、支架等，以"套"为计量单位。

14. 系统组件包括选择阀、单向阀（含气、液）及高压软管。试验按水压强度试验和气压严密性试验，分别以"个"为计量单位。

15. 无缝钢管、钢制管件、选择阀安装及系统组件试验，均适用于卤代烷1211和1301灭火系统。二氧化碳灭火系统，按卤代烷灭火系统相应安装定额乘以系数1.2。

16. 管道支吊架的制作安装执行相应定额。

17. 不锈钢管、铜管及管件的焊接或法兰连接，各种套管的制作安装、管道系统强度试验、严密性试验和吹扫等，均执行全统定额《工业管道工程》相应定额。

18. 管道及支吊架的防腐、刷油漆等执行全统定额《刷油漆、防腐蚀、绝热工程》相应定额。

19. 系统调试执行本定额第五节相应定额。

20. 电磁驱动器与泄漏报警开关的电气接线等，执行全统定额《自动化控制装置及仪表安装工程》相应定额。

三、泡沫灭火系统

1. 泡沫发生器及泡沫比例混合器安装中，已包括整体安装、焊法兰、单体调试及配合管道试压时隔离本体所消耗的人工和材料，不包括支架的制作安装和二次灌浆的工作内容，其工程量应按相应定额另行计算。地脚螺栓按设备带来考虑。

2. 泡沫发生器安装均按不同型号以"台"为计量单位。法兰和螺栓按设计规定另行计算。

3. 泡沫比例混合器安装均按不同型号以"台"为计量单位。法兰和螺栓按设计规定另行计算。

4. 泡沫灭火系统的管道、管件、法兰、阀门、管道支架等的安装，以及管道系统水冲洗、强度试验、严密性试验等，执行全统定额《工业管道工程》相应定额。

5. 消防泵等机械设备安装及二次灌浆，执行全统定额《机械设备安装工程》相应定额。

6. 除锈、刷油漆、保温等，执行全统定额《刷油漆、防腐蚀、绝热工程》相应定额。

7. 泡沫液贮罐、设备支架制作安装，执行全统定额《静置设备与工艺金属结构制作安装工程》相应定额。

8. 泡沫喷淋系统的管道组件、气压水罐、管道支吊架等安装，应执行相应定额及有关规定。

9. 泡沫液充装是按生产厂在施工现场充装考虑的，若由施工单位充装时，可另行计算。

10. 油罐上安装的泡沫发生器及化学泡沫室，执行全统定额《静置设备与工艺金属结构制作安装工程》相应定额。

11. 泡沫灭火系统调试应按批准的施工方案另行计算。

四、火灾自动报警系统安装

1. 点型探测器按线制的不同分为多线制与总线制，不分规格、型号、安装方式与位置，以"只"为计量单位。探测器安装包括了探头和底座的安装及本体调试。

2. 红外线探测器以"只"为计量单位。红外线探测器是成对使用的，在计算时一对为两只。定额中包括了探头支架安装和探测器的调试、对中。

3. 火焰探测器、可燃气体探测器，按线制的不同分为多线制与总线制两种，计算时不分规格、型号、安装方式与位置，以"只"为计量单位。探测器安装包括了探头和底座的安装及本体调试。

4. 线形探测器的安装方式按环绕、正弦及直线综合考虑，不分线制及保护形式，以"m"为计量单位。定额中未包括探测器连接的一只模块和终端，其工程量应按相应定额另行计算。

5. 按钮包括消火栓按钮、手动报警按钮、气体灭火起/停按钮，以"只"为计量单位，按照在轻质墙体和硬质墙体上安装两种方式综合考虑。执行时不得因安装方式不同而调整。

6. 控制模块（接口）是指仅能起控制作用的模块（接口），亦称为中继器，依据其给出控制信号的数量，分为单输出和多输出两种形式。执行时不分安装方式，按照输出数量以"只"为计量单位。

7. 报警模块（接口）不起控制作用，只能起监视、报警作用。执行时不分安装方式，以"只"为计量单位。

8. 报警控制器按线制的不同分为多线制与总线制两种，其中又按其安装方式不同分为壁挂式和落地式。在不同线制、不同安装方式中，按照"点"数的不同划分定额项目，以"台"为计量单位。多线制"点"是指报警控制器所带报警器件（探测器、报警按钮等）的数量。总线制"点"是指报警控制器所带的有地址编码的报警器件（探测器、报警按钮、模块等）的数量。如果一个模块带数个探测器，则只能计为一点。

9. 联动控制器按线制的不同分为多线制与总线制两种，其中又按其安装方式不同分为壁挂式和落地式。在不同线制、不同安装方式中，按照"点"数的不同划分定额项目，以"台"为计量单位。多线制"点"是指联动控制器所带联动设备的状态控制和状态显示的数量。总线制"点"是指联动控制器所带的有控制模块（接口）的数量。

10. 报警联动一体机按线制的不同分为多线制与总线制两种，其中又按其安装方式不同分为壁挂式和落地式。在不同线制、不同安装方式中，按照"点"数的不同划分定额项目，以"台"为计量单位。多线制"点"是指报警联动一体机所带报警器件与联动设备的状态控制和状态显示的数量。总线制"点"是指报警联动一体机所带的有地址编码的报警器件与控制模块（接口）的数量。

11. 重复显示器（楼层显示器）不分规格、型号、安装方式，按总线制与多线制划分，以"台"为计量单位。

12. 报警装置分为声光报警和警铃报警两种形式，均以"台"为计量单位。

13. 远程控制器按其控制回路数以"台"为计量单位。

14. 火灾事故广播中的功放机、录音机的安装，按柜内及台上两种方式综合考虑，分别以"台"为计量单位。

15. 消防广播控制柜是指安装成套消防广播设备的成品机柜，不分规格、型号，以"台"为计量单位。

16. 火灾事故广播中的扬声器不分规格、型号，按照吸顶式与壁挂式，以"只"为计量单位。

17. 广播分配器是指单独安装的消防广播用分配器（操作盘），以"台"为计量单位。

18. 消防通讯系统中的电话交换机按"门"数不同，以"台"为计量单位；通信分机、插孔是指消防专用电话分机与电话插孔，不分安装方式，分别以"部"、"个"为计量单位。

19. 报警备用电源综合考虑了规格、型号，以"台"为计量单位。

五、消防系统测试

1. 消防系统调试包括：自动报警系统、水灭火系统，火灾事故广播、消防通信系统，消防电梯系统、电动防火门、防火卷帘门、正压送风阀、排烟阀、防火阀控制装置、气体灭火系统装置。

2. 自动报警系统包括各种探测器、报警按钮、报警控制器组成的报警系统，区分不同点数，以"系统"为计量单位。其点数按多线制与总线制报警器的点数计算。

3. 水灭火系统控制装置，按照不同点数以"系统"为计量单位。其点数按多线制与总线制联动控制器的点数计算。

4. 火灾事故广播、消防通信系统中的消防广播喇叭、音箱和消防通信的电话分机、电话插孔，按其数量以"个"为计量单位。

5. 消防用电梯与控制中心间的控制调试，以"部"为计量单位。

6. 电动防火门、防火卷帘门，指可由消防控制中心显示与控制的电动防火门、防火卷帘门，以"处"为计量单位，每樘为一处。

7. 正压送风阀、排烟阀、防火阀，以"处"为计量单位，一个阀为一处。

8. 气体灭火系统装置调试包括模拟喷气试验、备用灭火器贮存容器切换操作试验，按试验容器的规格（L），分别以"个"为计量单位。试验容器的数量包括系统调试、检测和验收所消耗的试验容器的总数，试验介质不同时可以换算。

六、安全防范设备安装

1. 设备、部件，按设计成品以"台"或"套"为计量单位。

2. 模拟盘以"m"为计量单位。

3. 入侵报警系统调试以"系统"为计量单位，其点数按实际调试点数计算。

4. 电视监控系统调试以"系统"为计量单位，其头尾数包括摄像机、监视器数量之和。

5. 其他联动设备的调试已考虑在单机调试中，其工程量不得另行计算。

第三节 消防工程工程量清单的编制

一、工程量清单项目设置

消防工程内容包括：水灭火系统、气体灭火系统、泡沫灭火系统、火灾自动报警系统。水灭火系统中包括消火栓灭火和自动喷淋灭火两部分。

本章分 6 节共 47 个清单项目。

部分消防工程工程清单项目设置、工程计算规则、工程内容见表 8-5～表 8-7。

水灭火系统（编码：030701） 表 8-5

项目编码	项目名称	项目特征	计量单位	工程且计算规则	工程内容
030701001	水喷淋镀锌钢管	1. 安装部分（室内、外） 2. 材质 3. 型号、规格 4. 连接方式 5. 除锈标准、刷油、防腐设计要求 6. 水冲洗、水压试验设计要求	m	按设计图示管道中心线长度以延长米计算，不扣除阀门、管件及各种组件所占长度；方形补偿器以其所占长度按管道安装工程量计算	1. 管道及管件安装 2. 套管（包括防水套管）制作、安装 3. 管道除锈、刷油、防腐 4. 管网水冲洗 5. 无缝钢管镀锌 6. 水压试验
030701002	水喷淋镀锌无缝钢管				
030701003	消火栓镀锌钢管				
030701004	消火栓钢管				
（以下略）					

火灾自动报警系统（编码：030705） 表 8-6

项目编码	项目名称	项目特征	计量单位	工程量计算规则	工程内容
030705001	点型探测器	1. 名称 2. 多线制 3. 总线制 4. 类型	只	按设计图示数量计算	1. 探头安装 2. 底座安装 3. 校接线 4. 探测器调试
030705002	线型探测器	安装方式	m		1. 探测器安装 2. 控制模块安装 3. 报警终端安装 4. 校接线 5. 系统调试
030705003	按钮	规格	只		1. 安装 2. 校接线 3. 调试
030705004	模块（接口）	1. 名称 2. 输出形式			1. 安装 2. 调试
030705005	报警控制器	1. 多线制 2. 总线制 3. 安装方式 4. 控制点数量	台		1. 本体安装 2. 消防报警备用电源 3. 校接线 4. 调试
030705006	联动控制器				
030705007	报警联动一体机				
030705008	重复显示器	1. 多线制 2. 总线制			1. 安装 2. 调试
030705009	报警装置	形式			
030705010	远程控制器	控制回路			

消防系统调试（编码：030706） 表 8-7

项目编码	项目名称	项目特征	计量单位	工程且计算规则	工程内容
030706001	自动报警系统装置调试	点数	系统	按设计图示数量计算（由探测器、报警按钮、报警控制器组成的报警系统点数按多线制、总线制报警器的点数计算）	系统装置调试
030706002	水灭火系统控制装置调试			按设计图示数量计算（由消火栓、自动喷水、卤代烷、二氧化碳等灭火系统组成的灭火系统装置：点数按多线制、总线制联动控制器的点数计算）	

项目编码	项目名称	项目特征	计量单位	工程量计算规则	工程内容
030706003	防火控制系统装置调试	1. 名称 2. 类型	处	按设计图示数量计算（包括电动防火门、防火卷帘门、正压送风阀、排烟阀、防火控制阀）	系统装置调试
030706004	气体灭火系统装置调试	试验容器规格	个	按调试、检验和验收所消耗的试验容器总数计算	1. 模拟喷气试验 2. 各种灭火器贮存容器切换操作试验

二、工程量清单的编制

1. 水灭火系统

水灭火系统由配水管道、喷头、报警阀组、水流指示器、消火栓及水泵结合器等组成。

（1）项目特征如下：

1）管道材质：管道是指焊接钢管（镀锌、不镀锌）还是无缝钢管（冷拔、热轧）；

2）管道规格：焊管常用公称直径。无缝钢管指外径及壁厚；

3）管道安装部位：管道是指室内、室外；

4）管道连接方式：螺纹、焊接、沟槽式连接；

5）管道锈蚀标准、刷油设计要求；

6）管道水冲洗、水压试验设计要求；

7）阀门：具体的型号。包括材质、型号、规格、连接方式；

8）水表：具体的型号、规格；

9）报警装置：名称（湿式报警阀、干湿两用报警阀、电动雨淋报警阀、预作用报警阀）、型格；

10）喷头：材质、型号、有无吊顶；

11）消火栓：安装部位（室内、室外）、栓口直径和栓口数量（单、双）。室外型是地上、地下；

12）水泵接合器：安装部位（地上、地下、壁挂）型号、规格；

13）消防水箱：材质、形状、容积、支架的材质和型号、除锈和刷油的设计要求。

（2）水灭火系统室内、室外管道应分别编制工程量清单。

（3）消防系统单设的水表、水箱应单独编制工程量清单，设置编码，不要与生活用给水系统的水表、水箱合并。

（4）《计价规范》中报警装置、消火栓、水泵接合器的安装项目都是指成套产品的安装。装置中的阀门等不要再编制清单项目。各套装置内容如下：

1）室内消火栓：包括消火栓箱、消火栓、水枪、水龙头、水龙带接扣、挂架、消防按钮。

2）室外地上式消火栓（SS型）：包括地上式消火栓、法兰接管、弯管底座。

3）室外地下式消火栓（SX型）：包括地下式消火栓、法兰接管、弯管底座或消火栓三通。

4）湿式报警装置（ZSS型）：包括湿式报警阀、蝶阀、装配管、供水压力表、装置压力表、试验阀、泄放试验阀、泄放试验管、试验管流量计、过滤器、延时器、水力警铃、报警截止阀、漏斗、压力开关等。

5）干湿两用报警装置（ZSL型）：包括两用阀、蝶阀、装配管、加速器、加速器压力表、供水压力表、试验阀、泄放试验阀（湿式、干式）、挠性接头、泄放试验管、试验管流量计、排气阀、截止阀、漏斗、过滤器、延时器、水力警铃、压力开关等。

6）消防水泵接合器：消防接口本体、止回阀、安全阀、闸阀、弯管底座、放水阀。

【例 8-1】 某一室内消火栓灭火系统，共设 DN65 单出口消火栓 5 套（800×760×284 型铝合金单开门栓箱，麻质水带长 20m）、DN65 的双出口消火栓 2 套（1200×750×280 型铝合金单开门栓箱，麻带长 20m）、带消防软管卷盘的 DN65 单栓 1 套（1200×750×280 型铝合金单开门栓箱，麻带长 20m）、卷盘胶管 20m，喷嘴口径 9mm。编制分部分项工程量清单。

【解】 本例的清单项目设置如下：（表 8-8）

分部分项工程量清单
表 8-8

序号	项目编码	项目名称	计量单位	工程数量
1	030701018001	室内消火栓安装 DN65 单栓 800×760×284 型铝合金单开门栓箱，麻质水带长 20m	套	5
2	030701018002	室内消火栓安装 DN65 双栓 800×750×280 型铝合金单开门栓箱，麻质水带长 20m	套	2
3	030701018003	室内消火栓安装 DN65 单栓带软管卷盘 800×750×280 型铝合金单开门栓箱，麻质水带长 20m	套	1

2. 气体灭火系统

气体灭火系统是指卤代烷（1211、1301）灭火系统和二氧化碳灭火系统。这类灭火系统用于自备发动机房、变配电间、电脑房、通信机房、图书、档案楼、珍贵文物室等不宜用水来灭火的房屋。

卤代烷灭火系统由火灾探测器、监控设备、灭火剂贮罐、管网和灭火剂喷嘴等组成。

气体灭火系统管道安装清单工程量：按设计图示管道中心线长度以延长米计算。不扣除阀门管件及各种组件所占长度。编制气体灭火系统安装工程工程量清单时注意事项：

1）下列特征要求描述清楚，以便计价。

① 管道材质：无缝钢管（冷拔、热轧、钢号要求）；不锈钢管（1Cr18Ni9、1Cr18Ni9Ti、Cr18Ni13Mo3Ti）；铜管为纯铜管（T1、T2、T3）还是黄铜管（H59-H96）；

② 管道规格：公称直径或外径（外径应按外径乘管厚表示）；

③ 管道连接方式：螺纹连接和法兰连接；

④ 管道除锈等级、刷油种类和遍数；

⑤ 管道压力试验采用试压方法：液压、气压、泄露、真空；

⑥ 管道吹扫方式：是指水冲洗、空气吹扫、蒸汽吹扫。

2）贮存装置安装应包括灭火剂贮存器及驱动瓶装置两个系统。贮存系统包括灭火气体贮存瓶、贮存瓶固定架、贮存瓶压力指示器、容器阀、单向阀、集流管、集流管与容器阀连接的高压软管，集流管上的安全阀；驱动瓶装置包括驱动气瓶、驱动气瓶支架、驱动气瓶的容器阀、压力指示器等安装及氮气增压，相应内容不需另列清单项目。但气瓶之间的驱动管道安装应按气体驱动装置管道清单项目列项。

3）二氧化碳称重检漏装置包括泄漏报警开关、配重、支架等。相应内容不需另列清单项目。

4）气体灭火系统灭火剂种类，卤代烷系统、二氧化碳系统。

5）管道支架制作安装、系统调试需单列清单项目。

工程量计算规则有：

①各种管道安装按设计管道中心长度。以"m"为计量单位。不扣除阀门、管件及各种组件所占长度。以管道材质、接口方式、管径规格大小，套用第七册《消防及安全防范设备安装工程》定额。

②钢制管件螺纹连接均按不同规格以"个"为计量单位。

③喷头安装均按不同规格以"个"为计量单位。

④选择阀安装按不同规格和连接方式分别以"个"为计量单位。

⑤贮存装置安装按贮存容器和驱动气瓶的规格（L）以"套"为计量单位。

⑥二氧化碳称重检漏装置包括泄漏报警开关、配重、支架等，以"套"为计量单位。

3. 泡沫灭火系统

泡沫灭火系统安装包括的项目有管道安装、阀门安装、法兰安装及泡沫发生器、混合贮存装置安装。编制工程量清单时，按材质、型号规格、焊接方式、除锈标准、油漆品种等不同特征列项。

对泡沫灭火系统的管道安装清单项目，其清单工程量计算规则以及必须明确描述的各种特征与气体灭火系统的管道相同。

法兰、阀门按其材质、型号、规格、连接方式列项编制清单。

消防泵等机械设备安装按《计价规范》附录 C.1 要求编制清单。

4. 管道支架制作安装工程工程量清单编制

管道支架制作安装适用于各灭火系统项目的支架制作安装，灭火系统的设备支架也使用本项目。支架制作安装工程量清单应描述支架的除锈要求、刷油的种类和遍数等特征。

5. 火灾自动报警系统工程量清单编制

依据施工图所示的各项工程实体列项，按项目特征设置具体项目名称，并按对应的项目编码编好后三位码。

点型探测器的项目特征：首先要正确描述探测器的名称（如型号、生产厂家），其次区分探测器的接线方式是总线制还是多线制，最后要区分探测器的类型是感烟、感温、红外光束、火焰还是可燃气体。工作内容则应包括探头安装、底座安装、校接线、探测器调试。

线型探测器以其安装方式为项目特征，安装方式为环绕、正弦及直线。其工作内容中除了探测器本体安装、校接线、调试外，另将控制模块和报警终端进行了综合。

按钮的规格包括消火栓按钮、手动报警按钮、气体灭火起/停按钮。

模块（接口）名称分为控制模块（接口）和报警接口。控制模块（接口）是指仅能起控制作用的模块（接口），亦称为中继器，依据其给出控制信号的数量，输出方式分为单输出和多输出两种形式。报警模块（接口）不起控制作用，只能起监视、报警作用。

报警控制器、联动控制器、报警联动一体机项目特征均为线制（多线制、总线制）、安装方式（壁挂式、落地式、琴台式）、控制点数量。工作内容中除了控制器本体安装、校接线、调试外，另将消防报警备用电源进行了综合。

报警控制器控制点数量：多线制"点"是指报警控制器所带报警器件（探测器、报警按钮等）的数量。总线制"点"是指报警控制器所带的有地址编码的报警器件（探测器、报警按钮、模块等）的数量。如果一个模块带数个探测器，则只能计为一点。

联动控制器控制点数量：多线制"点"是指联动控制器所带联动设备的状态控制和状态显示的数量。总线制"点"是指联动控制器所带的有控制模块（接口）的数量。

报警联动一体机控制点数量：多线制"点"是指报警联动一体机所带报警器件与联动设备的：状态控制和状态显示的数量。总线制"点"是指报警联动一体机所带的有地址编码的报警器件与控制模块（接口）的数量。

重复显示器（楼层显示器）按总线制与多线制区分。

报警装置按报警形式分为声光报警和警铃报警。

远程控制器按其控制回路数区别列项。

编制清单时注意点：

① 电缆敷设、桥架安装、配管配线、接线盒、动力、应急照明控制设备、应急照明器具、电动机检查接线、防雷接地装置等安装，在附录 C.2 "电气设备安装工程"编码列项。

② 各种仪表的安装及带电讯号的阀门、水流指示器、压力开关、驱动装置及泄漏报警开关的接线、校线等，在附录 C.10 "自动化控制仪表安装工程"编码列项。

6. 消防系统调试

本节包括自动报警系统装置调试，水灭火系统控制装置调试，防火控制系统装置调试，气体灭火系统装置调试等项目。

消防系统调试是指一个单位工程的消防工程全系统安装完毕且连通，为检验其达到国家有关消防施工验收规范、标准所进行的全系统的检测、调整和试验。其主要内容是：检查系统的各线路设备安装是否符合要求，对系统各单元的设备进行单独通电检验；进行线路接口试验，并对设备进行功能确认；断开消防系统；进行加烟、加温、加光及标准校验气体进行模拟试验。按照设计要求进行报警与联动试验、整体试验及自动灭火试验；做好调试记录。

自动报警系统装置包括各种探测器、手动报警按钮和报警控制器。其项目特征为点数，点数即为按多线制与总线制的报警器的点数。

防火控制系统装置包括电动防火门、防火卷帘门；正压送风阀、排烟阀、防火阀。电动防火门、防火卷帘门指可由消防控制中心显示与控制的电动防火门、防火卷帘门，每樘为一处；正压送风阀、排烟阀、防火阀，每一个阀为一处。

【例 8-2】 某一大楼内的消防系统共设广播音响 20 只，通信分机 3 个，电话插孔 20 只，电梯 2 部，正压送风阀 10 个，排烟阀 5 个，编制该部分装置调试工程量清单。

装置调试工程量清单如下：（表 8-9）

装置调试工程量清单 表 8-9

工程名称：　　　　　　　　　　　　　　　　　　　　　　　　　　　第　页　共　页

序号	项目编码	项目名称	计量单位	工程数量
1	03070603001	系统装置调试广播音响 20 只，通信分机 3 个，电话插孔 20 只，电梯 2 部，正压送风阀 10 个，排烟阀 5 个	处	60

第四节　消防工程工程量清单计价

一、水灭火系统

清单计价投标报价的依据仍是当地政府主管部门颁布的预算定额，或在预算定额的基础上作适当的调整。《湖北省安装工程估价表》是在原《全国统一安装工程预算定额》的基础上编制的，预算工程量计算规则与原《全国统一安装工程预算定额》计算规则相同。在此处清单综合单价报价中需结合预算工程量计算规则主要有：

1. 管道安装工程量，按不同连接方式（丝扣连接、法兰连接、沟槽式）、公称直径，以设计管道中心长度计算，不扣除阀门、管件及各种组件所占长度，计量单位：100m。

2. 自动喷水灭火系统管网水冲洗工程量：按不同公称直径，以"m"计量。

3. 阀门安装工程量，按阀门不同连接方式（螺纹、法兰）、公称直径，均以"个"为计量单位。未计价材料：阀门。

4. 水表安装工程量，按不同连接方式（螺纹、焊接）、公称直径，以"组"为计量单位。水表组成是按《全国通用给排水标准图集》S145编制的。螺纹水表安装，包括表前阀门安装；法兰水表组成安装包括闸阀、止回阀及旁通管的安装。若图纸中设计组成与定额中规定的安装形式不同时，阀门及止回阀数量可按设计规定进行调整，其余不变。未计价材料：水表。

5. 钢板水箱制作工程量，按不同形状（矩形、圆形）、单个重量，根据施工图所示尺寸，计算其重量，不扣除人孔、手孔重量，计量单位：100kg。水箱上法兰、短管、水位计可按相应定额另外计算。钢板水箱安装工程量，按不同形状（矩形、圆形）、单个容量，均以"个"计，计量单位：个。未计价材料：水箱。

6. 喷头安装工程量，不分型号、规格和类型，只按有吊顶与无吊顶分档，以"个"计量。吊顶内喷头安装已考虑装饰盘的安装。

7. 报警装置安装工程量，按不同公称直径，以"组"计量。

8. 水流指示器安装工程量，按不同连接方式（螺纹连接、法兰连接）、公称直径，以"个"计量。

9. 减压孔板安装工程量，按不同公称直径，以"个"计量。

10. 末端试验装置安装工程量，按不同公称直径，以"组"计量。

11. 室内消火栓安装工程量，按不同栓口数量（单出口和双出口）、栓口公称直径（DN65、DN50），以"套"计量。室内消火栓组合卷盘安装，执行室内消火栓安装的相应子目，定额基价乘以系数1.2。

12. 室外消火栓安装工程量，按不同形式（地上式SS、地下式SX）、工作压力等级（1.0MPa、1.6MPa）、覆土深度，以"套"计量。

13. 消防水泵接合器安装工程量，按不同形式（地上式SQ、地下式SQX、墙壁式SQB）、公称直径（DN100、DN150），以"套"计量。

14. 隔膜式气压罐安装工程量，按气压罐不同直径，以"台"计量。

【例8-3】　某大楼消防工程，室内安装的DN100消火栓镀锌钢管，螺纹连接，DN125钢制套管160处，每处0.3m，需进行水压试验，确定其清单的综合单价。

（DN100 镀锌钢管 63.2 元/m，DN125 钢套管 49.8 元/m）。套用《湖北省安装工程单位估价表》第 8 册，计算出综合单价见表 8-10。

分部分项工程量清单综合单价计算表　　　　　　　　表 8-10

工程名称：某大楼消防工程　　　　　　　　　　　　　　　　计量单位：m

项目编码：030701003001　　　　　　　　　　　　　　　　工程数量：650

项目名称：消火栓镀锌钢管；室内；DN100；螺纹；钢制套管；水压试验　　　综合单价：180.59 元

序号	项目编码	项目名称	工程内容	单位	数量	综合单价组成（元）					综合单价
						人工费	材料费	机械费	管理费	利润	
1	C8-212	镀锌钢管螺纹连接 DN100	镀锌钢管螺纹连接 DN100	10m	65	8387.60	8110.70	1039.35	1885.39	938.26	20361.30
		镀锌钢管 DN100 主材费	镀锌钢管 DN100 主材费	m	663		41901.60			2241.74	44143.34
2	C8-542	钢制套管 DN125mm	钢制套管 DN125mm	10m	4.8	37654.40	3003.20		7530.88	2175.18	50363.66
		钢制套管 DN125 主材费	钢制套管 DN125 主材费	m	48		2390.40			127.89	2518.29
		合计				46042.00	55405.90	1039.35	9416.27	5483.07	117386.59

二、气体灭火系统

在确定工程量清单综合单价时，需注意下列问题：

1. 本章定额中的无缝钢管、钢制管件、选择阀安装及系统组件试验等均适用于卤代烷 1211 和 1301 灭火系统。二氧化碳灭火系统按卤代烷灭火系统相应定额乘以系数 1.2。

2. 《湖北省安装工程单位估价表》第七册第二章"管道安装"主要指"螺纹连接的无缝钢管"和"法兰连接的无缝钢管"的安装。若设计文件要求采用不锈钢管、铜管且管道、管件安装采用螺纹连接，则按无缝钢管和钢制管件安装相应定额乘以系数 1.20；若设计文件要求不锈钢管、铜管及管件安装采用焊接或法兰连接，组价时应套用《湖北省安装工程单位估价表》第六册《工业管道工程》定额相应项目。

3. 无缝钢管螺纹连接定额中不包括钢制管件连接内容。应按设计用量执行钢制管件连接定额。

4. 无缝钢管法兰连接定额，管件是按成品、弯头两端是按接短管焊接法兰考虑的，定额中包括了直管、管件、法兰等预装和安装的全部工作内容，但管件、法兰及螺栓的主材数量应按设计规定另行计算，并将其材料费组入清单综合单价内。

5. 无缝钢管和钢制管件内外镀锌及场外运输费用另行计算，气动驱动装置管道安装定额中卡套连接件的数量按设计用量另行计算，并将其材料费组入清单综合单价内。

6. 气动驱动装置管道安装定额中卡套连接件的数量按设计用量另行计算，并将其材料费组入清单综合单价内。

7. 贮存装置安装，定额中包括灭火剂贮存容器和驱动气瓶的安装固定支框架、系统组件（集流管、容器阀、气液单向阀、高压软管）、安全阀等贮存装置和阀驱动装置的安装及氮气增压。对二氧化碳灭火系统，二氧化碳贮存装置安装时，不需增压，执行定额时要扣除高纯氮气，即工程量清单综合单价不计氮气价值，其余不变。

8. 在确定气体灭火系统管道安装清单综合单价时，需计入管除锈、刷油、压力试验、系统吹扫的费用，分别套用其他册的相关子目。

9. 管道支架制作安装、系统调试清单单列，单独计算其综合单价。

三、泡沫灭火系统

在确定泡沫灭火系统安装工程工程量清单综合单价时需注意，《湖北省安装工程估价表》第七册第三章"泡沫灭火系统安装"中只有"泡沫发生器"和"泡沫比例混合器安装"内容。管道安清单、法兰安装清单、阀门安装、支架制作安装清单组价需套用《湖北省安装工程估价表》第六册的相关子目。

四、管道支架

管道支架制作安装工程量按设计图示质量计算，是计算的实物量，不包括损耗量。"支架制作安装"工程内容包括"支架制安、除锈刷油"，在组价时需将除锈刷油的相关费用计入综合单价内。不同灭火系统的支架确定综合单价时套用的定额子目不同，具体来说：

对消火栓灭火系统管道支架制安：套用《湖北省安装工程单位估价表》第八册相关子目；

对水喷淋灭火系统和气体灭火系统管道支架制安：套用《湖北省安装工程单位估价表》第七册 C7-128 子目；

对泡沫灭火系统管道支架制安：套用《湖北省安装工程单位估价表》第六册相关子目，定额中按一般管架、目垫式管架、弹簧式管架分类。

五、火灾自动报警系统

由于《湖北省安装工程单位估价表》第七册第四章定额子目划分与《计价规范》完全相同，投标报价时可直接参照有关定额子目，但是仍需注意以下几点：

（一）定额包括以下工作内容：

1. 施工技术准备、施工机械准备、标准仪器准备、施工安全防护措施、安装位置的清理。

2. 设备和箱、机及元件的搬运、开箱检查；清点，杂物回收，安装就位，接地；密封，箱、机内的校线、接线，挂锡、编码、测试、清洗、记录整理等。

（二）本章定额中均包括了校线、接线和本体调试。

（三）本章定额中箱、机是以成套装置编制的；柜式及琴台式安装均执行落地式安装相应项目。

（四）本章不包括以下工作内容：

1. 设备支架、底座、基础的制作与安装。

2. 构件加工制作。

3. 电机检查、接线及调试。

4. 事故照明及疏散指示控制装置安装。

5. CRT 彩色显示装置安装。

六、消防系统调试

消防系统调试工程量清单综合单价编制应注意以下问题：

1. 包括自动报警装置调试，水天火系统控制装置调试、火灾事故广播、消防通信、消防电梯系统装置调试，电动防火门，防火卷帘门，正压送风阀、排烟阀、防火阀控制系统装置调试，气本天大系统装置调试等项目。

2. 系统调试是指消防报警和灭火系统安装完毕且联通，并达到国家有关消防施工验收规范、标准所进行的全系统的控测、调整和试验。

3. 自动报警系统装置包括各种探测器、手动报警按钮和报警控制器；灭火系统控制装置包括消火栓、自动喷水、卤代烷、二氧化碳等固定灭火系统的控制装置。

4. 气体灭火系统调试试验时采取安全措施，应按施工组织设计分别计算。

本 章 小 结

消防工程即为了防止火灾发生和消灭初起火灾而建造和安装的工程设施、设备的总称。

防火分隔物是防火分区的边缘构件，一般有防火墙、耐火楼板、防火门、防火卷帘、防火水幕带、上下楼层之间的窗间墙、封闭和防烟楼梯间等。

消火栓灭火系统是当前最基本的灭火设备系统，分为室内消火栓和室外消火栓。

日前火灾自动报警系统有智能型、全总线型以及综合型等，这些系统不分区域报警系统或集中报警系统，可达到对整个火灾自动报警系统进行监视。

消防系统调试包括：自动报警系统、水灭火系统、火灾事故广播、消防通信系统、消防电梯系统、电动防火门、防火卷帘门、正压送风阀、排烟阀、防火阀控制装置、气体灭火系统装置。

消防工程内容包括：水灭火系统、气体灭火系统、泡沫灭火系统、火灾自动报警系统。水灭火系统中包括消火栓灭火和自动喷淋灭火两部分。

水灭火系统由配水管道、喷头、报警阀组、水流指示器、消火栓及水泵结合器等组成。

水灭火系统管道安装预算工程量按设计管道中心长度，以"m"为计量单位，不扣除阀门、管件及各种组件所占长度。

水灭火系统室内、室外管道应分别编制工程量清单。

气体灭火系统管道安装包括无缝钢管的螺纹连接、法兰连接、气动驱动装置管道安装及钢制管件的螺纹连接。

消防系统单设的水表、水箱应单独编制工程量清单，设置编码，不要与生活用给水系统的水表、水箱合并。

《计价规范》中报警装置、消火栓、水泵接合器的安装项目都是指成套产品的安装。装置中的阀门等不要再编制清单项目。

思 考 题

1. 简述消防工程设施和设备的分类。
2. 试述水灭火系统和气体灭火系统管道安装预算工程量的计算规则。
3. 消防系统调试包括的主要内容有哪些？
4. 结合清单项目设置概括说明消防工程的主要内容？
5. 火灾自动报警系统的主要工程内容有哪些？

第九章　通风空调工程

第一节　通风空调工程基本知识及施工识图

一、通风空调工程基本知识

利用换气的方法，把室内被污染的空气直接或经过净化后排至室外，新鲜空气补充进室内，使室内环境符合卫生标准，满足人们生活或生产工艺要求的技术措施称为建筑通风。把室内不符合卫生标准的空气直接或经处理后排出室外称为排风，把室外新鲜空气或经过处理的空气送入室内称为送风。排风和送风的设施总称为建筑通风系统。建筑通风分类：建筑通风按系统作用范围不同分为局部通风和全面通风两种。局部通风是仅限于建筑内个别地点或局部区域，全面通风是对整个车间或房间进行的通风。

1. 建筑通风的分类

建筑通风按系统的工作压力分为自然通风和机械通风两种。

（1）自然通风

自然通风是借助于室外空气造成的风压和室内外空气由于温度不同而形成的热压使空气流动。

（2）机械通风

机械通风是依靠机械力（风机）强制空气流动的一种通风方式。机械通风分为局部机械通风和全面机械通风。

2. 通风常用设备和部件

通风系统形式不同，通风系统常用设备和构件也有所不同。自然通风只需进、排风窗及附属开关等简单装置。机械通风和管道式自然通风系统，则需要较多的设备和构件。

（1）室内送、排风口

室内送风口是在送风系统中把风道输送来的空气以适当的速度分配到各指定地点的风道末端装置。室内排风口是把室内被污染的空气通过排风口进入排风管道。

（2）阀门

阀门安装在通风系统的风道上，用以关闭风道、风口和调节风量。常用的阀门有闸板阀、防火阀、蝶阀和调节阀等。

（3）风机

风机是机械通风系统和空调工程中必需的动力设备。

（4）散流器

散流器是空调房间中装在顶棚上的一种送风口，其作用是使气流从风口向四周辐射状射出、诱导室内空气与射流迅速混合。散流器送风分平送和下送两种方式。

（5）消声减振器具

设于空调机房和制冷机房内的风机、水泵、压缩机等在运行中会产生噪声和振动，将影响人们的生活或工作，需采取消声减振措施。

常用的消声减振器有阻性消声器、共振性消声器、抗性消声器和宽频带复合消声器等。

3. 空调装置

（1）空调箱

空调箱是集中设置各种空气处理设备的专用小室或箱体。空调箱外壳可用钢板或非金属材料制成。

（2）室外进、排风装置

进风装置一般由进风口、风道，以及在进口处装设木制或薄钢板制百叶窗组成。

（3）空调机组

1）风机盘管机组。风机盘管机组由低噪声风机、盘管、过滤器、室温调节器和箱体等组成，有立式和卧式两种。

2）局部空调机组。空调机组是把空调系统（含冷源、热源）的全部设备或部分设备配套组装而成的整体。局部空调机组分为柜式和窗式两类。

二、通风空调工程施工图的组成与识图

1. 通风空调工程施工图

通风空调工程施工图由施工图纸、施工图预算、设计说明、设备材料表和会审纪要等组成。施工图纸上标明施工内容、设备、管道、风口等布置位置，设备和附件安装要求和尺寸，管材材质和管道类型、规格及尺寸，风口类型及安装要求等。对于图纸不能直接表达的内容，如设计依据、质量标准、施工方法、材料要求等，一般在设计说明中阐明。因此，通风空调工程施工图是工程量计算和工程施工的依据。

通风空调工程施工图是按照国家颁布的、通用的图形符号绘制而成的。通风空调工程常用图例见表 9-1。

2. 通风空调工程施工图识图

通风空调工程施工图一般包括平面布置图、剖面图、系统图和设备、风口等安装详图。

（1）平面布置图

通风空调工程平面布置图主要表明通风管道平面位置、规格、尺寸，管道上风口位置、数量，风口类型，回风道和送风道位置，空调机、通风机等设备布置位置、类型，消声器、温度计等安装位置等。

（2）剖面图

剖面图表明通风管道安装位置、规格、安装标高，风口安装位置、标高、类型、数量、规格、空调机、通风机等设备安装位置、标高及与通风管道的连接，送风道、回风道位置等。

（3）系统图

通风系统图表明通风支管安装标高、走向、管道规格、支管数量，通风立管规格、面高度，风机规格、型号、安装方式等。

通风空调工程常用图例

表 9-1

序号	名称	图例	附注
1	砌筑风、烟道		其余均为
2	带导流片弯头		
3	消声器消声弯管		也可表示为
4	插板阀		
5	天圆地方		左接矩形风管，右接圆形风管
6	蝶阀		
7	对开多叶调节阀		左为手动，右为电动
8	风管止回阀		
9	三通调节阀		
10	防火阀	70℃	表示 70℃ 动作的常开阀。若因图面小，可表示为　70℃，常开
11	排烟阀	280℃　　280℃	左为 280℃ 动作的常闭阀，右为常开阀。若因图面小，表示方法同上
12	软接头	～	也可表示为
13	软管	或光滑曲线（中粗）	
14	风口（通用）	或	

序号	名称	图例	附注
15	气流方向		左为通用表示法，中表示送风，右表示回风
16	百叶窗		
17	散流器		左为矩形散流器，右为圆形散流器。散流器为可见时，虚线改为实线
18	检查孔测量孔		
19	轴流风机	或	
20	离心风机		左为左式风机，右为右式风机
21	水泵		左侧为进水，右侧为出水
22	空气加热、冷却器		左、中分别为单加热、单冷却，右为双功能换热装置
23	板式换热器		
24	空气过滤器		左为粗效，中为中效，右为高效
25	电加热器		
26	加湿器		
27	挡水板		
28	窗式空调器		
29	分体空调器		
30	风机盘管		可标注型号，如 FP-5
31	减振器		左为平面图画法，右为剖面图画法

（4）详图

通风空调详图包括风口大样图，通风机减震台座平、剖面图等。风口大样图主要表明风口尺寸、安装尺寸、边框材质、固定方式、固定材料、调节板位置、调节间距等。通风机减震台座平面图表明台座材料类型、规格、布置尺寸。通风机械台座剖面图表明台座材料、规格（或尺寸）、施工安装要求方式等。

（5）设计说明

通风空调工程施工图设计说明表明风管采用材质、规格、防腐和保温要求，通风机等设备采用类型、规格，风管上阀件类型、数量、要求，风管安装要求，通风机等设备基础要求等。

（6）设备材料表

设备材料及部件表表明主要设备类型、规格、数量、生产厂家，部件类型规格、数量等。

第二节　通风空调工程施工图预算工程量的计算

一、管道制作安装

1. 风管制作安装，以施工图规格不同按展开面积计算，不扣除检查孔、测定孔、送风口、吸风口等所占面积。圆形风管的计算式为：$F=\pi DL$

式中　F——圆形风管展开面积（m^2）；

D——圆形风管直径（m）；

L——管道中心线长度（m）。

矩形风管按图示周长乘以管道中心线长度计算。

2. 风管长度一律以施工图示中心线长度为准（主管与支管以其中心线交点划分），包括弯头、三通、变径管、天圆地方等管件的长度，但不得包括部件所占长度。直径和周长按图示尺寸为准展开，咬口重叠部分已包括在定额内，不得另行增加。

3. 风管导流叶片制作安装按图示叶片的面积计算。

4. 整个通风系统设计采用渐缩管均匀送风管，圆形风管按平均直径、短形风管按平均周长计算。

5. 塑料风管、复合型材料风管制作安装定额所列规格直径为内径，周长为内周长。

6. 柔性软风管安装，按图示管道中心线长度以"m"为计量单位。柔性软风管阀门安装以"个"为计量单位。

7. 软管（帆布接口）制作安装，按图示尺寸以"m^2"为计量单位。

8. 风管检查孔质量，按本定额的"国标通风部件标准质量表"计算。

9. 风管测定孔制作安装，按其型号以"个"为计量单位。

10. 薄钢板通风管道、净化通风管道、玻璃钢通风管道、复合型材料通风管道的制作安装中，已包括法兰、加固框和吊托支架，不得另行计算。

11. 不锈钢通风管道、铝板通风管道的制作安装中，不包括法兰和吊托支架，可按相应定额以"kg"为计量单位另行计算。

12. 塑料通风管道制作安装，不包括吊托支架，可按相应定额以"kg"为计量单位另行计算。

二、部件制作安装

1. 标准部件的制作，按其成品质量，以"kg"为计量单位，根据设计型号、规格，按"国际通风部件标准质量表"（表 6-11）计算质量，非标准部件按图示成品质量计算。部件的安装按图示规格尺寸（周长或直径），以"个"为计量单位，分别执行相应定额。

2. 钢百叶窗及活动金属百叶风口的制作，以"m²"为计量单位，安装按规格尺寸以"个"为计量单位。

3. 风帽筝绳制作安装，按图示规格、长度，以"kg"为计量单位。

4. 风帽泛水制作安装，按图示展开面积以"m"为计量单位。

5. 挡水板制作安装，按空调器断面面积计算。

6. 钢板密闭门制作安装，以"个"为计量单位。

7. 设备支架制作安装，按图示尺寸以"kg"为计量单位，执行全统定额《静置设备与工艺金属结构制作安装工程》定额相应项目和工程量计算规则。

8. 电加热器外壳制作安装，按图示尺寸以"kg"为计量单位。

9. 风机减震台座制作安装执行设备支架定额，定额内不包括减震器，应按设计规定另行计算。

10. 高、中、低效过滤器、净化工作台安装，以"台"为计量单位；风淋室安装按不同质量以"台"为计量单位。

11. 洁净室安装按质量计算，执行"分段组装式空调器"安装定额。

三、通风空调设备安装

1. 风机安装，按设计不同型号以"台"为计量单位。

2. 整体式空调机组安装，空调器按不同质量和安装方式，以"台"为计量单位；分段组装空调器，按质量以"kg"为计量单位。

3. 风机盘管安装，按安装方式不同以"台"为计量单位。

4. 空气加热器、除尘设备安装，按质量不同以"台"为计量单位。

第三节　通风空调工程工程量清单的编制

一、通风空调设备及部件制作安装工程量清单编制

1. 工程量清单项目设置

工程量清单项目设置以通风及空调设备及部件安装为主项，按设备规格、型号、质量，支架材质、除锈及刷油等设计要求，以及过滤功效来设置清单项目。部分通风及空调设备安装工程量清单项目设置见表 9-2 所示。

通风及空调设备及部件制作安装（编码：030901）　　　表 9-2

项目编码	项目名称	项目特征	计量单位	工程量计算规则	工程内容
030901002	通风机	1. 形式 2. 规格 3. 支架材质、规格 4. 除锈、刷油设计要求	台	按设计图示数量计算	1. 安装 2. 减振台座制作、安装 3. 设备支架制作、安装 4. 软管接口制作、安装 5. 支架台座除锈、刷油

续表

项目编码	项目名称	项目特征	计量单位	工程量计算规则	工程内容
030901004	空调器	1. 形式 2. 质量 3. 安装位置	台	按设计图示数量计算，其中分段组装式空调器按设计图纸所质量以"kg"为计量单位	1. 安装 2. 设备支架制作、安装 3. 支架除锈、刷油
030901005	风机盘管	1. 形式 2. 安装位置 3. 支架材质、规格 4. 除锈、刷油、设计要求		按设计图示数量计算	1. 安装 2. 软管接口制作、安装、支架制作、安装及除锈、刷油

2. 工程量清单的编制

(1) 清单项目工程量的计算

1) 轴流式、屋顶通风及空调设备安装按设计图示数量计算。风机的安装形式应描述离心式、轴流式、屋顶式、卫生间通风器，规格为风机叶轮直径4#、5#等；除尘器应标出每台的重量。

2) 空调器按图示数量计算，其中分段组装式空调器按设计图纸所示质量以"kg"计算。空调器的安装位置应描述吊顶式、落地式、墙上式、窗式、分段组装式，并标出每台的重量。

3) 风机盘管的安装按设计图示数量计算。风机盘管的安装位置应描述吊顶式、落地式。

4) 密闭门制作安装、过滤器、净化台工作台、风淋室、洁净室安装，清单项目工程量均按设计图示数量计算。过滤器的安装应描述初效过滤器、中效过滤器、高效过滤器。

(2) 清单项目编制应注意的问题

1) 冷冻机组站内的设备安装按《计价规范》附录C.1的相应项目编制清单项目。

2) 冷冻机组站内的管道安装按《计价规范》附录C.6的相应项目编制清单项目。

3) 冷冻站外墙皮以外通往通风及空调设备的供热、供冷、供水等管道，按《计价规范》附录C.8的相应项目编制清单项目。

4) 风机盘管按《计价规范》附录C.8的相应项目编制清单项目。

5) 《湖北省安装工程单位估价表》第九册中通风机安装项目内包括电动机安装，若以《湖北省安装工程单位估价表》为依据编制清单项目或标底时，电动机安装不另列清单项目。

二、通风管道制作安装工程量清单编制

1. 工程量清单项目设置

通风管道制作安装按材质、管道形状、周长或直径、板材厚度、接口形式、设计要求、除锈标准、刷油防腐、绝热及保护层设计要求设置工程量清单项目，柔性软风管其组合内容按材质、风管规格、保温套管设计要求设置工程量清单项目。通风管道制作安装清单项目设置参见表9-3所示。

通风管道制作安装（编码：030902）　　　　　　　　表 9-3

项目编码	项目名称	项目特征	计量单位	工程量计算规则	工程内容
030902001	碳钢通风管道制作安装	1. 材质 2. 形状 3. 周长或直径 4. 板材厚度 5. 接口形式 6. 风管附件、支架设计要求 7. 除锈、刷油、防腐、绝热及保护层设计要求	m²	1. 按设计图示以展开面积计算，不扣除检查孔、测定孔、送风口、吸风口等所占面积；风管长度一律以设计图示中心线长度为准（主管与支管以其中心线交点划分），包括弯头、三通、变径管、天圆地方等管件的长度，但不包括部件所占的长度。风管展开面积不包括风管、管口重叠部分面积。直径和周长按图示尺寸为准展开。	1. 风管、管件、法兰、零件、支吊架制作、安装 2. 弯头导流叶片制作、安装 3. 过跨风管落地支架制作、安装 4. 风管检查孔制作 5. 温度、风量测定孔制作 6. 风管保温及保护层 7. 风管、法兰、法兰加固框、支吊架、保护层除锈、刷油
030902002	净化通风管制作安装				
030902003	不锈钢板风管制作安装	1. 形状 2. 周长或直径 3. 板材厚度 4. 接口形式 5. 支架法兰的材质、规格 6. 除锈、刷油、防腐、绝热及保护层设计要求			1. 风管制作、安装 2. 法兰制作、安装 3. 吊托支架制作、安装 4. 风管保温、保护层 5. 保护层及支架、法兰除锈、刷油
030902004	铝板通风管道制作安装				
030902005	塑料通风管道制作安装				1. 制作、安装 2. 支吊架制作、安装 3. 风管保温、保护层 4. 保护层及支架、法兰除锈、刷油
030902006	玻璃钢通风管道	1. 形状 2. 厚度 3. 周长或直径			
030902007	复合型风管制作安装	1. 材质 2. 形状（圆形、矩形） 3. 周长或直径 4. 支（吊）架材质、规格 5. 除锈、刷油设计要求		2. 渐缩管：圆形风管按平均直径，矩形风管按平均周长	1. 制作、安装 2. 托、吊支架制作、安装、除锈、刷油
030902008	柔性软风管	1. 材质 2. 规格 3. 保温套管设计要求	m	按设计图示中心线长度计算，包括弯头、三通、变径管、天圆地方等管件的长度，但不包括部件所占的长度	1. 安装 2. 风管接头安装

2. 工程量清单的编制

（1）清单项目工程量的计算

1）清单项目按设计图示以展开面积计算，不扣除检查孔、测定孔、送风口、吸风口等所占面积。

2）风管长度以设计图示中心线长度为准（主管与支管以其中心线交点划分），包括弯头、三通、变径管、天圆地方等管件的长度，但不包括部件所占的长度。

3）风管展开面积不包括风管、管口重叠部分面积。

4）直径和周长按图示尺寸为准展开。

5) 渐缩管：圆形风管按平均直径，矩形风管按平均周长。

6) 柔性软风管按设计图示中心线长度计算，包括弯头、三通、变径管、天圆地方等管件的长度，但不包括部件所占的长度，以"m"为单位计量。

① 圆形、矩形直管风管如图 9-1 所示。

(a) 圆直风管展开面积：$F=\pi DL$ (9-1)

(b) 矩形直风管展开面积：$F=2（A+B）L$ (9-2)

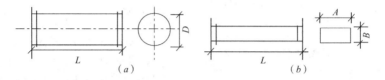

图 9-1　直风管

② 圆形异径管、矩形异径管（大小头）如图 9-2 所示

$$F=\frac{(D^1+D^2)\ \pi L}{2}$$

(a) 圆形异径管展开面积：   (9-3)

(b) 矩形异径管展开面积：$F=（A+B+a+b）L$ (9-4)

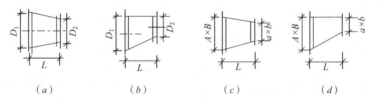

图 9-2　异径管

(a) 圆形正异径；(b) 圆形偏心；(c) 矩形正异径；(d) 矩形偏心

③ 天圆地方如图 9-3 所示。

$$F=\left(\frac{D\pi}{2}+A+B\right)L$$

天圆地方展开面积：$L\geqslant 5D$

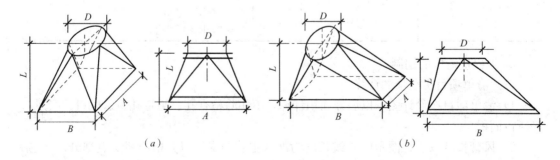

图 9-3　天圆地方

（2）工程量清单与编制应注意的问题

通风管道制作安装工程工程量清单编制时应注意描述风管的下列特征：

1）材质：碳钢、不锈钢、铝板、塑料、玻璃钢、复合型等；

2）形状：圆形、矩形、渐缩形；

3）管径（矩形风管按周长）；

4）板材厚度；

5）连接形式：咬口、焊接、法兰、法兰的材质和规格；

6）风管附件、支架的材质、油漆种类及要求；

7）风管绝热材料、风管保护层材料等特征。

【例 9-1】 某通风系统设计圆形渐缩风管均匀送风，采用 $\delta=1mm$ 的镀锌钢板，风管直径为 $D_1=800mm$，$D_2=320mm$，风管中心线长度为 100m。计算圆形渐缩风管的制作安装清单工程量。

【解】 本例的清单项目为圆形渐缩钢板风管制作安装，清单项目编码为 030902001。

1. 圆形渐缩风管的平均直径；

2. 制作安装清单工程量；

3. 分部分项工程量清单表如表 9-4 所示。

分部分项工程量清单　　　　　　　　　　　　　　　表 9-4

工程名称：　　　　　　　　　　　　　　　　　　　　　　　　第　　页共　　页

序号	项目编码	项目名称	计量单位	工程数量
1	030902001001	圆形渐缩镀锌钢板风管制作安装 $\delta=1mm$	m²	175.84

【例 9-2】 某空气调节系统的风管采用薄钢板制作，风管截面尺寸为 600m × 200mm，风管中心线长度 100m；要求风管外表面刷防锈漆一遍。计算该项目的制作安装清单工程量。

【解】 本例的清单项目为薄钢板矩形风管制作安装，清单项目编码为 030902001

1. 风管制作安装工程量：$F=2(A+B)L=2\times(0.6+0.2)\times100=160$（m²）

2. 分部分项工程量清单表如表 9-5 所示：

分部分项工程量清单　　　　　　　　　　　　　　　表 9-5

工程名称：　　　　　　　　　　　　　　　　　　　　　　　　第　　页共　　页

序号	项目编码	项目名称	计量单位	工程当量
1	030902001001	薄钢板矩形风管制作安装 600mm×200mm 外表面刷防锈漆一遍	m²	160

三、通风管道部件制作安装工程量清单编制

1. 工程量清单项目设置

通风管道部件制作安装工程量清单项目设置见表 9-6。

通风管道部件制作安装（编码：030903）　　　　　　　　　　　表 9-6

项目编码	项目名称	项目特征	计量单位	工程量计算规则	工程内容
030903001	碳钢调节阀制作安装	1. 类型 2. 规格 3. 周长 4. 质量 5. 除锈、刷油设计要求	个	1. 按设计图示数量计算（包括空气加热器上通阀、空气加热器旁通阀、圆形瓣式启动阀、风管蝶阀、风管止回阀、密闭式斜插板阀、矩形风管三通调节阀、对开多叶调节阀、风管防火阀、各型风罩调节阀制作安装等）； 2. 若调节阀为成品时，制作不再计算	1. 安装 2. 制作 3. 除锈、刷油
030903007	碳多风口、散流器制作安装（百叶窗）	1. 类型 2. 规格 3. 形式 4. 质量 5. 除锈、刷油设计要求	个	1. 按设计图示数量计算（包括百叶风口、矩形送风口、矩形空气分布器、风管插板风口、旋转吹风口、圆形散流器、方形散流器、流线型散流器、送吸风口、活动算式风口、网式风口、钢百叶窗等）； 2. 百叶窗按设计图示以框内面积计算； 3. 风管插板风口制作已包括安装内容； 4. 若风口、分布器、散流器、百叶窗为成品时，制作不再计算	1. 风口制作、安装 2. 散流器制作、安装 3. 百叶窗安装 4. 除锈、刷漆
030903019	柔性接口及伸缩节制作安装	1. 材质 2. 规格 3. 法兰接口设计要求	m²	按设计图示数量计算	制作、安装

2. 工程量清单的编制

（1）清单项目工程量的计算

通风管道部件制作安装清单项目工程量按设计图示数量计算。部件的类型说明如下：

1）碳钢调节阀包括空气加热器上通阀、空气加热器旁通阀、圆形瓣式启动阀、风管蝶阀、风管止回阀、密闭式斜插板阀、矩形风管三通调节阀、对开多叶调节阀、风管防火阀、各类型风罩调节阀制作安装；

2）塑料调节阀包括塑料蝶阀、塑料插板阀、各型风罩塑料调节阀等。

（2）清单项目编制应注意的问题

清单工程量按《计价规范》规定的计算规则计算，编制清单应注意的事项有以下几方面：

1）有的部件图纸要求制作安装，有的要求用成品部件只安装不制作，这类特征编制清单项目时应明确描述。

2）碳钢调节阀制作安装清单项目应明确描述其类型，包括空气加热器上通风旁通阀、圆形瓣式启动阀、保温及不保温风管蝶阀、风管止回阀、密闭式斜插板阀、矩形风管三通调节阀、对开多叶调节阀、风管防火阀、各型风罩调节阀等。此外还应描述其规格、质量、形状有（方形、圆形）、除锈和刷油要求等特征。

3）散流器制作安装清单项目应明确描述其类型，包括矩形空气分布器、圆形散流器、方形散流器、流线型散流器、百叶风口、矩形送风口、旋转吹风口、送吸风口、活动算式风口、网式风口、钢百叶窗等。此外，还应描述其材质、规格、质量、形式（方形、圆形）、除锈和刷油要求等特征。

4）风帽制作安装清单项目应明确描述风帽的材质，包括碳钢风帽、不锈钢板风帽、铝风帽、塑料风帽、玻璃钢风帽等。此外，还应描述其规格、质量、形式（伞形、锥形、筒形）、除锈和刷油要求等特征。

5）罩类制作安装清单项目应明确描述其类型，包括皮带防护罩、电动机防雨罩、侧吸罩、焊接台排气罩、整体分组式槽边侧吸罩、吹吸式槽边通风罩、条缝槽边抽风罩、泥心烘炉排气罩、升降式回转排气罩、上下吸式圆形回转罩、升降式排气罩、手锻炉排气罩等。此外，应明确描述出罩类的质量、除锈和刷油要求等特征。

6）消声器制作安装清单项目应明确描述其类型，包括片式消声器、矿棉管式消声器、聚酯泡沫管式消声器、卡普隆纤维管式消声器、弧形声流式消声器、阻抗复合式消声器，消声弯头等。

7）静压箱制作安装清单项目，应描述材质、规格、形式等特征。

四、通风空调工程检测、调试工程量清单编制

通风工程检测调试项目是系统工程安装后所进行的系统检测及对系统的各风口、调节阀、排气罩进行风量、风压调试等全部工作过程。检测调试清单项目设置见表9-7。通风工程系统检测调试以"系统"为计量单位。

通风工程检测调试（编码：030904）　　　　　表9-7

项目编码	项目名称	计量单位	工程内容
030904001	通风工程检测调试	系统	1. 漏光试验 2. 漏风试验 3. 管道风量测定 4. 温度测定、风压测定 5. 风口、阀门调整

通风工程检测、调试项目，安装单位应在工程安装后做系统检测及调试。检测的内容应包括管道漏光、漏风试验，风量及风压测定，空调工程温度、湿度测定，各项调节阀、风口、排气罩的风量、风压调整等全部试调过程。

系统调整费按系统工程人工费的13%计算，其中人工工资占25%。

第四节　通风空调工程工程量清单计价

一、通风空调设备及部件制作安装工程量清单计价

采用《湖北省安装工程消耗量定额及单位估价表》确定通风空调设备及部件制作安装综合单价时，应注意的问题主要包括以下几个方面：

1. 通风机安装项目内包括电动机安装，其安装形式包括A、B、C或D型，也适用不锈钢和塑料风机安装。

2. 诱导器安装执行风机盘管安装项目。

3. 设备安装项目的定额基价中不包括设备和应配备的地脚螺栓价值。在组价时，需将地脚螺栓的价值计入设备安装的综合单价内，而设备购置费则不能计入设备安装的综合单价。

4. 风机减振台座制作安装执行设备支架定额，定额内不包括减震器的材料费，组价时，需计入减振器的材料费。

【**例9-3**】 某15层综合楼通风空调工程设计采用吊顶式空调器 AHLJ3 型7台，计算该分部分项工程项目费。

【**解**】 1. 清单工程量。

本例的清单项目为吊顶式空调器 AHU3 型安装，项目编码为 030901004，数量7台。分部分项工程量清单见表9-8。

分部分项工程量清单 表9-8

工程名称：某综合楼通风空调工程　　　　　　　　　　　　　　　　　　　第　　页共　　页

序号	项目编码	项目名称	计量单位	工程数量
1	030901004001	吊顶式空调器安装 AHU3	台	7

2. 标底价的计算。本例中清单项目吊顶式空调器安装可组合的工程内容包括空调本体安装及软管接口的制安两个子目。两个子目施工工程量分别为吊顶空调器安装7台，帆布接口制安 $0.5m^2 \times 7$ 台 $\times 1.15 = 4.03m^2$。结合《湖北省安装工程消耗量定额及单位估价表》（2008年）以及《湖北省建筑安装工程费用定额》（2008年），该分部分项工程清单项目的综合单价分析过程详细说明如下：

1）人工、材料、机械消耗量套用《消耗量定额》中的 C9-23 空调器安装及 C9-155 软管接口子目的人、材、机消耗量如下：

人工工日消耗量：C9-23 子目　　1.8 工日/台

C9-155 子目　　2.060 工日/m^2

计价材料消耗量：C9-23 子目　　棉纱头 0.5kg/台

C9-155 子目　　角钢 L60　18.33kg/m^2

扁钢-59　8.32kg/m^2

帆布　1.150m^2

电焊条结 422ϕ3.2　0.06kg/m^2

精制六角带帽螺栓 M8×75　26 套/m^2

铁铆钉 0.070kg/m^2

橡胶板 J1-3　0.0970kg/m^2

机械台班消耗量：C9-23 子目　　无

C9-155 子目　　交流电焊机　21kV·A　0.020 台班/m^2

台式钻床 ϕ16×12.7　0.160 台班/m^2

2）人工、材料、机械台班单价：

清单计价中的人工、材料、机械台班单价，可由企业根据自己的价格以及市场价格自主确定。

本例标底价中人工工日单价、计价材料、机械台班单价参照《单位估价表》（2008年）第九册附录四、附录五的价格确定。未计价材料价格按当时当地的市场信息价确定。具体如下：

人工工日单价：普工　42 元/工日

技工　48 元/工日

3）管理费及利润率：

根据《费用定额》，本例按三类安装工程类别费用标准，施工管理费按人工费与机械费之和的 20%，利润按直接工程费的 5.35% 计取。

4）风险因素：

因风险因素考虑的方法很多，无统一模式，本例综合单价中暂不考虑风险。

（1）人工费：（86.94 元/台×7 台＋109.62 元/m²×4.03m²）＝1050.35 元

高层建筑增加费按《单位估价表》第九册规定，按人工费的 3% 计取（其中全部为人工工资），超高增加费按人工费的 15% 计算。

高层建筑增加费＝1050.35 元×3%＝31.51 元

超高增加费＝1050.35 元×15%＝157.55 元

人工费小计：1050.35 元＋31.51 元＋157.55 元＝1239.41 元

（2）材料费：16.94 元＋347.71 元＝364.65 元

（3）机械费：68.01 元/m²×4.03m²＝274.08 元

（4）综合：

人材机合计：1239.41 元＋364.65 元＋274.08 元＝1878.14 元

施工管理费：（人工费＋机械费）×20%＝（1239.41 元＋274.08 元）×20%＝302.70 元

利润：（人工费＋材料费＋机械费）×5.35%＝1878.14 元×5.35%＝100.48 元

总计：1878.14 元＋302.70 元＋100.48 元＝2281.32 元

（5）综合单价：2281.32 元÷7 台＝325.90 元/台

分部分项工程量清单计算表见表 9-9 所示，此表一般仅作为标底编制人或投标人自己的报价资料，而不作为工程量清单标底（报价表）的必须内容。

分部分项工程里清单综合单价计算表　　　　　　表 9-9

工程名称：某综合楼通风空调工程　　　　　　　　　　　　　计量单位：台

项目编码：030901004　　　　　　　　　　　　　　　　　　工程数量：7

项目名称：吊顶式空调器 AHU3 型安装　　　　　　　　　　综合单价：325.90 元

序号	定额编号	工程内容	单位	数量	其中（元）					小计
					人工费	材料费	机械费	管理费	利润	
1	C9-33	吊顶式空调器安装	台	7	608.58	16.94		121.72	33.47	780.70
2	参 C9-440	帆布接口制安	m²	4.03	441.77	347.71	274.08	143.17	56.90	1263.63
		高层建筑增加费			31.51			6.30	1.69	39.50
		超高增加费			157.55			31.51	8.43	197.49
		小计			1239.41	364.65	274.08	302.70	100.48	2281.32

分部分项综合单价分析表见表 9-10 所示。

分部分项综合单价分析表　　　　　　表 9-10

工程名称：某综合楼通风空调工程　　　　　　　　　　　　第　　页共　　页

序号	项目编码	项目名称	工程内容	综合单价组成					综合单价
				人工费	材料费	机械使用费	管理费	利润	
1	030901004001	吊顶式空调器 AHU3 安装	空调器安装帆布接口制安	177.06	52.09	39.15	43.24	14.35	325.90

分部分项工程费计算见表 9-11 所示。

分部分项工程量清单计价表　　　　　　　　　　　　表 9-11

工程名称：某综合楼通风空调工程　　　　　　　　　　　　　　　第　　页共　　页

序号	项目编码	项目名称	计量单位	工程数量	金额（元）	
					综合单价	合价
1	030901004001	空调器 AHU3 安装	台	7	325.90	2281.32

二、通风管道制作安装工程量清单计价

《湖北省安装工程单位估价表》第九册为确定通风管道制作安装的依据，单项目综合单价时需注意的问题：

1. 关于碳钢通风管道。

（1）整个通风系统设计采用渐缩管均匀送风者，圆形风管按平均直径，矩形风管按平均周长，套用相应规格子目，其人工费乘以 2.5。

（2）镀锌薄钢板风管项目中的板材是按镀锌薄钢板编制的，如设计要求不用镀锌薄钢板者、板材可以换算，其他不变。

（3）薄钢板通风管道制作安装定额项目中，包括弯头、三通、变径管、天圆地方等管件及法兰、加固框和吊托支架的制作用工，但不包括过跨风管落地支架的制作安装费用，落地支架制作安装执行设备支架项目，其制安费用应计入清单项目的综合单价。

（4）如制作空气幕送风管时，按矩形风管平均周长执行相应风管规格项目，其人工费乘以系数 3，其余不变。

（5）薄钢板风管项目中的板材，如设计要求厚度不同者可以换算，但人工费、机械费不变。

2. 关于净化通风管道。

（1）净化风管的空气清净度按 100 000 度标准编制。

（2）净化风管使用的型钢材料如图纸要求镀锌时，镀锌费另计，并计入综合单价。

（3）净化风管道制作安装定额项目中，包括弯头、三通、变径管、天圆地方等管件及法兰、加固框和吊托支架的制作用工，但不包括过跨风管落地支架的制作安装费用，落地支架制作安装执行设备支架项目，其制安费用应计入清单项目的综合单价。

（4）圆形风管执行本章矩形风管相应项目。

3. 关于不锈钢风管。

（1）不锈钢风管制作安装项目中包括管件制安费用，但不包括法兰和吊托支架制安费用，法兰和吊托支架应单独列项计算，执行本章相应子目，其制安费用计入不锈钢风管清单项目的综合单价。

（2）矩形风管执行本章圆形风管相应项目。

（3）不锈钢吊托支架执行本章相应项目。

（4）风管项目中的板材如设计要求厚度不同者可以换算，但人工、机械不变。

4. 关于铝板通风管道。

（1）风管制作安装项目中包括管件，但不包括法兰和吊托支架；法兰和吊托支架应

单独列项计牌相应项目。

（2）风管凡以电焊考虑的项目，如需使用手工氩弧焊者，其人工乘以系数 1.154，材料乘以系数 0.852，机械乘以系数 9.242。

5. 关于塑料风管。

（1）项目规格表示的直径为内径，周长为内周长。

（2）风管制作安装项目中包括管件、法兰、加固框制安费用，但不包括吊托支架，吊托架执行相应项目计算制安费用，并计入风管安装清单项目的综合单价。

（3）塑料通风管道胎具材料摊销费的计算方法：塑料风管管件制作的胎具摊销材料费未包括在定额内，按以下规定另行计算：

风管工程量在 $30m^2$ 以下的，每 $10m^2$ 风管的胎具摊销木材为 $0.06m^2$，按地区预算价格计算胎具材料摊销费。

（4）项目中的法兰垫料如设计要求使用品种不同者可以换算，但人工不变。

6. 玻璃钢通风管道制作安装定额项目中，包括弯头、三通、变径管、天圆地方等管件及法兰、加固框和吊托支架的制作用工，但不包括过跨风管落地支架的制作安装费用，落地支架制作安装执行设备支架项目，其制安费用应计入清单项目的综合单价。

7. 对复合型风管，风管项目规格表示的直径为内径，周长为内周长。复合型通风管道制作安装定额项目中，包括弯头，三通、变径管、天圆地方等管件及法兰、加固框和吊托支架的制安费用。

8. 柔性软风管适用于由金属、涂塑化纤织物、聚酯、聚乙烯、聚氯乙烯薄膜、铝箔等材料制成的软风管。

9. 风管项目中的板材如设计要求厚度不同者可以换算，人工费、机械费不变。

10. 风管及部件项目中，型钢未包括镀锌费，如设计要求镀锌时，需将镀锌费计入风管安装清单项目综合单价内。

11. 风管检查孔重量，按第九册附录二"国标通风部件标准重量表"计算。

12. 通风、空调的刷油、绝热、防腐蚀，执行第十一册《刷油、防腐蚀、绝热工程》相应定额：

（1）薄钢板风管刷油按其工程量执行相应项目，仅外（或内）面刷油者，定额乘以系数 1.2，内外均刷油者，定额乘以系数 1.1（其法兰加固框、吊托支架已包括在此系数内）。

（2）薄钢板部件刷油按其工程量执行金属结构刷油项目，定额乘以系数 1.15。

（3）不包括在风管工程量内而单独列项的各种支架（不锈钢吊托支架除外）按其工程量执行相应项目。

（4）薄钢板风管、部件以及单独列项的支架，其除锈不分锈蚀程度，一律按其第一遍刷油的工程量执行轻锈相应项目。

（5）绝热保温不需黏结者，执行相应项目还应减去其中的黏结材料，人工乘以系数 1.5。

【例 9-4】 某通风系统设计圆形渐缩风管均匀送风，采用 $\delta=1mm$ 的镀锌钢板，风管直径为 $D_1=800mm$，$D_2=320mm$，风管中心线长度为 100m。计算圆形渐缩风管的制作安装清单项目的综合单价；计算分部分项工程费。

分部分项工程量清单　　　　　　　　　　　　　　　　　　　表 9-12

工程名称：　　　　　　　　　　　　　　　　　　　　　　　第　页共　页

序号	项目编码	项目名称	计量单位	工程数量
1	030902001001	圆形渐缩镀锌钢板风管制作安装 δ＝1mm	10m²	17.584

【解】　1. 计价工程量。

圆形渐缩风管制作安装工程量：

$F＝\pi L（D_1＋D_2）＝3.14×100×（800＋320）÷1000÷2÷10＝17.584（10m^2）$

2. 综合单价的计算。

本例中的人工、材料、机械消耗量采用《湖北安装工程消耗量定额》中的相应项目的消耗量；综合单价中的人工单价、辅材单价、机械台班单价根据《单位估价表》中计价材料表的价格取定，未计价主材单价依据当时当地市场信息价取定。假定此通风空调工程为二类工程，根据《费用定额》（2008 年）有关规定，施工管理费按人工费与机械费之和的 20％计取，利润按直接工程费的 5.35％计取。

分部分项工程量清单综合单价计算表　　　　　　　　　表 9-13

工程名称：　　　　　　　　　　　　　　　　　　　计量单位：10m²

项目编码：030902001001　　　　　　　　　　　　工程数量：17.584

项目名称：圆形渐缩镀锌钢板风管制作安装　　　　　　综合单价：1485.34 元

序号	定额编号	工程内容	单位	数量	综合单价组成（元）					小计
					人工费	材料费	机械费	管理费	利润	
1	C9-77	圆形渐缩镀锌钢板风管制作安装	10m²	17.584	4934.25	3518.21	836.65	1154.18	496.97	10940.26
		镀锌钢板 δ＝1mm	m²	200.11		14407.20			770.79	15177.99
		小计			4934.25	17925.41	836.65	1154.18	1267.75	26118.24

分部分项工程量清单综合单价分析表　　　　　　　　表 9-14

序号	项目编码	项目名称	工程内容	综合单价组成（元）					小计
				人工费	材料费	机械费	管理费	利润	
1	030902001001	渐缩镀锌钢板风管制作安装 δ＝1mm	风管制作安装	280.61	1019.42	47.58	65.64	72.10	1485.34

3. 分部分项工程费计算。

分部分项工程量清单计价表　　　　　　　　　　　　表 9-15

工程名称：　　　　　　　　　　　　　　　　　　　第 1 页　共 1 页

序号	项目编码	项目名称	计量单位	工程数量	金额（元）	
					综合单价	合价
1	030902001001	渐缩镀锌钢板风管制安	m²	17.584	1485.34	26118.24

三、通风管道部件制作安装工程量清单计价方法

1. 以《湖北省安装工程单位估价表》第九册为依据，确定通风管道部件制作安装清单项目综合单价时应注意清单中对部件特征的描述，特别要区分需要"制作"、"安装"还是"制作安装"。标准部件的制作，按其成品重量以"kg"为计量单位，根据设计型号、规格，按第九册定额附录二"国标通风的部件标准重量表"计算重量，非标准部件按图示成品重量计算。部件的安装按图示规格尺寸（周长或直径）以"个"为计量单位，分别执行相应定额。第九册定额中人工、材料、机械费凡未按制作和安装分别列出的，其制作费与安装费的比例可按《单位估价表》第九册规定划分。

2. 钢百叶窗及活动金属百叶风口的制作以"m²"为计量单位，安装按规格尺寸以"个"为计量单位。

3. 风帽筝绳制作安装按图示规格、长度，以"100kg"为计量单位。

4. 风帽泛水制作安装按图示展开面积以"m²"为计量单位。

5. 除锈、刷油的费用执行《湖北省安装工程单位估价表》第十四册相关子目。

【例 9-5】　某通风系统的圆形蝶阀（T302-7，$D=500$mm）制作安装，共计 12 个，需刷防锈漆一遍，计算清单项目工程量和施工量。

【解】　1. 清单工程量。

制作安装圆形蝶阀（T302-7，$D=500$mm），碳钢，共计 12 个。

2. 施工工程量。

1) 圆形蝶阀制作工程量计算：

查相关资料，$D=500$mm 圆形蝶阀 T302-7 重量为 13.08kg/个；

圆形蝶阀制作工程量：$13.08\times12=156.96$（kg）

2) 圆形蝶阀安装工程量：12 个

3) 圆形蝶阀刷油工程量：$156.96\times1.15=180.50$（kg）

【例 9-6】　某综合楼（五层）通风空调系统的风管在通过防火分区时，加装 700℃ 的防火阀，矩形风管有 1000mm×400mm 和 800mm×300mm 两种规格，每层各有两处安装防火阀，计算该部件制作安装分部分项工程量清单综合单价；计算分部分项工程费。人工单价按：普工 42 元/工日，技工 48 元/工日；辅材和机械台班单价按《单位估价表（2008 年版）》第九册附录四、五的价格取定。未计价材料价格按当时当地的市场信息价取定。工程类别按一类安装工程，施工管理费按人工费与机械费之和的 20% 计取，利润按直接工程费的 5.35% 计取。

【解】　1. 工程量计算：

1000×400 矩形风管：周长=（1000+400）×2=2800（mm）

防火阀 T356-2（查相关资料）：重量=11.74kg/个，共计：117.4kg；

800×300mm 矩形风管：周长=（800+300）×2=2200（mm）

防火阀 T356-2（查相关资料）：重量=8.24kg/个，共计：82.4kg；

2. 分部分项工程量清单综合单价分析计算，见表 9-16、表 9-17 所示。

分部分项工程量清单综合单价计算表　　　表 9-16

工程名称：某综合楼（五层）通风空调系统　　　　　　　　　计量单位：个

项目编码：030903001001　　　　　　　　　　　　　　　　工程数量：10

项目名称：防火阀（1000×400）制作安装　　　　　　　　综合单价：214.07 元

序号	定额编号	工程内容	单位	数量	综合单价（元）					小计
					人工费	材料费	机械费	管理费	利润	
1	C9-215	防火阀制作	100kg	1.174	388.90	923.44	237.09	125.20	82.89	1757.53
	C9-237	防火阀安装	个	10	207.00	117.40		41.40	17.36	383.16
		小计			595.90	1040.84	237.09	166.60	100.25	2140.68

分部分项工程量清单综合单价计算表　　　表 9-17

工程名称：某综合楼（五层）通风空调系统　　　　　　　　　计量单位：个

项目编码：030903001001　　　　　　　　　　　　　　　　工程数量：10

项目名称：防火阀（800×300）制作安装　　　　　　　　　综合单价：126.51 元

序号	定额编号	工程内容	单位	数量	综合单价（元）					小计
					人工费	材料费	机械费	管理费	利润	
1	C9-215	防火阀制作	100kg	0.824	272.96	648.14	166.41	87.87	58.18	1233.56
	C9-237	防火阀安装	个	10	17.06	9.67		3.41	1.43	31.57
		小计			290.02	657.82	166.41	91.28	59.61	1265.13

分部分项工程量清单综合单价分析表　　　表 9-18

工程名称：某综合楼（五层）通风空调系统　　　　　　　　　　　　第　　页共　　页

序号	项目编码	项目名称	工程内容	综合单价组成					综合单价
				人工费	材料费	机械使用费	管理费	利润	
1	030903001001	防火阀（1000×400）制作安装	防火阀制作、安装	59.59	104.08	23.71	16.66	10.03	214.07
2	030903001002	防火阀（800×300）制作安装	防火阀制作、安装	29.00	65.78	16.64	9.13	5.96	126.51

3. 分部分项工程费计算，如表 9-19 所示。

分部分项工程量清单计价表　　　表 9-19

工程名称：某综合楼（五层）通风空调系统　　　　　　　　　　　　第　　页共　　页

序号	项目编码	项目名称	计量单位	工程数量	金额（元）	
					综合单价	合价
1	030903001001	防火阀（1000×400）制作安装	个	10	214.07	2140.68
2	030903001002	防火阀（800×300）制作安装	个	10	126.51	1265.13
	合计					3405.81

本 章 小 结

建筑通风按系统的工作压力分为自然通风和机械通风两种。

通风空调工程施工图一般包括平面布置图、剖面图、系统图和设备、风口等安装详图。

通风空调工程施工图纸上标明施工内容、设备、管道、风口等布置位置，设备和附件安装要求和尺寸，管材材质和管道类型、规格及尺寸，风口类型及安装要求等。对于图纸不能直接表达的内容，如设计依据、质量标准、施工方法、材料要求等，一般在设计说明中阐明。因此，通风空调工程施工图是工程量计算和工程施工的依据。

风管制作安装，以施工图规格不同按展开面积计算，不扣除检查孔、测定孔、送风口、吸风口等所占面积。

风管长度一律以施工图示中心线长度为准（主管与支管以其中心线交点划分），包括弯头、三通、变径管、天圆地方等管件的长度，但不得包括部件所占长度。直径和周长按图示尺寸为准展开，咬口重叠部分已包括在定额内，不得另行增加。

工程量清单项目设置以通风及空调设备及部件安装为主项，按设备规格、型号、质量，支架材质、除锈及刷油等设计要求，以及过滤功效来设置清单项目。

通风工程检测调试项目是系统工程安装后所进行的系统检测及对系统的各风口、调节阀、排气罩进行风量、风压调试等全部工作过程。

不锈钢风管制作安装项目中包括管件制安费用，但不包括法兰和吊托支架制安费用，法兰和吊托支架应单独列项计算，执行本章相应子目，其制安费用计入不锈钢风管清单项目的综合单价。

思 考 题

1. 简述建筑通风的分类。
2. 试述通风空调工程施工图的组成和识图要点。
3. 确定通风空调设备及部件制作安装综合单价时，应注意哪些主要问题？
4. 简述风管制作安装项目预算工程量的计算规则。
5. 简述不锈钢风管制作安装项目清单计价要点。

第十章 建筑智能化系统设备安装工程

第一节 建筑智能化系统设备安装工程基本知识及施工识图

一、建筑智能化系统常见定额名词解释

智能化：大厦的智能化是指人工智能的理论、方法和技术在建筑物内的具体应用。

智能建筑（IB）：是以建筑为平台，兼备建筑设备、办公自动化及通信网络系统，集结构、系统、服务、管理及它们之间的最优化组合，向人们提供一个安全、高效、舒适、便利的建筑环境。

它是利用现代计算机技术、网络通信技术以及自动控制技术，经过系统综合开发，将楼宇设备自动化系统（BAS）、通信自动化系统（CAS）、办公自动化系统（OAS）与建筑和结构有机地集成为一体，通过优质的服务和良好的运营，为人们提供理想、安全、舒适、节能、高效的工作和生活空间。

建筑智能化系统：是智能建筑中的楼宇设备自动化系统（BAS），通信自动化系统（CAS）、办公自动化系统（OAS）以及它们之间的集成系统（SIC，系统集成中心）。

建筑设备自动化系统（BAS）：是将建筑物或建筑群内的电力、照明、空调、给排水、防灾、保安、车库管理等设备或系统，以集中监视、控制和管理为目的，构成综合系统。

建筑设备自动化系统（BAS）的工作范围通常有两种定义方法：

一种是将建筑物或建筑群内的电力、照明、空调、给水排水、防灾、保安、车库管理等设备或系统进行集中监视、控制和管理的综合系统，是广义的 BAS。

另一种是仅限于对建筑物或建筑群内的电力、照明、空调、给水排水等设备或系统进行集中监视、控制和管理的综合系统，是狭义的 BAS。

办公自动化系统：是应用计算机技术、通信技术、多媒体技术和行为科学等先进技术，使人们的部分办公业务借助于各种办公设备，并由这些办公设备与办公人员构成服务于某种办公目标的人机信息系统。

通信网络系统（CNS）：它是楼内的语音、数据、图像传输的基础，同时与外部通信网络（如公用电话网、综合业务数字网、计算机互联网、数据通信网及卫星通信网等）相连，确保信息畅通。

系统集成（SI）：它是将智能建筑内不同功能的智能化子系统在物理上、逻辑上和功能上连接在一起，以实现信息综合、资源共享。

系统：是由相互作用、相互依存、相互制约的若干功能模块或部件组成的有机整体。它具有与其组成部分相适应的整体特性和功能，并和其外部的环境发生交互作用。

（1）按系统规模可分为：小系统、大系统、超大系统等。

（2）按系统结构可分为：开环系统（无反馈）闭环系统（有反馈）、复合系统（开环与闭环相结合）、集成系统（集中监控与管理）、独立系统、分散系统（分散控制）、递阶系统（集中与分散控制相结合）。

（3）按系统状态可分为：动态系统（系统功能、状态、结构、参数随时间变化），静态系统（系统功能、状态、结构、参数不随时间变化）。

（4）按系统功能可分为：管理系统、信息系统、监控系统、通信系统等。

管理：是在有组织的集体中，为人们造就所需的、协调的、高效的工作环境，以求人尽其才、物尽其用，人一人和谐，人一机协调，实现预期的目标而进行的活动。管理是运用信息对人力、物力、财力进行控制与调节的过程，是通过信息流对人才流、资金流、物资流、能量流进行引导和操纵的过程。

二、智能工程常用工程图例

1. 综合布线系统

综合布线系统工程常用图例见表 10-1。

综合布线系统　　　　　　　　　　　　　　　　　　表 10-1

序号	图例	名称	序号	图例	名称
1	PBX	程控交换机	7	⊙	单口信息插座
2	MDF ⊠⊠	主配线	8		计算机
3	IDF ▷◁	楼层配线架（或称分配线架）	9		电话机
4	LIU	光纤配线设备	10		云台摄像机
5	HUB	集线器	11	⬡	监视器
6	⊟	双口信息插座	12		切换器
		CAT5 I/O 五类信息插座	13	LAM	适配器
		CAT3 I/O 三类信息插座			

2. 火灾自动报警与消防控制系统

火灾自动报警与消防控制系统常用工程图例见表 10-2。

火灾自动报警与消防控制系统　　　　　　　　　　表 10-2

序号	图形符号	说明	符号来源及编号		序号	图形符号	说明	符号来源及编号	
1	B	火灾报警控制器	ZBC	5.30	6	FS	火警接线箱		
2	B—D	区域火灾报警控制器	ZBC	5.32	7	⚡	感烟探测器一般符号	GB	8.2
3	B—J	集中火灾报警控制器	ZBC	5.33	8	⚡	非编码一般探测器		
4	LD	联动控制器			9		感温探测器一般符号	GB	8.1
5	⊗	火灾部位显示器（层显示）	ZBC	5.36	10		非编码感温探测器		

续表

序号	图形符号	说明	符号来源及编号		序号	图形符号	说明	符号来源及编号
11	△	火焰探测器	ZBC	5.12	21	Ⅰ	短路隔离器	
12	⊡	红外光束感烟探测器（发射部分）	ZBC	5.10	22	GE	气体灭火控制盘	
13	⊡	红外光束感烟探测器（接收部分）	ZBC	5.11	23	△	启动钢盘	
14	✓	可燃气体探测器	GB	8.4	24	8	紧急启，停按钮	
15	⊟	手动报警按钮（带电话插孔）	GB	8.5	25	✦	放气指示灯	
16	🔔	火灾警铃	GB	9.1	26	F	水流指示器	
17	8	火灾声光信号显示装置	ZBC	5.46	27	⋈	带监视信号的检修阀	
18	C	控制模块			28	P	压力开关	
19	M	输入监视模块			29	O	消火栓箱内启泵按钮	
20	D	非编码探测器接口模块			30	∅	防火阀（70℃熔断开闭）	

三、楼宇设备自控系统

楼宇设备自控系统常用工程图例见表10-3。

楼宇设备自控系统　　　　　　　　　　　　　　　　表 10-3

图形符号	说明	图形符号	说明	图形符号	说明
⬭	风机	数字编号/⊗⊗数字编号	就地安装仪表	Ⓜ	电动二通阀
⊘	水泵	数字编号/⊗⊗数字编号	盘面安装仪表	Ⓜ	电动三通阀
⊠	空气过滤器	数字编号/⊗⊗数字编号	盘内安装仪表	Ⓜ	电磁阀
⊟S	空气加热器，冷却器 S＝＋为加热 S＝－为冷却	数字编号/⊗⊗数字编号	管道嵌装仪表	Ⓜ	电动蝶阀
	风门	□	仪表盘，DDC站	Ⓜ	电动风门
	加湿器	←	热电偶	200×80	电缆桥架（宽×高）
⊟	水冷机组		热电阻	2010	电缆及编号
⊔	冷却塔	⌀	湿度传感器		

图形符号	说明	图形符号	说明	图形符号	说明
▭	热交换器	╫	节流孔板		
▬	电气照明，照明箱	─	一般检点		

四、有线电视系统

有线电视系统常用工程图例见表10-4。

有线电视系统　　　　　　　　　　　　　　　　　　表 10-4

类别	序号	图形符号	说　　明	类别	序号	图形符号	说　　明
天线	1		天线（VHF，UHF，FM）	混合器与分波器	16		混合器（示出五路输入）
	2		抛物面天线		17		有源混合器（示出五路输出）
	3		有线电视接收天线		18		分波器（示出五路输出）
前端	4		本地天线的前端 注：支线可在圆上任意点画线	分配器	19		二分配器
	5		无本地天线的前端 （示出一路干线输入一路干线输出）		20		三分配器
放大器	6		放大器一般符号		21		四分配器
	7		中继器一般符号，三角指传输方向		22		方向耦合器
	8		可调放大器	用户分支器与系统输出口	23		用户一分支器（示出一路分支）。 注：（1）圆内的线可用代号代替。 （2）若不产生混乱，表示用户馈线支线的线可省略
	9		频道放大器 r 为频道代号				
	10		可控制反馈量的放大器				
	11		带自动增益，或自动斜率控制放大器		24		示例　标有分支量的用户分配器（未示出用户线）
	12		桥接放大器（示出三路支线或分支线输出）。 注：（1）其中标有小圆点的一端输出电平较高。 （2）符号中支线或分支线可按任意适当角度画		25		用户二分支器
	13		干线桥接放大器（示出三路支线输出）		26		用户四分支器
	14		线路（支线或激励馈线）末断放大器（示出一个激励馈线的输出）		27		系统出线端
	15		干线分配放大器（示出两路干线输出）				

类别	序号	图形符号	说　明	类别	序号	图形符号	说　明
均衡器与衰减器	30		固定均衡器	滤波器与陷波器	46		带通滤波器
	31		可变均衡器		47		带阻滤波器
	32		固定衰减器		48		隔波器
	33		可变衰减器	匹配终端	49		终端电阻（匹配负载）
调制器调解器频道变换器和导频信号发生器	34		调制器，解调器或鉴别器一般符号 注：(1) 使用本符号应根据实际情况加输入线输出线。 (2) 根据需要允许在方框内或外加注定性符号		50		接地（接机壳或接底板）
				电视摄像录像音响	51		黑白摄像机
					52		彩色摄像机
					53		彩色盒式带录像机
					54		彩色电视接收机
	35		电视调制器		55		彩色电监视器
	36		电视解调器		56	FM/AM	调频调幅收音机
	37		频道变换器（n_1 为输入频道，n_2 为输出频道），$n_1 n_2$ 可用具体频道数字代替		57		遥控器
					58		视（射）频切换器
供电装置	39		线路电源器件（示出交流型）		59	V	视频通路（电视）
	40		供电阻塞（示在一条分配馈线上）		60	S	声道（电视或无线电广播）
	41		线路电源插入点	光纤和光器件	61		光纤或光缆一般符号
	43		带接地孔的单相暗装插座		62		光接收机
	43		动力或动力——照明配电相		63		光发射机
	42		整流器（前端供电器）		64		光电转换器
	44		高通滤波器		65		电光转换器
	45		低通滤波器				

五、安全防范系统

安全防范系统常用工程图例见表10-5。

安全防范系统　　　　　　　　　　　　表 10-5

序号	图例	名　称	序号	图例	名　称
1		电视摄像机	10		光发送机
2		带云台的电视摄像机	11		光接收机
3		磁带录像机	12		分配器
4		电视监视器	13		载波天线
5		调制器	14		光缆
6		混合器	15	R/D	解码器
7		线路补偿放大器	16		传声器
8		频道放大器	17		监听器
9		宽带放大器	18		扬声器

序号	图例	名　称	序号	图例	名　称
19	⊙	防盗探测器	34	PT	巡更点
20	I	感温探测器	35	配线架	配线架
21	✓	气体探测器	36	PBX	程控交换机
22	↯	感烟探测器	37	DHZH	对讲门口主机
23	Y	手动报警装置	38	DMD	对讲门口子机
24	◎	防盗报警控制器	39	KVD	可视对讲门口主机
25	▭	火灾报警控制器	40	⌨	按键式自动电话机
26	CPU	计算机	41	DZ	室内对讲机
27	KY	计算机操作键盘	42	DF	室内对讲分机
28	CRT	显示器	43	KVDZ	室内可视对讲机
29	PRT	打印机	44	KVDF	室内可视对讲分机
30	VPRT	视频打印机	45	▭	层接线箱
31	CI	通信接口	46	kV	层配线箱
32	ACI	报警通信接口	47	⊖	电控锁
33	Y	天线			

第二节　建筑智能化系统设备安装工程施工图预算工程量的计算

一、综合布线系统工程

1. 双绞线缆、光缆、泄漏同轴电缆、电话线和广播线敷设、穿放、明布放以"m"计算。电缆敷设按单根延长米计算，如一个架上敷设 3 根各长 100m 的电缆，应按 300m 计算，以此类推。电缆附加及预留的长度是电缆敷设长度的组成部分，应计入电缆长度工程量之内。电缆进入建筑物预留长度 2m；电缆进入沟内或吊架上引上（下）预留 1.5m；电缆中间接头盒，预留长度两端各留 2m。

2. 制作跳线以"条"计算，卡接双绞线缆以"对"计算，跳线架、配线架安装以"条"计算。

3. 安装各类信息插座、过线（路）盒、信息插座底盒（接线盒）、光缆终端盒和跳块打接以"个"计算。

4. 双绞线缆测试、以"链路"或"信息点"计算，光纤测试以"链路"或"芯"计算。

5. 光纤连接以"芯"（磨制法以"端口"）计算。

6. 布放尾纤以"根"计算。

7. 室外架设架空光缆以"m"计算。

8. 光缆接续以"头"计算。

9. 制作光缆终端接头以"套"计算。

10. 安装漏泄同轴电缆接头以"个"计算。

11. 成套有话组线箱、机柜、机架、抗震底座安装以"台"计算。

12. 安装电话出线口、中途箱、电话电缆架空引入装置以"个"计算。

二、通信系统设备安装工程

1. 铁塔架设，以"t"计算。

2. 天线安装、调试，以"副"（天线加边加罩以"面"）计算。

3. 馈线安装、调试，以"条"计算。

4. 微波无线接入系统基站设备、用户站设备安装、调试，以"台"计算。

5. 微波无线接入系统联调，以"站"计算。

6. 卫星通信甚小口径地面站（VSAT）中心站设备安装、调试，以"台"计算。

7. 卫星通信甚小口径地面站（VSAT）端站设备安装、调试、中心站站内环测及全网系统对测，以"站"计算。

8. 移动通信反馈系统中安装、调试、直放站设备、基站系统调试以及全系统联网调试，以"站"计算。

9. 光纤数字传输设备安装、调试以"端"计算。

10. 程控交换机安装、调试以"部"计算。

11. 程控交换机中继线调试以"路"计算。

12. 会议电话、电视系统设备安装、调试以"台"计算。

13. 会议电话、电视系统联网测试以"系统"计算。

三、计算机网络系统设备安装工程

1. 计算机网络终端和附属设备安装，以"台"计算。

2. 网络系统设备、软件安装、调试，以"台（套）"计算。

3. 局域网交换机系统功能调试，以"个"计算。

4. 网络调试、系统试运行、验收测试，以"系统"计算。

四、建筑设备监控系统安装工程

1. 基表及控制设备、第三方设备通信接口安装、抄表采集系统安装与调试，以"个"计算。

2. 中心管理系统调试、控制网络通信设备安装、控制器安装、流量计安装与调试，以"台"计算。

3. 楼宇自控中央管理系统安装、调试，以"系统"计算。

4. 楼宇自控用户软件安装、调试，以"套"计算。

5. 温（湿）度传感器、压力传感器、电量变送器和其他传感器及变差器，以"支"计算。

6. 阀门及电动执行机构安装、调试，以"个"计算。

五、有线电视系统设备安装工程

1. 电视共用天线安装、调试，以"副"计算。

2. 敷设天线电缆，以"m"计算。

3. 制作天线电缆接头，以"头"计算。

4. 电视墙安装、前端射频设备安装、调试，以"套"计算。

5. 卫星地面站接收设备、光端设备、有线电视系统管理设备、播控设备安装、调试，以"台"计算。

6. 干线设备、分配网络安装、调试，以"个"计算。

六、扩音、背景音乐系统设备安装工程

1. 扩声系统设备安装、调试，以"台"计算。

2. 扩声系统设备试运行，以"系统"计算。

3. 背景音乐系统设备安装、调试，以"台"计算。

4. 背景音乐系统联调、试运行，以"系统"计算。

七、电源与电子设备防雷接地装置安装工程

1. 太阳能电池方阵铁架安装，以"耐"计算。

2. 太阳能电池、柴油发电机组安装，以"组"计算。

3. 柴油发电机组体外排气系统、柴油箱、机油箱安装，以"套"计算。

4. 开关电源安装、调试、整流器、其他配电设备安装，以"台"计算。

5. 天线铁塔防雷接地装置安装，以"处"计算。

6. 电子设备防雷接地装置、接地模块安装，以"个"计算。

7. 电源避雷器安装，以"台"计算。

八、停车场管理系统设备安装工程

1. 车辆检测识别设备、出入口设备、显示和信号设备、监控管理中心设备安装、调试，以"套"计算。

2. 分系统调试和全系统联调，以"系统"计算。

九、楼宇安全防范系统设备安装工程

1. 入侵报警器（室内外、周界）设备安装工程，以"套"计算。

2. 出入口控制设备安装工程，以"台"计算。

3. 电视监控设备安装工程，以"台"（显示装置以"m^2"）计算。

4. 分系统调试、系统集成调试，以"系统"计算。

十、住宅小区智能化系统设备安装工程

1. 住宅小区智能化设备安装工程，以"台"计算。

2. 住宅小区智能化设备系统调试，以"套"（管理中心调试以"系统"）计算。

3. 小区智能化系统试运行、测试，以"系统"计算。

第三节　建筑智能化系统设备安装工程清单计价工程量计算规则

一、通信系统设备

1. 工程量清单项目设置及工程量计算规则

通信系统设备工程量清单项目设置及工程量计算规则见表 10-6。

通讯系统设备（编码：031201）　　　　　　　　　　　表 10-6

项目编码	项目名称	项目特征	计量单位	工程量计算规则	工程内容
031201001	微波窄带无线接入系统基站设备	(1) 名称 (2) 类别 (3) 类型	台（个）	按设计图示数量计算	(1) 本体安装 (2) 软件安装 (3) 调试 (4) 系统设置
031201002	微波窄带无线接入系统用户站设备	(4) 回路数			(1) 本体安装 (2) 调试
031201003	微波窄带无线接入系统联调及试运行	(1) 名称 (2) 用户站数量	系统		(1) 系统联调 (2) 系统试运行
031201004	微波窄带无线接入系统基站设备	(1) 名称 (2) 类别 (3) 类型 (4) 回路数	台（个）		(1) 本体安装 (2) 软件安装 (3) 调试 (4) 系统设置
031201005	微波宽带无线接入系统用户站设备	(1) 名称 (2) 类别			(1) 本体安装 (2) 调试
031201006	微波窄带无线接入系统联调及试运行	(1) 名称 (2) 用户站数量	系统		(1) 系统联调 (2) 系统运试行 (3) 验证测试
031201007	会议电话设备	(1) 名称 (2) 类别 (3) 类型	台（架、端）		(1) 本体安装 (2) 检查调测 (3) 联网试验
031201008	会议电视设备	(1) 名称 (2) 类别 (3) 类型 (4) 回路数	台（对、系统）		(1) 本体安装 (2) 软硬件调测 (3) 功能验证

2. 说明

(1) 表 10-6 包括数字微波通信、会议电话、会议电视三部分内容。

(2) 适用于微波无线接入通信系统设备的安装与调试、会议电话、会议电视设备的安装与调试。

(3) 工程量计量以设计图示数量按相应的计量单位计量。

(4) 工程量清单设置，按设计图示的工程量的名称以及各类技术参数，参照对应的清单项目设置。

例：会议电话

项目编码：031201007001

项目名称：会议电话主机

计量单位：台

工程内容：会议电话主机安装与调试。

(5) 表 10-6 与《清单计价规范》附录 C.11.1 通信设备安装内容交叉，清单项目设置以建筑物或建筑群通信设备安装为对象，具有相对的特殊性或局域性。

二、计算机网络系统设置安装工程

1. 工程量清单项目设置及工程量计算规则

计算机网络体系设备安装工程量清单项目设置及工程量计算规则见表10-7。

计算机网络体系设备安装工程

表 10-7

项目编码	项目名称	项目特性	计量单位	工程量计算规则	工程内容
031202001	终端设备	(1) 名称 (2) 类型	台	按设计图示数量计算	(1) 本体安装 (2) 单体测试
031202002	附属设备	(1) 名称 (2) 功能 (3) 规格			
031202003	网络终端设备	(1) 名称 (2) 功能 (3) 服务范围	台（套）		(1) 安装 (2) 软件安装 (3) 单体调试
031202004	接口卡	(1) 名称 (2) 类型 (3) 传输效率			(1) 安装 (2) 单体调试
031202005	网络集线器	(1) 名称 (2) 类型 (3) 堆叠单元量			
031202006	局域网交换机	(1) 名称 (2) 功能 (3) 层数（交换机）			(1) 安装 (2) 调试
031202007	路由器	(1) 名称 (2) 功能			
031202008	防火墙	(1) 名称 (2) 类型 (3) 功能			(1) 系统测试 (2) 系统试运行 (3) 系统验证测试
031202009	调制解调器	(1) 名称 (2) 类型			
031202010	服务器系统软件	(1) 名称 (2) 功能	套		
031202011	网络调试及试运行	(1) 名称 (2) 信息点数量	系统		

2. 说明

(1) 表10-7包括计算机（微机及附属设备）和网络系统设备。

(2) 适用于楼宇、小区智能化系统中计算机网络系统设备的安装、调试工程。

(3) 工程量计量以设计图示数量按台、套、系统计量。

(4) 工程量清单设置，按设计图示的工程量的名称以及各类技术参数，参照对应的清单项目设置。

例：网络服务器

项目编码：031202003001

项目名称：部门级网络服务器安装调试

计量单位：套

265

工程内容：服务器安装调试。

（5）所涉及的调试包括本体调试和系统调试。本体调试综合在主项内，系统调试单独列项，系统试运行单独列项，验证测试单独列项。

三、楼宇、小区多表远传系统

1. 工程量清单项目设置及工程量计算规则

楼宇、小区多表远传系统工程量清单项目设置及设置及工程量计算规则见表10-8。

楼宇、小区多表远传系统（编码：031203）　　　　表 10-8

项目编码	项目名称	项目特性	计量单位	工程量计算规则	工程内容
031203001	远传基表	(1) 名称 (2) 类别	个	按设计图示数量计算	(1) 本体安装 (2) 控制阀安装 (3) 调试
031203002	抄表采集系统设备	(1) 名称 (2) 类别 (3) 功能	台	按设计图示数量计算	(1) 本体安装 (2) 采集器安装 (3) 控制箱安装 (4) 单体调试
031203003	多表采集中央管理计算机	(1) 名称 (2) 类别			(1) 本体安装 (2) 软件安装 (3) 单体调试

2. 说明

（1）表10-8中包括楼宇、小区多表远传系统的基表及控制设备、抄表采集系统、中央管理系统等内容。

（2）适用于楼宇、小区多表远传系统设备安装与调试。

（3）工程量计量以设计图示数量按"台、个"计量。

（4）工程量清单设置，按设计图示的工程量的名称以及各类技术参数，参照对应的清单项目设置。

例：远传用户煤气计量表

项目编码：031203001001

项目名称：远传用户煤气计量表

计量单位：个

工程内容：远传用户煤气计量表，燃气用电动阀安装。

（5）相互对应的工程内容应进行综合列项，相对独立不便综合的工程内容单独列项。

四、楼宇、小区自控系统

1. 工程量清单项目设置及工程量计算规则

楼宇、小区自控系统工程量清单项目设置及工程量计算规则见表10-9。

2. 说明

（1）表10-9中包括楼宇、小区自控系统中水、电、风系统，控制网络通信设备，智能化其他设备。

（2）适用于楼宇、小区空调系统、照明及配电系统、给水排水系统、控制网络通讯系统的中央控制。

楼宇、小区自控系统（编码：031204）　　　　表 10-9

项目编码	项目名称	项目特征	计量单位	工程量计算规则	工程内容
031204001	中央管理系统				(1) 本体安装 (2) 系统软件安装 (3) 单体调整
031204002	控制网络通信设备		台	按设计图示数量计算	(1) 本体安装 (2) 软件安装 (3) 单体调试
031204003	控制器				(1) 本体安装 (2) 控制箱安装 (3) 软件安装 (4) 单体调试
031204004	第三方设备通信接口		个		(1) 本体安装 (2) 单体调试
031204005	空调系统传感器及变送器				(1) 本体安装 (2) 调整测试
031204006	照明及变配电系统传感器及变送器		支（台）		(1) 本体安装 (2) 调整测试
031204007	给水排水系统传感器及变送器			按设计图示数量计算	
031204008	阀门及执行机构		台（个）		(1) 本体安装 (2) 单体测试
031204009	住宅（小区）智能化设备		台（套）		(1) 本体安装 (2) 智能箱安装 (3) 软件安装 (4) 系统调试
031204010	住宅（小区）智能化系统		系统		(1) 系统试运行 (2) 系统验证测试

（3）工程量计量以设计图示数量按相应的计量单位计量。

（4）工程量清单设置，按设计图示的工程量的名称以及各类技术参数，参照对应的清单项目设置。

例：风管式温度传感器

项目编码：031204005001

项目名称：风管式温度传感器

计量单位：台

工程内容：安装，调整，测试。

（5）所涉及的调试包括本体调试和系统调试。本体调试综合在主项内，系统调试单独列项，系统试运行单独列项，验证测试单独列项。

五、有线电视系统

1. 工程量清单项目设置及工程量计算规则

有线电视系统工程量清单项目设置及工程量计算规则见表 10-10。

有线电视系统　　　　　　　　　　　　　　　　　　　　表 10-10

项目编码	项目名称	项目特征	计量单位	工程量计算规则	工程内容
031205001	电视共用天线	(1) 名称 (2) 型号	副	按设计图示数量计算	(1) 本体安装 (2) 单体调试
031205002	前端面柜	名称	个		(1) 本体安装 (2) 连接电源 (3) 接地
031205003	电视墙	(1) 名称 (2) 监视器数量			(1) 机架、监视器安装 (2) 信号分配系统安装 (3) 连接电源 (4) 接地
031205004	前端射频设备	(1) 名称 (2) 类型 (3) 频道数量	套		(1) 本体安装 (2) 单体调试
031205005	微型地面站接收设备	(1) 名称 (2) 类型	台	按设计图示数量计算	(1) 本体安装 (2) 单体调试 (3) 全站系统调试
031205006	光端设备	(1) 名称 (2) 类别 (3) 类型			(1) 本体安装 (2) 单体调试
031205007	有线电视系统管理设备	(1) 名称 (2) 类别			(1) 本体安装 (2) 系统调试
031205008	播控设备	(1) 名称 (2) 功能 (3) 规格			(1) 播控台安装 (2) 播控台设备安装 (3) 播控台调试
031205009	传输网络设备	(1) 名称 (2) 功能 (3) 安装位置	个		(1) 本体安装 (2) 单体调试
031205010	分配网络设备	(1) 名称 (2) 功能 (3) 安装形式			(1) 本体安装 (2) 电缆头制作、安装 (3) 电缆接线盒埋设 (4) 网络终端调试 (5) 楼板、墙壁穿孔

2. 说明

(1) 表 10-10 中包括卫星电视、有线广播电视、闭路电视三部分内容。

(2) 适用于楼宇、小区内卫星电视系统、有线广播电视系统、闭路电视系统的安装调试工程。

(3) 工程量计量以设计图示数量按相应的计量单位计量。

(4) 工程量清单设置，按设计图示的工程量的名称以及各类技术参数，参照对应的清单项目设置。

例：网络放大器

项目编码：03120501001

项目名称：放大器安装

计量单位：个

工程内容表述：①放大器本体安装（暗装）；②电缆接头（数量）；③暗盒埋设（规格）；④测试。

（5）所涉及的调试包括本体调试和系统调试，均综合在主项内。

六、扩声、背景音乐系统（编码：031206）

1. 工程量清单项目设置及工程量计算规则

扩声、背景音乐系统工程量清单项目设置及工程量计算规则见表10-11。

扩声、背景音乐系统（编码：031206）　　　　表 10-11

项目编码	项目名称	项目特征	计量单位	工程量计算规则	工程内容
031206001	扩声系统设备	(1) 名称 (2) 类别 (3) 回路数 (4) 功能	台	按设计图示数量计算	安装
031206002	扩声系统	(1) 名称 (2) 类别 (3) 功能	只（副、系统）		(1) 单体调试 (2) 试运行
031206003	背景音乐系统设备	(1) 名称 (2) 类别 (3) 回路数 (4) 功能	台	按设计图示数量计算	安装
031206004	背景音乐系统	(1) 名称 (2) 类别 (3) 功能	台（系统）		(1) 单体调试 (2) 试运行

2. 说明

（1）表10-11中包括扩声、广播、背景音乐系统三部分内容。

（2）适用于小区、会场、广场的扩声、广播、背景音乐系统的安装调试工程。

（3）工程量计量以设计图示数量按相应的计量单位计量。

（4）工程量清单设置，按设计图示的工程量的名称以及各类技术参数，参照对应的清单项目设置。

例：扩声系统功率放大器

项目编码：031206001001

项目名称：功率放大器（双路入双路出）

计量单位：台

工程内容：放大器安装

（5）所涉及的调试包括本体调试、系统调试和系统试运行。本体调试综合在主项内，系统调试单独列项，系统试运行单独列项。

七、停车场管理系统

1. 工程量清单项目设置及工程量计算规则

停车场管理系统工程量清单项目设置及工程量计算规则见表10-12。

停车场管理系统（编码：031207） 表10-12

项目编码	项目名称	项目特征	计量单位	工程量计算规则	工程内容
031207001	车辆检测识别设备	(1) 名称 (2) 类型	套	按设计图示数量计算	(1) 本体安装 (2) 单体调试
031207002	出入口设备				
031207003	显示和信号设备	(1) 名称 (2) 类别 (3) 规格			
031207004	监控管理中心设备	名称	系统		(1) 安装 (2) 软件安装 (3) 系统联试 (4) 系统式运行

2. 说明

(1) 表10-12中包括停车场管理系统的中心管理、车辆识别、出入口控制、标示显示等内容。

(2) 适用于大型收费停车场管理系统、小区停车管理系统的安装调试工程。

(3) 工程量计量以设计图示数量按"套、系统"计量。

(4) 工程量清单设置，按设计图示的工程量的名称、类型、规格，参照对应的清单项目设置。

例：IC卡通行券阅读机

项目编码：031207002001

项目名称：IC卡通行券阅读机

计量单位：套

工程内容：本体安装

(5) 所涉及的调试包括本体调试、系统调试和系统试运行。本体调试综合在主项内，系统调试单独列项，系统试运行单独列项。

八、楼宇安全防范系统

楼宇安全防范系统工程量清单项目设置及工程量计算规则见表10-13。

说明

1. 表10-13中包括入侵探测设备、出入口控制设备、电视监控设备、终端显示设备等内容。

2. 适用于新建、改建楼宇（或建筑物）安全防范系统的安装调试。

3. 工程量计量以设计图示数量按"台、套、系统"计量。

4. 工程量清单设置，按设计图标示的工程量的名称、类型、规格，参照对应的清单项目设置。

例：总线制防盗报警控制器

项目编号：031208002001

项目名称：总线制防盗报警控制器（64路）

计量单位：套

工程内容：本体安装，单体调试。

5. 所涉及的调试包括本体调试、系统调试和试运行，均综合在主项内。

楼宇安全防范系统（编码：031208）　　　　　　　　　表 10-13

项目编码	项目名称	项目特征	计量单位	工程量计算规则	工程内容
031208001	入侵探测器	(1) 名称 (2) 类型	套	按设计图示数量计算	(1) 本体安装 (2) 系统调试
031208002	入侵报警控制器	(1) 名称 (2) 类型 (3) 回路数	套		(1) 本体安装 (2) 单体调试
031208003	报警中心设备	(1) 名称 (2) 类型			
031208004	报警信号传输设备	(1) 名称 (2) 类型 (3) 功率			
031208005	出入口目标识别设备	(1) 名称 (2) 类型			(1) 本体安装 (2) 单体调试
031208006	出入口控制设备				
031208007	出入口执行机构设备	(1) 名称 (2) 类型			
031208008	电视监控摄像设备	(1) 名称 (2) 类型 (3) 类别	台	按设计图示数量计算	(1) 本体安装 (2) 云台安装 (3) 镜头安装 (4) 保护罩安装 (5) 支架安装 (6) 调试 (7) 试运行
031208009	视频控制设备	(1) 名称 (2) 类型 (3) 回路数			(1) 本体安装 (2) 单体调试 (3) 试运行
031208010	控制台和监视器柜	(1) 名称 (2) 类型			安装
031208011	音频、视频及脉冲分配器	(1) 名称 (2) 回路数			
031208012	视频补偿器	(1) 名称 (2) 通道量			(1) 本体安装 (2) 单体调试 (3) 试运行
031208013	视频传输设备	(1) 名称 (2) 类型			
031208014	录像、记录设备	(1) 名称			
031208015	监控中心设备	(2) 类型 (3) 规格			
031208016	CRT 显示终端	(1) 名称 (2) 类型	系统	按设计图示数量计算	(1) 联调测试 (2) 系统试验运行 (3) 验交
031208017	模拟盘				
031208018	安全防范系统				

九、需要说明的问题

1. 项目特征。项目特征是设置清单项目的主要依据，用于区分《建设工程工程量清单计价规范》中同一清单条目下各个具体的清单项目。如《建设工程工程量清单计价规范》清单条目 031204008 阀门及执行机构特征中，名称是指具体清单列项的名称，用名称区分是何种阀门及执行机构，写出具体的阀门及执行机构名称；类型是进一步描述是何种阀门及执行机构，是调节阀还是开关阀，规格在这里是指阀门的口径。

2. 每一清单条目，项目特征不尽相同，都有其特定的含意，对特征的理解要对应不同的主项理解。

3. 工程内容是清单项目计价的基础，工程内容列项是工程量清单编制的主要工作。清单设置时应避免工程内容的漏项或重复，准确的工程内容列项是清单计价准确的保证。清单项目所综合工程内容能够通过主项按设计要求或工艺要求计算出工程量的，应标明设计要求或工艺要求；如果主项工程量与综合工程内容工程量不对应，在列综合项时还要列出综合工程内的工程量。

第四节　建筑智能化系统设备安装工程造价计价常用数据及实例

一、建筑智能化系统设备安装工程计价常用数据

建筑智能化系统设备安装工程全统定额主要材料损耗率见表 10-14。

材料损耗率表　　　　　　　　　　　　　　　　表 10-14

序号	主要材料	损耗率/%	序号	主要材料	损耗率/%
1	各类线缆	2.00	12	接头盒保护套	1.00
2	拉线材料（包括钢绞线、镀锌铁丝）	2.00	13	用户暗盒	1.00
3	塑料护口	1.00	14	各类插头、插座	1.00
4	跳线连接器	1.00	15	开关	1.00
5	过线路盒	1.00	16	紧固件（包括螺栓、螺母、垫圈、弹簧垫圈）	2.00
6	信息插座盒或接线盒	1.00	17	木螺钉、铆钉	4.00
7	光纤护套	1.00	18	板材（包括钢板、镀锌薄钢板）	5.00
8	光纤连接盘	1.00	19	管材、管件（包括无缝、焊接钢管、塑料管及电线管）	3.00
9	光纤连接器材	1.00	20	绝缘子类	2.00
10	磨制光纤连接器材	1.00	21	位号牌、标志牌、线号套管	5.00
11	光缆接头盒	1.00	22	电缆卡子、电费挂钩、电费托板	1.00

仪器仪表台班单价见表 10-15。

仪器仪表台班单价表　　　　　　　　　　　　表 10-15

编码	名称	型号规格	单位	单价/元
1	数字万用表	PS-56	台班	3.79
2	对讲机	C15	台班	3.68

续表

编码	名称	型号规格	单位	单价/元
3	导通测试仪	TEXE. ALL. IV	台班	15.09
4	五类线测试仪	DSP-100	台班	69.22
5	超五类线测试仪	FLIKE2000	台班	137.80
6	光纤熔接机	AV33119.0.05db	台班	214.40
7	光纤测试仪	FTM120-03	台班	407.07
8	手持光损耗测试仪	MS9020A	台班	26.04
9	手提式光纤多用表	AV2496	台班	26.66
10	手持式光信号源	MG927A	台班	62.64
11	光时域反射仪	HP8146A	台班	732.39
12	场强仪	RR3A	台班	11.08
13	频谱分析仪	HP8563E	台班	269.52
14	数字频率计	HP5340	台班	145.73
15	小功率计	GX2B	台班	6.77
16	中功率计	HP436B	台班	71.26
17	光功率计	ML9001A	台班	73.81
18	示波器	V1050F	台班	14.81
19	数字存储示波器	HP54501	台班	74.01
20	误码测试仪	ME448A	台班	105.17
21	开发系统	MDS-55H	台班	102.86
22	便携式计算机		台班	26.68
23	网络分析仪	HP8410C	台班	291.05
24	网络测试仪	FLUKE-683	台班	305.44
25	扫频信号发生器	HP8622A	台班	55.63
26	逻辑分析仪	HP1664A	台班	113.23
27	无线电综合测试仪	2955B	台班	212.37
28	信令综合测试仪	HP37742A	台班	74.01
29	基站系统测试仪	HP8922A	台班	300.07
30	通信性能分析仪	2Mb/s～2.5Gb/s	台班	1958.19
31	1号信令分析仪		台班	490.00
32	7号信令分析仪		台班	452.26
33	光可变衰耗器	1310/1550nm	台班	33.71
34	PCM话路特性测试仪	GY5210	台班	15.08
35	PCM呼叫分析器	300～3400Hz	台班	18.19
36	PCM通道测试仪	20～400Hz	台班	607.46
37	数据传输分析仪	5CG-01	台班	85.72
38	通用规程测试仪	V5 规格 ISDN 规程 7 号信令	台班	452.26
39	模拟信令测试仪	MFC 多频互控＋线路信令	台班	489.00
40	光谱分析仪	ML9001A	台班	749.42
41	宽带同轴波长计	PX6	台班	3.79

编码	名称	型号规格	单位	单价/元
42	电视测试信号发生器	CC5361	台班	38.66
43	兆欧表	3311	台班	9.32
44	数字温度计	246814	台班	18.42
45	湿度计		台班	19.87
46	精密压力表	YBS-BI	台班	17.14
47	超声波流量计	AJ854	台班	28.08
48	彩色监视器	14″	台班	27.31
49	建筑声学测量仪	B&K4418	台班	80.02
50	打印机	B&K2312	台班	28.20
51	声源	B&K4224	台班	60.08
52	实时声级计	NA23	台班	40.08
53	低频信号发生器	XD-1	台班	6.41
54	接地电阻测试仪	ET6/3	台班	14.48
55	晶体管直流稳压电源	WYS-5040	台班	13.45

二、工程量清单计价编制示例

<u>　　　某写字楼智能化系统设备安装　　　</u>工程

工程量清单

招　　　标　　　人：　<u>　×××　</u>　（单位签字盖章）

法　定　代　表　人：　<u>　×××　</u>　（签字盖章）

中介机构法定代表人：　<u>　×××　</u>　（签字盖章）

造价工程师及注册证号：　<u>　×××　</u>　（签字盖执业专用章）

编　　制　　时　　间：　<u>　×年×月×日　</u>

总说明

工程名称：某写字楼智能化系统设备安装工程　　　　　　　　　第　　页共　　页

1. 工程批准文号《□□〔2006－××〕号》
2. 工程规模
3. 计划工期
4. 资金来源
5. 交通运输条件
6. 环境保护要求
7. 自然地理条件
8. 环境保护要求
9. 主要技术特征和参数
10. 其他

分部分项工程量清单

工程名称：某写字楼智能化系统设备安装工程　　　　　　　　　　　　第　页共　页

序号	项目编号	项目名称	计量单位	工程数量
1	031203001001	远传冷水表　冷水用电动阀　DN15	个	1200
2	031203001002	远传脉冲电表	个	1200
3	031203001003	远传煤气表　煤气用电动阀　DN20	个	1200
4	031203002001	电力载波抄表集中器　抄表控制箱	个	30
5	031203002002	分散式远程总线抄表采集器　抄表控制箱	个	30
6	031203002003	分散式远程总线抄表主机	个	2
7	031203002004	多表采集智能终端　多表采集智能终端调试	个	2
8	031203002005	通信接口卡	个	80
9	031203002006	分线器	个	240
10	031203003001	多表采集中央管理计算机　抄表数据管理软件系统联调	个	1
11	031203003002	通信接口转换器	台	240
12	031205001001	电视共用天线 CT2/1-5　安装调试	个	1
13	031205002001	前端机柜 2m	副	2
14	031205003001	带抽屉电视墙　监视器　24 台	个	2
15	031205004001	全频道前端　12 频道	个	6
16	031205004002	挂式邻频前端　12 频道	套	2
17	031205005001	接收机	套	100
18	031205005002	解码器	台	100
19	031205005003	数字信号转换器	台	25
20	031205005004	制式转换器	台	25
21	031205005005	功分器	台	10
22	031205007001	寻址控制器	台	2
23	031205007002	数据通道调制器	台	10
24	031205007003	网络（费）管理控制器	台	10
25	031202011	收费管理系统调试	台	10

措施项目清单

工程名称：某写字楼智能化系统设备安装工程　　　　　　　　　　　　第　页共　页

序号	项目名称	金额（元）
1	临时设施费	
2	文明安全施工费	
3	冬雨季施工增加费	
4	生产工具用具使用费	
5	脚手架搭拆费	
	合计	

其他项目清单

工程名称：某写字楼智能化系统设备安装工程　　　　　　　　　　　　　　第　页共　页

序号	项目名称	金额（元）
1	招标人部分	
	预留金	
	材料购置费	
	其他	
2	投标人部分	
	总承包服务费	
	零星工作项目费	
	其他	
	合计	

零星工作项目表

工程名称：某写字楼智能化系统设备安装工程　　　　　　　　　　　　　　第　页共　页

序号	名称	计量单位	数量
1	人工		
	高级技术工人	工日	32
	普通工人	工日	20
2	材料		
3	机械		
	数字万用表 PS-5b	台班	5.00
	对讲机 C15	台班	12.00

_____某写字楼智能化系统设备安装_____　工程

工程量清单报价表

招　　　　　标　　　　　人：_____×××_____（单位签字盖章）

法　定　代　表　人：_____×××_____（签字盖章）

中介机构法定代表人：_____×××_____（签字盖章）

造价工程师及注册证号：_____×××_____（签字盖执业专用章）

编　　制　　时　　间：_____×年×月×日_____

投标总价

建　设　单　位：＿＿＿＿＿×××公司＿＿＿＿＿＿

工　程　名　称：＿＿某写字楼智能化系统设备安装工程＿＿

投标总价（小写）：＿＿＿＿＿＿232234.24元＿＿＿＿＿

（大写）：＿＿贰拾叁万贰仟贰佰叁拾肆元贰角肆分整＿＿

投　标　人：＿＿＿＿×××＿＿＿＿（单位盖章）

法定代表人：＿＿＿＿×××＿＿＿＿（签字盖章）

编　制　时　间：＿＿×年×月×日＿＿

单位工程费汇总表

工程名称：某写字楼智能化系统设备安装工程　　　　　　　　　　　　　　　第　　页共　　页

序号	项目名称	金额（元）
1	分部分项工程量清单计价合计	195143.97
2	措施项目清单计价合计	13200.00
3	其他项目清单计价合计	2823.11
4	规费	13409.11
5	不含税工程总造价	224576.19
6	税金	7658.05
7	含税工程总造价	232234.24
合计	贰拾叁万贰仟贰佰叁拾肆元贰角肆分整	

分部分项工程量清单计价表

工程名称：某写字楼智能化系统设备安装工程　　　　　　　　　　　　　　　第　　页共　　页

序号	项目编码	项目名称	计量单位	工程数量	金额（元）	
					综合单价	合价
1	031203001001	远传冷水表　冷水用电动阀　DN15	个	1200	44.47	53369.77
2	031203001002	远传脉冲电表	个	1200	16.79	20150.73
3	031203001003	远传煤气表　煤气用电动阀　DN20	个	1200	48.63	58357.83
4	031203002001	电力载波抄表集中器　抄表控制箱	个	30	62.48	1874.28
5	031203002002	分散式远程总线抄表采集器　抄表控制箱	个	30	116.27	3488.12

序号	项目编码	项目名称	计量单位	工程数量	金额（元）	
					综合单价	合价
6	031203002003	分散式远程总线抄表主机	个	2	61.81	123.62
7	031203002004	多表采集智能终端 多表采集智能终端调试	个	2	98.68	197.35
8	031203002005	通信接口卡	个	80	52.26	4180.67
9	031203002006	分线器	个	240	5.36	1286.64
10	031203003001	多表采集中央管理计算机 抄表数据管理软件系统联调	台	1	420.66	420.66
11	031203003002	通信接口转换器	个	240	12.98	3115.9
12		电视共用天线 CT2/1-5 安装调试	副	1	51.67	51.67
13		前端机柜 2m	个	2	142.06	284.11
14		带抽屉电视墙 监视器 24 台	个	2	986.01	1972.01
15		全频道前端 12 频道	套	6	181.95	1091.71
16		挂式邻频前端 12 频道	套	2	146.21	292.43
17		接收机	台	100	144.08	14407.94
18		解码器	台	100	184.73	18473.04
19		数字信号转换器	台	25	182.47	4561.85
20		制式转换器	台	25	136.26	3406.44
21		功分器	台	10	46.47	464.69
22		寻址控制器	台	2	86.7	173.40
23		数据通道调制器	台	10	86.7	867.00
24		网络（费）管理控制器 收费管理系统调试	台	10	253.21	2532.11
		合计				194882.62

措施项目清单计价表

措施项目清单

工程名称：某写字楼智能化系统设备安装工程　　　　　　　　第　　页共　　页

序号	项目名称	金额（元）
1	临时设施费	4800.00
2	文明安全施工费	3000.00
3	冬雨季施工增加费	/
4	生产工具用具使用费	/
5	脚手架搭拆费	5400.00
	合计	13200.00

其他项目清单

工程名称：某写字楼智能化系统设备安装工程　　　　　　　　　　　　第　　页共　　页

序号	项目名称	金额（元）
1	招标人部分	
	预留金	/
	材料购置费	/
	其他	/
	小计	/
2	投标人部分	
	总承包服务费	/
	零星工作项目费	2823.11
	其他	/
	小计	2823.11
	合计	2823.11

零星工作项目表

工程名称：某写字楼智能化系统设备安装工程　　　　　　　　　　　　第　　页共　　页

序号	名称	计量单位	数量	金额（元） 综合单价	合价
1	人工				
	高级技术工人	工日	32	60.00	1920.00
	普通工人	工日	20	42.00	840.00
	小计				2760.00
2	材料				
	小计				
3	机械				
	数字万用表 PS-56	台班	5.00	3.79	18.95
	对讲机 C15	台班	12.00	3.68	44.16
	小计				63.11
	合计				2823.11

分部分项工程量清单综合单价计算表

工程名称：某写字楼智能化系统设备安装工程　　　　　　　　　　　　计量单位：个

项目编码：031203001001　　　　　　　　　　　　　　　　　　　　工程数量：1200

项目名称：远传冷水表　　　　　　　　　　　　　　　　　　　　　　综合单价：44.47 元

序号	定额编号	工程内容	单位	数量	综合单价组成（元）					小计
					人工费	材料费	机械费	管理费	利润	
1	C12-132	远传冷水表	个	1200	20160.00	1608.00		4032.00	1164.59	26964.59
	C12-137	冷水用电动阀 DN15	个	1200	8640.00	14784.00		1728.00	1253.18	26405.18
		合计			28800.00	16392.00		5760.00	2417.77	53369.77

分部分项工程量清单综合单价计算表

工程名称：某写字楼智能化系统设备安装工程　　　　　　　　　　　　计量单位：个

项目编码：031203001002　　　　　　　　　　　　　　　　　　　　工程数量：1200

项目名称：远传脉冲电表　　　　　　　　　　　　　　　　　　　　　综合单价：16.79 元

序号	定额编号	工程内容	单位	数量	综合单价组成（元）					小计
					人工费	材料费	机械费	管理费	利润	
2	C12-133	远传脉冲电表	个	1200	14472.00	1908.00		2894.40	876.33	20150.73
		合计			14472.00	1908.00		2894.40	876.33	20150.73

分部分项工程量清单综合单价计算表

工程名称：某写字楼智能化系统设备安装工程　　　　　　　　　　　　计量单位：个

项目编码：031203001003　　　　　　　　　　　　　　　　　　　　工程数量：1200

项目名称：远传煤气表　　　　　　　　　　　　　　　　　　　　　　综合单价：48.63 元

序号	定额编号	工程内容	单位	数量	综合单价组成（元）					小计
					人工费	材料费	机械费	管理费	利润	
3	C12-134	远传煤气表	个	1200	22536.00	2916.00		4507.20	1361.68	31320.88
	C12-136	煤气阀用电动阀 DN20	个	1200	9144.00	14784.00		1828.80	1280.15	27036.95
		合计			31680.00	17700.00		6336.00	2641.83	58357.83

分部分项工程量清单综合单价计算表

工程名称：某写字楼智能化系统设备安装工程　　　　　　　　　　　　计量单位：个

项目编码：031203002001　　　　　　　　　　　　　　　　　　　　工程数量：30

项目名称：电力载波抄表集中器　　　　　　　　　　　　　　　　　　综合单价：62.48 元

序号	定额编号	工程内容	单位	数量	综合单价组成（元）					小计
					人工费	材料费	机械费	管理费	利润	
4	C12-138	电力载波抄表集中器	个	30	361.80	412.50		72.36	41.43	888.09
	C12-143	抄表控制箱	个	30	302.40	576.30		60.48	47.01	986.19
		合计			664.20	988.80		132.84	88.44	1874.28

分部分项工程量清单综合单价计算表

工程名称：某写字楼智能化系统设备安装工程　　　　　　　计量单位：个

项目编码：031203002002　　　　　　　　　　　　　　工程数量：30

项目名称：分散式远程总线抄表采集器　　　　　　　　　综合单价：116.27 元

| 序号 | 定额编号 | 工程内容 | 单位 | 数量 | 综合单价组成（元） | | | | | 小计 |
					人工费	材料费	机械费	管理费	利润	
5	C12-141	分散式远程总线抄表采集器	个	30	1310.40	815.70		262.08	113.75	2501.93
	C12-143	抄表控制箱	个	30	302.40	576.30		60.48	47.01	986.19
		合计			1612.80	1392.00		322.56	160.76	3488.12

分部分项工程量清单综合单价计算表

工程名称：某写字楼智能化系统设备安装工程　　　　　　　计量单位：个

项目编码：031203002003　　　　　　　　　　　　　　工程数量：2

项目名称：分散式远程总线抄表主机　　　　　　　　　　综合单价：61.81 元

| 序号 | 定额编号 | 工程内容 | 单位 | 数量 | 综合单价组成（元） | | | | | 小计 |
					人工费	材料费	机械费	管理费	利润	
6	C12-142	分散式远程总线抄表主机	个	2	60.48	45.38		12.10	5.66	123.62
		合计			60.48	45.38		12.10	5.66	123.62

分部分项工程量清单综合单价计算表

工程名称：某写字楼智能化系统设备安装工程　　　　　　　计量单位：个

项目编码：031203002004　　　　　　　　　　　　　　工程数量：2

项目名称：多表采集智能终端　　　　　　　　　　　　　综合单价：98.68 元

| 序号 | 定额编号 | 工程内容 | 单位 | 数量 | 综合单价组成（元） | | | | | 小计 |
					人工费	材料费	机械费	管理费	利润	
7	C12-144	多表采集智能终端	个	2	30.84	21.20		6.17	2.78	60.99
	C12-145	多表采集智能终端调试	个	2	100.80	0.48	7.58	21.68	5.82	136.36
		合计			131.64	21.68	7.58	27.84	8.61	197.35

分部分项工程量清单综合单价计算表

工程名称：某写字楼智能化系统设备安装工程　　　　　　　计量单位：个

项目编码：031203002005　　　　　　　　　　　　　　工程数量：80

项目名称：通信接口卡　　　　　　　　　　　　　　　　综合单价：52.26 元

| 序号 | 定额编号 | 工程内容 | 单位 | 数量 | 综合单价组成（元） | | | | | 小计 |
					人工费	材料费	机械费	管理费	利润	
8	C12-147	通信接口卡	个	80	3225.60	130.40		645.12	179.55	4180.67
		合计			3225.60	130.40		645.12	179.55	4180.67

分部分项工程量清单综合单价计算表

工程名称：某写字楼智能化系统设备安装工程　　　　　　　　　　　　　　　计量单位：个

项目编码：031203002006　　　　　　　　　　　　　　　　　　　　　　工程数量：240

项目名称：分线器　　　　　　　　　　　　　　　　　　　　　　　　　综合单价：5.36 元

序号	定额编号	工程内容	单位	数量	综合单价组成（元）					小计
					人工费	材料费	机械费	管理费	利润	
9	C12-149	分线器	个	240	1022.40	4.80		204.48	54.96	1286.64
		合计			1022.40	4.80		204.48	54.96	1286.64

分部分项工程量清单综合单价计算表

工程名称：某写字楼智能化系统设备安装工程　　　　　　　　　　　　　　　计量单位：台

项目编码：031203003001　　　　　　　　　　　　　　　　　　　　　　工程数量：1

项目名称：多表采集中央管理计算机　　　　　　　　　　　　　　　　　综合单价：420.66 元

序号	定额编号	工程内容	单位	数量	综合单价组成（元）					小计
					人工费	材料费	机械费	管理费	利润	
10	C12-150	多表采集中央管理计算机	台	1	117.60	13.00		23.52	6.99	161.11
	C12-151	抄表数据管理软件系统调试	台	1	201.60	6.50		40.32	11.13	259.55
		合计			319.20	19.50		63.84	18.12	420.66

分部分项工程量清单综合单价计算表

工程名称：某写字楼智能化系统设备安装工程　　　　　　　　　　　　　　　计量单位：个

项目编码：031203003002　　　　　　　　　　　　　　　　　　　　　　工程数量：240

项目名称：通信接口转换器　　　　　　　　　　　　　　　　　　　综合单价：12.98 元

序号	定额编号	工程内容	单位	数量	综合单价组成（元）					小计
					人工费	材料费	机械费	管理费	利润	
11	C12-152	通信接口转换器	个	240	2419.20	79.20		483.84	133.66	3115.90
		合计			2419.20	79.20		483.84	133.66	3115.90

分部分项工程量清单综合单价计算表

工程名称：某写字楼智能化系统设备安装工程　　　　　　　　　　　　　　　计量单位：副

项目编码：031205001001　　　　　　　　　　　　　　　　　　　　　　工程数量：1

项目名称：电视共用天线　　　　　　　　　　　　　　　　　　　综合单价：51.67 元

序号	定额编号	工程内容	单位	数量	综合单价组成（元）					小计
					人工费	材料费	机械费	管理费	利润	
12	C12-305	电视共用天线 CT2/1-5 安装调试	副	1	41.22			8.24	2.21	51.67
		合计			41.22			8.24	2.21	51.67

分部分项工程量清单综合单价计算表

工程名称：某写字楼智能化系统设备安装工程　　　　　　　　　　计量单位：个

项目编码：031205002001　　　　　　　　　　　　　　　　　　工程数量：2

项目名称：前端机柜　　　　　　　　　　　　　　　　　　　　综合单价：142.06 元

序号	定额编号	工程内容	单位	数量	综合单价组成（元）					小计
					人工费	材料费	机械费	管理费	利润	
13	C12-319	前端机柜 2m	个	2	207.36	22.96		41.47	12.32	284.11
		合计			207.36	22.96		41.47	12.32	284.11

分部分项工程量清单综合单价计算表

工程名称：某写字楼智能化系统设备安装工程　　　　　　　　　　计量单位：个

项目编码：031205003001　　　　　　　　　　　　　　　　　　工程数量：2

项目名称：前端机柜　　　　　　　　　　　　　　　　　　　　综合单价：986.01 元

序号	定额编号	工程内容	单位	数量	综合单价组成（元）					小计
					人工费	材料费	机械费	管理费	利润	
14	C12-321	带抽屉电视墙监视器 24 台	个	2	1555.08	62.64		311.02	43.27	1972.01
		合计			1555.08	62.64		311.02	43.27	1972.01

分部分项工程量清单综合单价计算表

工程名称：某写字楼智能化系统设备安装工程　　　　　　　　　　计量单位：套

项目编码：031205004001　　　　　　　　　　　　　　　　　　工程数量：6

项目名称：全频道前端 12 频道　　　　　　　　　　　　　　　　综合单价：181.95 元

序号	定额编号	工程内容	单位	数量	综合单价组成（元）					小计
					人工费	材料费	机械费	管理费	利润	
15	C12-322 C12-323	全频道前端 12 频道	套	6	779.76	4.32	87.54	173.46	46.63	1091.71
		合计			779.76	4.32	87.54	173.46	46.63	1091.71

分部分项工程量清单综合单价计算表

工程名称：某写字楼智能化系统设备安装工程　　　　　　　　　　计量单位：套

项目编码：031205004002　　　　　　　　　　　　　　　　　　工程数量：2

项目名称：挂式邻频前端 12 频道　　　　　　　　　　　　　　　综合单价：146.21 元

序号	定额编号	工程内容	单位	数量	综合单价组成（元）					小计
					人工费	材料费	机械费	管理费	利润	
16	C12-326	挂式邻频前端 12 频道	套	2	207.36	1.94	24.30	46.33	12.50	292.43
		合计			207.36	1.94	24.30	46.33	12.50	292.43

分部分项工程量清单综合单价计算表

工程名称：某写字楼智能化系统设备安装工程　　　　　　　　计量单位：台
项目编码：031205005001　　　　　　　　　　　　　　　　工程数量：100
项目名称：接收机　　　　　　　　　　　　　　　　　　　综合单价：144.08 元

序号	定额编号	工程内容	单位	数量	综合单价组成（元）					小计
					人工费	材料费	机械费	管理费	利润	
17	C12-328	接收机	台	100	3024.00	24.00	8450.00	2294.80	615.14	14407.94
		合计			3024.00	24.00	8450.00	2294.80	615.14	14407.94

分部分项工程量清单综合单价计算表

工程名称：某写字楼智能化系统设备安装工程　　　　　　　　计量单位：台
项目编码：031205005002　　　　　　　　　　　　　　　　工程数量：100
项目名称：解码器　　　　　　　　　　　　　　　　　　　综合单价：184.73 元

序号	定额编号	工程内容	单位	数量	综合单价组成（元）					小计
					人工费	材料费	机械费	管理费	利润	
18	C12-329	解码器	台	100	3450.00	24.00	11267.00	2943.40	788.64	18473.04
		合计			3450.00	24.00	11267.00	2943.40	788.64	18473.04

分部分项工程量清单综合单价计算表

工程名称：某写字楼智能化系统设备安装工程　　　　　　　　计量单位：台
项目编码：031205005003　　　　　　　　　　　　　　　　工程数量：25
项目名称：数字信号转换器　　　　　　　　　　　　　　　综合单价：182.47 元

序号	定额编号	工程内容	单位	数量	综合单价组成（元）					小计
					人工费	材料费	机械费	管理费	利润	
19	C12-330	数字信号转换器	台	25	817.50	6.00	2816.75	726.85	194.75	4561.85
		合计			817.50	6.00	2816.75	726.85	194.75	4561.85

分部分项工程量清单综合单价计算表

工程名称：某写字楼智能化系统设备安装工程　　　　　　　　计量单位：台
项目编码：031205005004　　　　　　　　　　　　　　　　工程数量：25
项目名称：制式转换器　　　　　　　　　　　　　　　　　综合单价：136.26 元

序号	定额编号	工程内容	单位	数量	综合单价组成（元）					小计
					人工费	材料费	机械费	管理费	利润	
20	C12-331	制式转换器	台	25	600.00	6.00	2112.50	542.50	145.44	3406.44
		合计			600.00	6.00	2112.50	542.50	145.44	3406.44

分部分项工程量清单综合单价计算表

工程名称：某写字楼智能化系统设备安装工程　　　　　　　　计量单位：台
项目编码：031205005005　　　　　　　　　　　　　　　　工程数量：10
项目名称：功分器　　　　　　　　　　　　　　　　　　　综合单价：46.47 元

序号	定额编号	工程内容	单位	数量	综合单价组成（元）					小计
					人工费	材料费	机械费	管理费	利润	
21	C12-332	功分器	台	10	87.00	2.40	281.70	73.74	19.85	464.69
		合计			87.00	2.40	281.70	73.74	19.85	464.69

分部分项工程量清单综合单价计算表

工程名称：某写字楼智能化系统设备安装工程　　　　　　　计量单位：台
项目编码：031205007001　　　　　　　　　　　　　　　工程数量：2
项目名称：寻址控制器　　　　　　　　　　　　　　　　　综合单价：86.70 元

序号	定额编号	工程内容	单位	数量	综合单价组成（元）					小计
					人工费	材料费	机械费	管理费	利润	
22	C12-340	寻址控制器	台	2	134.40	4.68		26.88	7.44	173.40
		合计			134.40	4.68		26.88	7.44	173.40

分部分项工程量清单综合单价计算表

工程名称：某写字楼智能化系统设备安装工程　　　　　　　计量单位：台
项目编码：031205007002　　　　　　　　　　　　　　　工程数量：10
项目名称：数据通道调制器　　　　　　　　　　　　　　　综合单价：86.70 元

序号	定额编号	工程内容	单位	数量	综合单价组成（元）					小计
					人工费	材料费	机械费	管理费	利润	
23	C12-342	数据通道调制器	台	10	672.00	23.40		134.40	37.20	867.00
		合计			672.00	23.40		134.40	37.20	867.00

分部分项工程量清单综合单价计算表

工程名称：某写字楼智能化系统设备安装工程　　　　　　　计量单位：台
项目编码：031205007003　　　　　　　　　　　　　　　工程数量：10
项目名称：网络（费）管理控制器　　　　　　　　　　　　综合单价：253.21 元

序号	定额编号	工程内容	单位	数量	综合单价组成（元）					小计
					人工费	材料费	机械费	管理费	利润	
24	C12-345	网络（费）管理控制器	台	10	672.00	2.40		134.40	36.08	844.88
	C12-346	收费管理系统调试	台	10	1344.00	2.40		268.80	72.03	1687.23
		合计			2016.00	4.80		403.20	108.11	2532.11

本 章 小 结

智能建筑（IB）：是以建筑为平台，兼备建筑设备、办公自动化及通信网络系统，集结构、系统、服务、管理及它们之间的最优化组合，向人们提供一个安全、高效、舒适、便利的建筑环境。

建筑设备自动化系统（BAS）：是将建筑物或建筑群内的电力、照明、空调、给排水、防灾、保安、车库管理等设备或系统，以集中监视、控制和管理为目的，构成综合系统。

办公自动化系统：是应用计算机技术、通信技术、多媒体技术和行为科学等先进技术，使人们的部分办公业务借助于各种办公设备，并由这些办公设备与办公人员构成服务于某种办公目标的人机信息系统。

通信网络系统（CNS）：它是楼内的语音、数据、图像传输的基础，同时与外部通信网络（如公用电话网、综合业务数字网、计算机互联网、数据通信网及卫星通信网等）

相连，确保信息畅通。

系统集成（SI）：它是将智能建筑内不同功能的智能化子系统在物理上、逻辑上和功能上连接在一起，以实现信息综合、资源共享。

综合布线系统工程中，双绞线缆、光缆、漏泄同轴电缆、电话线和广播线敷设、穿放、明布放以"m"计算。电缆敷设按单根延长米计算，如一个架上敷设 3 根各长 100m 的电缆，应按 300m 计算，以此类推。电缆附加及预留的长度是电缆敷设长度的组成部分，应计入电缆长度工程量之内。电缆进入建筑物预留长度 2m；电缆进入沟内或吊架上引上（下）预留 1.5m；电缆中间接头盒，预留长度两端各留 2m。

思　考　题

1. 清单项目分配网络设备的工程内容有哪些？
2. 试述综合布线系统工程的预算工程量计算要点。
3. 试述建筑设备自动化系统（BAS）的工作范围。
4. 简述建筑设备监控系统安装工程预算工程量的计算规则。
5. 简述有线电视系统的主要工程内容和工程量清单设置规则。

参 考 文 献

［1］中华人民共和国住房和城乡建设部主编．建设工程工程量清单计价规范．北京：中国计划出版社，2008

［2］建设工程工程量清单计价规范编制组．中华人民共和国国家标准《建设工程工程量清单计价规范》宣贯辅导教材．北京：中国计划出版社，2008

［3］涂叙义，李志欣主编．湖北省建设工程工程量清单编制与计价操作指南．武汉：武汉出版社，2005

［4］周述发主编．工程估价（下）．武汉：武汉理工大学出版社，2008

［5］梁庚贺，王和平主编．2004年造价工程师继续教育培训教材．天津：天津人民出版社，2004

［6］刑莉燕，黄伟典主编．工程估价学习指导．北京：中国电力出版社，2006

［7］王雪青主编．工程估价．北京：中国建筑工业出版社，2006

［8］沈巍主编．工程估价．北京：清华大学出版社，2008

［9］沈巍，郑君君主编．建筑工程定额与计价．北京：清华大学出版社，2008

［10］张秀德，管锡珺主编．安装工程定额与预算．北京：中国电力出版社，2004

［11］沈祥华主编．建筑工程概预算（第三版）．武汉：武汉理工大学出版社，2004

［12］建设工程预决算与工程量清单计价一本通安装工程．北京：地震出版社，2007.8

［13］陈宪仁主编．水电安装工程预算与定额．北京：中国建筑工业出版社，2003.6

［14］刘庆山主编．建筑安装工程预算．北京：机械工业出版社，2006.8

［15］湖北省建设工程造价管理总站编．湖北省建筑安装工程费用定额．武汉：长江出版社，2009

［16］张宝军编著．建筑设备工程计量计价与应用．北京：中国建筑工业出版社，2007.8

［17］朱永恒编著．安装工程工程量清单计价．南京：东南大学出版社，2004.9

［18］车春鹏主编．工程造价管理．北京：北京大学出版社，2006

［19］柯洪等主编．工程造价计价与控制．北京：中国计划出版社，2006

［20］栋梁工作室编．给排水采暖燃气工程概预算手册．北京：中国建筑工业出版社，2004.6